環境行政法

環境行政法

宮田三郎

信山社

2001
SHINZAN BOOKS
TOKYO

はしがき

本書の目標は環境行政法の簡潔な体系的説明である。現代的な行政環境法の特色は、規制対象の複雑性、技術性および動態性にあり、法領域全体に対する見通しが困難であるという点にある。したがって本書の重点は、環境行政法の基本的な構造を明らかにすることに置かれている。

現代的な環境行政法は伝統的な行政法の体系に対抗するいくつかの特色を示している。伝統的な行政法の原理あるいは特色が、条件的プログラムによる法規に基づく行政処分、それに対する個人の権利保護を中心に構成された秩序法としての性格をもつものであるとすれば、現代的な環境行政法の構造的特色は、基本的に、目的プログラムによる目標設定と目標実現のための多様な行政手法の展開、とくに自然科学的な専門知識の必要、それによる法的コントロールの制約という計画法としての性格をもつということができる。

また、環境行政法の構造と機能は、行政法学の方向にも大きな影響を及ぼす可能性がある。それは、伝統的な規範学としての行政法学が、対象の複雑性ないし自然科学的技術性の故に、それが機能できる本質的な領域を失い、環境保護についての単なる専門技術的な解説や環境保護に関する法律についての社会学ないし政策学（制度設計）に埋没し、解消してしまうという懸念である。このような情況のなかで法律学は何をなすべきか、これは本書にとっても持続的なテーマである。

はしがき

本書の出版については信山社の袖山貴氏に大変お世話になった。ここに感謝の意を表したい。

平成一三年五月

宮田三郎

目次

目次

目　次

目　次

第一篇　環境行政法の基礎

第一章　環境行政法序説

文献

浅野直人・細野光弘・斉藤照夫『環境・防災法』(昭六一・ぎょうせい)、山村恒年「環境行政法の理論と現代的課題1〜6(完)」法時六五巻三〜九号(平五)、環境庁企画調整局企画調整課編著『環境基本法の解説』(平六・ぎょうせい)、石野耕也「環境基本法の制定経緯と概要」ジュリスト一〇四一号(平六)、北村喜宣「環境基本法」法教一六一号(平六)、原田尚彦『環境法[補正版]』(平六・弘文堂)、山村恒年『環境保護の法と戦略[第2版]』(平六・有斐閣)、松村弓彦『環境法学』(平七・成文堂)、山村恒年『環境保護の法と政策』(平八・信山社)、畠山武道・木佐茂男・古城　誠編『環境行政判例の総合的研究』(平八・北海道大学図書刊行会)、北村喜宣『自治体環境行政法』(平九・良書普及会)、阿部泰隆・淡路剛久編『環境法〔第2版〕』(平一〇・有斐閣)、富井利安・伊藤護也・片岡直樹『新版・環境法の新たな展開』(平一〇・法律文化社)、金子芳雄『環境法講話』(平一一・成文堂)、松本博之・西谷　敏・佐藤岩夫『環境保護と法――日独シンポジウム』(平一一・信山社)、阿部泰隆・水野武夫編『環境法学の生成と未来』(平一一・信山社)、松村弓彦『環境法』(平一一・成文堂)、松浦　寛『環境法概説（全訂第三版）』(平一二・信山社)、各年度版『環境白書』

第一節　環境および環境行政法

(1)　環境の概念

環境の概念はいろいろの意味に使われる。最広義において定義すれば、環境とは、人間を取り囲む外部的な現実をいう。これは、①人間関係、社会、文化および経済制度ならびに政治制度のような社会環境、②植物、動物および微生物をもつ土地、大気および水を含む自然環境、③例えば、住宅、事務所、商店街、交通道路、港湾、公園、学校、工場地帯、神社仏閣などを含む人間が創造した物的環境からなる。このような最広義の環境概念から見れば、あらゆる法が環境に関する法であることになろう。

しかし環境政策や環境法の基礎になっている環境とは、最広義の環境ではなく、また狭い意義のいわゆる自然環境に限定されるものでもない。それは、生物、土地、水、大気、気候、山紫水明といった自然の情景、一千年にも及ぶ耕作によって形成された水田・棚田風景などを構成要素とする自然環境および自然環境に人間によつて形成された歴史的・文化的遺産などの物的環境を含めた自然の生活基盤ないし生活圏であると定義することができよう。クレプファー・レービンダー・シュミット―アスマン教授によるドイツの「環境法典教授草案」（一九九〇）第二条は、「環境とは、自然系、気候、景観および保護に値する事物をいい、自然系（Naturhaushalt）とは、土地、水、空気および生物などの自然財ならびにそれらのものの間の作用形態（Wirkungsgefüge）をいう。」と定義している。

（2）環境保護

環境保護とは、主として、環境を人間による侵害から保護し、既に生じた生態系の損害を除去し、人間の生存に値する環境を保持することである。環境保護は、環境負荷および環境危険を回避し、減少させるための措置の全体をいう。

環境保護には三つの目標がある。既に生じた環境障害の除去、現実の環境危険の排除および予防措置による将来の環境危険の回避である。環境保護は、まず自然の侵害または自然の資源の危険、あるいは人間または環境に対する損害が迫っているときは、危険防止のための措置を講ずるものでなければならない。しかし環境保護は危険の防止に限定されるものではない。現代の環境保護は、人間の生活基盤の持続的な確保のために、計画的かつ予防的な措置を講ずるものでなければならない。(1)

環境保護は、人間中心の環境保護と資源的・生態的環境保護に分類される。前者は、人間の生命と健康、人間の長生きおよび環境への負荷による被害に対する経済的利益の保護を目指し、後者は、資源の維持管理、生態圏、生態系、自然循環および動植物界の保護を目指す。両者は基本的に対立するものではない。一方において、人間中心の環境保護は将来の世代に対する責任として自然的環境保護の持続的確保を追求し、他方において資源的・

生態的環境保護も人間の開発要求を排除しようとするものではないからである。しかし、現代的な環境保護は、持続可能な資源的・生態的利益の保護を重要視しており、一九九二年六月一四日の環境と開発に関するリオ宣言はこの点を強調した。(2)

(3) 環境政策

(1) 基本理念ないし施策の指針

わが国の環境基本法は、「現在及び将来の世代の人間の健全で恵み豊かな環境の恵沢の享受」を確保することを「基本理念」とすることによって、人間中心的な性格を有することを明示している（三条・一条）。環境基本法は、主たる目標を人間中心の自然的環境の保護および創造に置き、さらに環境保護を資源的・生態的なものから地球環境問題を含めた多角的なものへと拡大し、それを「基本理念」および「施策の指針」として設定している。すなわち、環境基本法は、国際的レベルで承認された原則を踏まえ、「基本理念」として、i 環境の恵沢の享受と継承（三条）、ii 環境への負荷の少ない持続的発展が可能な社会の構築（四条）、iii 国際協調による地球環境保全の積極的推進（五条）を挙げ、さらに「施策の指針」として、i 環境の自然的構成要素（大気、水、土壌など）の良好な状態での保持、ii 生態系の多様性の確保、多様な自然環境の体系的保全、iii 人と自然との豊かなふれあいの確保（一四条）を挙げている。

地方自治体レベルでも、地方公共団体の環境保全施策に関する最も基本的な事項を定める環境基本条例が制定され、環境基本法と同様に、ほとんどすべて「基本理念」についての規定を置いている。なお、条例の制定状況については、**図表Ⅰ—1**を見よ。

(2) 環境政策の基本原則

環境保護の目標を実現するためには、事前予防の原則、汚染者負担の原則および協働の原則を基礎とすべきである。

① 事前予防の原則　事前予防の原則は環境保護の中心的——内容的指導原則でなければならない。それは人および環境への負荷や危険を発生せしめない予防的な環境保護である。事前予防の原則は、発生した損害および差し迫った危険の防止のみならず、環境負荷の発生を危険閾以下に抑え、全住民および環境に対する残存リスクをできる限り小さくすること、すなわち環境の質の改善を目標とする。そのため、政府は環境基本計画を策定し（環境基一五条）、国は環境保護のための規制の措置を講じなければならず（環境基二一条）、環境大臣は関係都道府県知事に対し公害防止計画の作成を指示し（環境基一七条）、また国は環境保護のための経済的措置その他環境の保全に関する施設の整備・事業を推進するために必要な措置を講ずるものとする（環境基二二条、二三条）。

② 汚染者負担の原則　汚染者負担の原則または原因者負担の原則は財政的負担の分配の原則である。この原則は、環境負荷を防止し除去し調整する費用は、それを発生せしめた汚染者（原因者）が負担すべきことを要求する（環境基三七条）。これに対して、共同負担の原則は、環境負荷または環境損害の防止、削減および除去のための費用を公共の負担とする。汚染原因者が確定できず、または現実に緊急状態が発生しているのに、汚染原因者に対する手段をもってしては速やかに目的を達成できない場合に、共同負担の原則が認められる。この場合、環境保護の費用は社会全体、すなわち納税者の負担となる。

③ 協働の原則　環境保護は国家だけの課題ではなく、国家と社会、とくに経済界との協働が必要である。環境基本法は、国の責務（六条）、地方公共団体の責務（七条）、事業者の責務（八条）および国民の責務（九条）

を明らかにし、国および地方公共団体は相協力するものとする（四〇条）。とくに環境政策の形成および決定過程に住民や利害関係者を参加させることが必要かつ重要である。

（4）　環　境　法

環境法について一般的に承認された定義は存在しない。しかし環境に関する法領域は独自の法領域であることは承認されており、環境法と環境保護法とは同様の意味に用いられている。環境法とは、環境の保護を目的とする法規の総体、すなわち、環境に関する危険の除去・防止、環境の管理・回復および形成について規律をし、その結果、環境の自然的および形成的要素が人間の生存を機能的に維持することができるようにする法規の総体をいう。環境法は環境行政法と環境私法とに区別することができる。

（5）　環境行政法

環境保護は、当初、所有権への有害な影響に対する私法上の防御請求権として成立したが、今や、それは国家、公共団体および国民の公的責務となった。したがって、現代の環境法は主として環境行政法に重点を置くものでなければならず、環境刑法は側面援助的な機能を有するということができる。環境行政法は、環境問題の領域における一定の行政目的を実現すべき計画的、規制的および給付的な行政措置の体系であり、許・認可手続、計画策定手続などに関する環境手続法、環境行政の組織および行政サンクションに関する法を含む。

（6）　環　境　私　法

環境私法は、直接、環境侵害の原因者を対象とする損害賠償または侵害の差止めを求める請求権に関する法体系である。環境私法は、個人の権利救済を直接の目的とし、間接的に、環境保護に資するにすぎない。環境法ないし環境保護法の中心は、理論的には環境行政法であるべきであるが、わが国では、環境私法が重要な役割りを果たしている。スリムな国家を目指す場合、環境保護の民営化が進行し、それに伴って、環境私法の意義がさらに増大することになろう。

（7）　国際環境法

国際環境法は、国境を越える環境汚染の場合のように対立する隣接国との国家利益の調整として、いわば国際法上の隣人法として展開されたが、今や、例えば地球温暖化防止のような地球規模の、あらゆる国家の共通の利益のための国際協定という点で、極めて重要な機能を果たすようになった。環境保護のための国際的規制は、国内的に直接の法的効果を生じるためには、原則として、国内環境法への変換を必要とする。

（1）　環境基本法は「環境」について法的定義を与えていない。環境庁企画調整局企画調整課編著『環境基本法の解説』一一九頁（平六・ぎょうせい）は、「環境」を包括的な概念であるとし、「環境保全」について、「それは、大気、水、土壌等の環境の自然的構成要素及びこれらにより構成されるシステムに着目し、その保護及び整備を図ることによって、これを人にとって良好な状態に保持することを中心的な内容とするものである。」という解説を加えている。

（2）　環境と開発に関するリオ宣言第一原則は、「人々は、持続可能な開発への関心の中心にある。人々は、自然と調和しつつ健康で生産的な生活を営む権利を有する。」とし、第七原則は、「各国は、地球の生態系の健全性及び一体性を保存、保護及び回復するための地球的連携関係の精神により協力しなければならない。」と規定している。

図表Ⅰ—１　都道府県・政令指定都市環境基本条例制定状況

（平成11年３月末日現在）

団体名	条例名	公布日	施行日
北海道	北海道環境基本条例	平成 8.10.14	平成 8.10.14
青森県	青森県環境の保全及び創造に関する基本条例	平成 8.12.24	平成 8.12.24
岩手県	岩手県環境の保全及び創造に関する基本条例	平成10. 3.30	平成10. 4. 1
宮城県	宮城県環境基本条例	平成 7. 3.17	平成 7. 4. 1
秋田県	秋田県環境基本条例	平成 9.12.26	平成 9.12.26
山形県	山形県環境基本条例	平成11. 3.19	平成11. 4. 1
福島県	福島県環境基本条例	平成 8. 3.26	平成 8. 3.26
茨城県	茨城県環境基本条例	平成 8. 6.25	平成 8. 6.25
栃木県	栃木県環境基本条例	平成 8. 3.28	平成 8. 4. 1
群馬県	群馬県環境基本条例	平成 8.10.21	平成 8.11. 1
埼玉県	埼玉県環境基本条例	平成 6.12.26	平成 7. 4. 1
千葉県	千葉県環境基本条例	平成 7. 3.10	平成 7. 4. 1
東京都	東京都環境基本条例	平成 6. 7.20	平成 6. 7.20
神奈川県	神奈川県環境基本条例	平成 8. 3.29	平成 8. 4. 1
新潟県	新潟県環境基本条例	平成 7. 7.10	平成 7. 7.10
富山県	富山県環境基本条例	平成 7.12.20	平成 7.12.20
石川県	石川県環境基本条例	平成 7.10. 6	平成 7.10. 6
福井県	福井県環境基本条例	平成 7. 3.16	平成 7. 3.16
長野県	長野県環境基本条例	平成 8. 3.25	平成 8. 3.25
岐阜県	岐阜県環境基本条例	平成 7. 3.23	平成 7. 4. 1
静岡県	静岡県環境基本条例	平成 8. 3.28	平成 8. 4. 1
愛知県	愛知県環境基本条例	平成 7. 3.22	平成 7. 4. 1
三重県	三重県環境基本条例	平成 7. 3.15	平成 7. 4. 1
滋賀県	滋賀県環境基本条例	平成 8. 3.29	平成 8. 7. 1
京都府	京都府環境を守り育てる条例	平成 7.12.25	平成 8. 4. 1
大阪府	大阪府環境基本条例	平成 6. 3.23	平成 6. 4. 1
兵庫県	環境の保全と創造に関する条例	平成 7. 7.18	平成 8. 1.17
奈良県	奈良県環境基本条例	平成 8.12.24	平成 9. 4. 1
和歌山県	和歌山県環境基本条例	平成 9.10. 9	平成 9.10. 9
鳥取県	鳥取県環境の保全及び創造に関する基本条例	平成 8.10. 8	平成 8.10. 8
島根県	島根県環境基本条例	平成 9.10.17	平成 9.10.17
岡山県	岡山県環境基本条例	平成 8.10. 1	平成 9. 4. 1
広島県	広島県環境基本条例	平成 7. 3.15	平成 7. 3.15
山口県	山口県環境基本条例	平成 7.12.25	平成 7.12.25
徳島県	徳島県環境基本条例	平成11. 3.25	平成11. 3.25
香川県	香川県環境基本条例	平成 7. 3.22	平成 7. 4. 1
愛媛県	愛媛県環境基本条例	平成 8. 3.19	平成 8. 3.19
高知県	高知県環境基本条例	平成 8. 3.26	平成 8. 3.26
佐賀県	佐賀県環境基本条例	平成 9. 3.27	平成 9. 4. 1
長崎県	長崎県環境基本条例	平成 9.10.13	平成 9.10.13
熊本県	熊本県環境基本条例	平成 9. 3.25	平成 9.4.1＊
宮崎県	宮崎県環境基本条例	平成 8. 3.29	平成 8. 4. 1
鹿児島県	鹿児島県環境基本条例	平成11. 3.26	平成11. 4. 1
札幌市	札幌市環境基本条例	平成 7.12.13	平成 7.12.13
仙台市	仙台市環境基本条例	平成 8. 3.19	平成 8. 4. 1
千葉市	千葉市環境基本条例	平成 6.12.21	平成 6.12.21
横浜市	横浜市環境の保全及び創造に関する基本条例	平成 7. 3.24	平成 7. 4. 1
川崎市	川崎市環境基本条例	平成 3.12.25	平成 4. 7. 1
名古屋市	名古屋市環境基本条例	平成 8. 3.22	平成 8. 4. 1
京都市	京都市環境基本条例	平成 9. 3.31	平成 9. 4. 1
大阪市	大阪市環境基本条例	平成 7. 3.16	平成 7. 4. 1
神戸市	神戸市民の環境をまもる条例	平成 6. 3.31	平成 6. 4. 1
広島市	広島市環境の保全及び創造に関する基本条例	平成11. 3.18	平成11. 4. 1
福岡市	福岡市環境基本条例	平成 8. 9.26	平成 8. 9.26

資料：環境庁

第二節　環境権

文献　阿部照哉「新しい人権としての環境権」Law School 二〇号（昭五五）、淡路剛久『環境権の法理と裁判』（昭五五・有斐閣）、戸松秀典「環境権」『行政法の争点』（平二）、大塚　直「環境権」法教一七一号（平六）

（1）環境権

環境権とは、健康で安全かつ快適な生活を維持する条件としての良好な環境を享受する権利をいう。[1]環境権については、学説上、多くの議論がなされたが、次の点でほぼ一致していると見ることができよう。

①「環境権」は憲法上の新しい権利である。

②環境権肯定論者は、良好な自然環境を享受し得る利益を環境権として、これをを憲法二五条ないし一三条に根拠を有する基本的人権であるとし、国家の積極的な配慮と政策を要請する社会権的性格と公害・環境破壊からの自由という自由権としての性格をもつ、という。

これに対し、環境権否定論者は、個人の訴訟可能な環境の保護を求める基本的人権は実施可能ではないし、環境権は憲法二五条の生存権の発展ないし拡張であると考えるべきで、解釈論として憲法二五条から環境権を導き出すことはできない、という。

③環境権論は、当初、環境権を民事的差止訴訟の法的根拠とする主張であったが、判例は、人格権に基づく

妨害排除および妨害予防請求権を認めることができるとしても、具体的請求権としての環境権は認めることができないとしている。(2)

(2)　条例上の環境権

地方公共団体の環境基本条例の中には、それが宣言・確認的な意味をもつものか創設的な意味をもつものかはともかくとして、環境権について規定するものがある。

①　「前文」型　これは、環境基本条例の「前文」において、住民が「環境権」を有することを宣言するものである。例えば、北海道環境基本条例＝「私たちは、良好で快適な環境の恵みを享受する権利を有する」、大阪府環境基本条例＝「良好で快適な環境を享受することは、府民の基本的な権利であ（る）」、兵庫県環境の保全と創造に関する条例＝「私たちは、環境の恵沢を県民の権利として享受する」、高知県環境基本条例＝「健康で恵み豊かな環境の恵沢を享受することは、……現在及び将来の県民の権利であ(る)」、川崎市環境基本条例＝「すべての人は、……安全で健康かつ快適な環境を享受する権利を有する」、所沢市環境基本条例＝「私たちは、……環境を享受する権利を有する」などがある。

②　本文型　これは、条例の本文の規定の中で「環境権」に言及するものである。川崎市環境基本条例二条一項は、「市の環境政策は、市民が安全でかつ快適な環境を享受する権利の実現を図るとともに、良好な環境を将来の世代に引き継ぐことを目的として展開する」と規定している。

③　生存権型　これは、憲法で保障されている生存権を確認したものというべきであり、「環境権」に関する規定と見ることはできない。これも前文の中で宣言されている。例えば、福島県環境基本条例＝「健全で恵み豊かな環境の下に、健康で文化的な生活を営むことは県民の権利であ（る）」、東京都環境基本条例＝「すべて

の都民は、良好な環境の下に、健康で安全かつ快適な生活を営む権利を有する」、神奈川県環境基本条例＝「私たちは、良好な環境の下で健康で安全かつ文化的な生活を営む権利を有する」、名古屋市環境基本条例＝「わたしたちは、良好な環境の下に、健康で安全かつ快適な生活を営む権利を有する」などである。

④　基本理念型　これは、「環境権」に関する規定ではないが、「環境権」と同様の趣旨を「基本理念」として宣言しているものである。このような立場をとる条例は極めて多い。例えば、横浜市環境の保全及び創造に関する条例三条一項は、「環境の保全及び創造は、健全で恵み豊かな環境がすべての市民の健康で文化的な生活に欠くことのできないものであることにかんがみ、これを将来にわたって維持し、及び向上させ、かつ、現在及び将来の世代の市民がこの恵沢を享受することができるよう積極的に推進されなければならない。」と規定している。

（3）「環境権」の機能

憲法には、良好で快適な環境の創造または維持を求める基本的人権としての環境権は明示的に規定されていない。法解釈論としても、環境侵害に対する一般的な憲法上の個人権は認められていないと考えるのが正当であろう。学説のいう環境権は、サンクションのない、または裁判所により請求することのできない権利として構成されており、環境基本条例が規定する「環境権」は、理念的ないし法政策的な意義を有するにすぎないというべきであろう。すなわち、「環境権」は、立法および行政に対し、全行政領域における環境保護の尊重と促進を積極的に要請し、環境行政に対して総合的な環境対策を執るべき指針を提供し、環境保護が住民にとって重要な法的価値を有することを示す政策統合的機能をもつといえよう。

（4）　手続的環境権

環境基本法六条は、国について、「環境保全に関する基本的かつ総合的な施策を策定し、及び実施する責務を有する。」と規定し、環境基本法七条は、地方公共団体について、「国の施策に準じた施策及びその他のその地方公共団体の区域の自然的社会的条件に応じた施策を策定し、及び実施する責務を有する。」と規定している。

責務とは、一般的には、責任と義務の意味であり、責任と同義に、あるいは、責任をもって果たすべき職務という意味に理解されている（有斐閣『法律用語辞典・第二版』）。伝統的な理解によれば、責務割当規範（＝管轄規定）と具体的権限規範（＝授権根拠規定）とは厳格に区別しなければならない。行政主体または行政庁の責務規定は、単に行政主体または行政庁が一定の職務に取り組むことができ、あるいは、そのような職務が自己の権限範囲に属することを述べたものにすぎず、国民や住民に対する個別的・具体的な権限行使は、そのための具体的な法令または条例の根拠があって初めて可能であり許容される(3)。

しかし現代的理解によれば、責務概念は任務、自律性、就任義務という要素により構成される概念であり、責務規定は立法者の行政に対する「職務委託」ないし「行動委託」であって、この委託は、委託の範囲内での行動のための就任の義務づけであることを意味する。このような「責務履行義務」が承認されるなら、行政は、割り当てられた職務について活動をしない裁量（＝職務放棄）は認められず、行政活動をし、規制権限を行使すべきかどうかについて、全く自由な裁量により、決定をすることはできないことになろう(4)。これを国または地方公共団体の責務に属する環境保護についていえば、一定の条件のもとに、環境保護について行政介入を求める住民の権利を承認することになり、このような権利を環境権ということができる(5)。

ここにいう環境権は、自己の生命、身体、財産に対する環境危険を防止するために、必要な行政介入を求める権利である。学説上主張されてきた環境権が、良好な環境の享受を求める実体的権利であるのに対し、ここにいう環境権は、必要な行政介入を求める手続的権利であるということができる。

（1）　芦部信喜『憲法学Ⅱ』三六二頁（平六・有斐閣）。

（2）　(1)　環境権を否認する判例

大阪高判平四・二・二〇判時一四一五号三頁（＝国道43号線公害訴訟）は、「原告らは、環境権なる権利をも根拠として差止を求めるというのであるが、原判決も説示するように環境権なる権利については、実定法上の根拠が認めがたいうえ、その成立要件及び内容等も極めて不明確であり、これを私法上の権利として承認することは、法的安定性を害することになり、許容できないというべきである。」と判示した。

岐阜地判平六・七・二〇判時一五〇八号二九頁（＝長良川河口堰建設差止訴訟）は、「原告ら主張の環境権について、実体法上明文の規定がないことは、被告の指摘するとおりである。差止は、相手方に作為又は不作為を命じてその権利の行使を直接制約するという強力な手段であることにかんがみれば、憲法一三条及び二五条並びに環境基本法（平成五年法律第九一号）三条及び八条をもって、環境権を私法上の権利として認める根拠とすることはできない。すなわち、憲法一三条及び二五条の規定は、何れも国の国民一般に対する責務を宣言した綱領的規定であって、個々の国民に対して直接に具体的権利を賦与したものと解することはできない。また、環境基本法は、環境の保全の基本理念を宣言した上（三条）、この理念に則り、国及び地方公共団体の行う環境の保全のための施策について総合的な指針及び枠組みを示すことを目的とする基本法であって、同法八条の規定も、事業者に対し、右理念に則って、一般的、抽象的な責務（社会的責任）を負わせたものにすぎず、これにより個々の国民に対して直接に事業者に対する具体的権利を賦与したものではないと解するのが相当だからである。」と判示した。

名古屋高判平一〇・一二・一七判時一六六七号三頁（＝長良川河口堰建設差止訴訟）は、「個人個人の自然環境を享受する利益を含めて環境権という権利を構成し得たとしても、そのような権利につき、立法的手当てもなしに無限定に不可侵性、絶対性を付与することはできないこととなる。したがって、良好な自然環境の享受を目的とする環境権は、絶対的な権利に基づく民事差止等の請求の法的根拠としては十分とはいえない、と解さざるを得ない。」と判示した。

(2) 環境権に肯定的な判例

神戸地尼崎支決昭四八・五・一一判時七〇二号一八頁は、「現に環境利益を享受している住民は、その住居環境が明らかに不当に破壊される危険、すなわち、環境利益が明らかに不当に侵害される危険が生じた場合には、そのような不当な侵害を事前に拒絶し、あるは未然に防止し得る権利、いわば『環境利益不当侵害防止権』を有する。」と判示した。

大阪高決昭五三・五・八判時八九六号三三頁は、「およそ環境権といわれるものは、たとえば大気、水、日照、静穏、土壌、景観などの自然環境や社会的施設を含む環境を享受し、かつこれを支配し得る権利であり、このような環境権における素材は不動産の利用権とは無関係に何人にも享有されるものである。環境権は財産権よりも人格権に近く、支配権としての排他性をもつが、すべての地域住民は健康で快適な生活を維持してゆくため、環境が破壊され、またはそのおそれがあるときは、支配権であるこの環境権に基づいて差止を請求することができるとされている。」と判示した。

(3) 人格権を根拠にして環境利益を認める判例

東京高判昭六二・七・一五判時一二四五号三頁（＝横田基地騒音訴訟）は、「人は、人格権の一種として、平穏安全な生活を営む権利を有しているというべきであって、騒音、振動、排気ガスなどは右の生活権に対する民法七〇九条所定の侵害であり、これによって生ずる生活妨害は同条所定の損害というべきである。……人格権としての生活権または身体権に対して侵害を受けた者は、加害者に対して、不法行為に基づく権利として、民法七〇九条、七一〇条、七二二条によって金銭的損害賠償請求権を有するが、そのほかに物上請求権と同質の権利として、現に行われている侵害行為を排除し、又は将来生ずべき侵害行為を予防するため、侵害行為差止請求権を有するものと解すべきである。」と判示した。

（3）　環境庁企画調整局企画調整課編著『環境基本法の解説』一五四頁（平六・ぎょうせい）。
（4）　責務規範の意義については、Vgl. F. -L. Knemeyer, Polizei- und Ordnungs recht, 8. Aufl., 2000, S. 75ff; C. Gusy, Polizeirecht, 4. Aufl., 2000, S. 209ff.
　責務規範と行政介入を求める権利との関係については、宮田三郎『行政裁量とその統制密度』二八五頁以下（平六・信山社）を見よ。
（5）　一九七一年の環境法典に関する連邦環境、自然保護及び原子炉安全省独立専門委員会の『ドイツ環境法典―総論編（案）』（UGB-KomE）、第二節：環境権（Umweltrechte）
　第一五条　行政庁の介入を求める権利（Anspruch auf behördliches Einschreiten）は、「個人は、自己に対する環境危険を防止し、また自己にとりわけ関連する環境リスクを減少せしめるために、所轄の行政庁が、義務に適った裁量により、必要とされる措置をとることについて、権利を有する」と規定している。

第二章　環境行政法の構造

第一節　環境行政法の目標

（1）目的プログラム

古典的法規範の中核を占めるものは法規であり、それは、通例、法律要件と法律効果からなり、法律要件が充足された場合に法律効果が生じるという構造になっている。すなわち、それはWenn-dann-Schemaによつて構成されており、条件的規範構造→論理的包摂→裁判所の最終決定による個人の権利保護という構造である。秩序法としての行政法は、そのような基本的枠組みで構成されているということができる。

これに対して、執行部に計画を授権する法は、将来の目標を設定し、その目標達成のための行政手法を総合的に提示するという構造になっている。すなわち、計画規範は直接執行可能な条件的プログラムではなく、目的—手段—Schemaを基礎とする目的的プログラムの構成をとっているということができる。ここでは、目的を達成するための行政手法は多様であって、目的実現は論理的包摂による権利救済ではない。計画—環境法としての行政法は、多様で複雑な構造の下に展開されるのである。

（2）目標（＝基本理念・施策の指針）と具体化

環境行政法の主たる目標は、自然環境および人間によって形成される社会環境の創造を含む広い意味の自然の生活基盤ないし生活圏の保護と維持である。このような環境法の目標は、環境基本法、個別的な環境保護に関する法律および政府の政策宣言ないしプログラム、さらに地方自治体レベルでは、環境基本条例および個別的な環境保護に関する条例において表明される。しかし法律の目標は極めて抽象的であって、通常、それだけでは執行の可能な法規定ではない。それは、他の法律、命令、行政規則による具体化によって執行可能となり、それによって初めて、何が規制の対象とされ、どの程度の環境が保護されようとしているか、保護される環境の質が具体的に明確になるわけである。例えば、①法律のレベル。環境基本法二一条は、「大気の汚染、……に関し、事業者等の遵守すべき基準を定めること等により公害を防止するために必要な規制の措置」を講じなければならないと規定し、大気汚染防止法三条一項は、「排出基準は、ばい煙発生施設において発生するばい煙について、環境省令で定める。」と規定しているが、規制の措置の内容は具体的に示されない。②命令のレベル。大気汚染防止施行令六条は、硫黄酸化物およびばいじん排出基準について大気汚染の限度を定め、大気汚染防止法施行規則は、いおう酸化物の排出基準（三条）、ばいじん排出基準（四条）、有害物質の排出基準等および算定や測定の方法について規定している。③行政規則のレベル。環境基本法一六条の規定に基づいて、大気の汚染に係る環境基準について（昭四八・環境庁告示）、二酸化窒素に係る環境基準につい（昭五三・環境庁告示）、ベンゼン、トリクロロエチレン及びテトラクロロエチレンによる大気汚染に係る環境基準について（平九・環境庁告示）が定められている。このような法律→施行令→施行規則→行政規則という法律の具体化のプロセスは、環境行政法一般に共通するものといえよう。

（3）　目標の衝突

環境保護は、国および地方公共団体の重要な課題であるが、唯一の課題ではない。環境保護は、国や公共団体の財政力の制約を受けるから、経済的、技術的、社会的、文化的な他の多数の目標と競合し、衝突する。したがって、ある目標を実現するためには、政策的に、他の目標の実現を放棄するか、多数の目標間の順位を決定しなければならない。とくに環境法においては、環境利益（エコロジー）と開発利益（エコノミー）との目標衝突が基本的に解決ないし調整されていなければならない。しかし通常、立法者は目標の順位を定めない。[(1)] 立法者は、このような目標衝突の問題については、目標の具体化の場合と同様に、行政にゲタを預け、丸投げ式の委任をすることによって、解決を図っているということができる。環境の質を誰がどのようにして定めることができるかは環境保護法にとって重要な問題である。

（4）　法律の留保の原則

行政の環境政策は法律の留保の原則に服する。自然環境および生活環境に関する基本決定は国民にとって本質的に重要な事項であり、議会の決定に留保されなければならない。法律の留保の原則は、古典的意味での侵害、すなわち国家の命令・禁止のみならず、侵害ではない本質的決定についても妥当する。環境保護の中心問題は、不断の技術的・産業的発展および新しい自然科学的認識の急速な進歩・形成により、硬直的な法律という手段では環境保護の問題を最終的かつ適正に規律することが困難であるという点にある。問題の難しさは、法律がどの程度明確であれば十分明確といえるかという点にあり、結局、「立法者は原則的な決定（Grundentscheidung）をすれば十分」[(2)]であるといえるが、法理論的には、より明確な法律の目的規定、法律の保護対象と保護程度（概念規定）の明確化と妥当性、第三者の権利保護に関する法律規定の必要性が要請されよう。[(3)]

（1）　循環型社会形成推進基本法は、廃棄物の発生の抑制（五条）→循環資源の循環的利用（六条一項）→適正な処分（六条二項）という優先順位を定めている。

（2）阿部泰隆『国土開発と環境保全』三二三頁（昭六四・日本評論社）。
（3）例えば、原子炉等規制法では、国民の生命・健康および財産の保護という視点が欠落しており、したがって「災害の防止」という法概念はあまりにも曖昧で不確定すぎるといえよう。

第二節　環境基準

文献　金沢良雄「環境基準」『行政法の争点〔旧版〕』（昭五五・有斐閣）、宮田三郎「環境基準について（一）〜（三・完）」千葉大学法学論集四巻二号〜五巻二号（平二〜三）、北村喜宣「環境基準」『行政法の争点〔新版〕』（平二）

（1）概念および機能

環境基準とは、環境法の目標ないし不確定法概念を具体的な大きさ（数値など）に変換し、その測定および評価方法などの技術的要求を簡潔な表現で記述したものである。環境行政法の執行は技術的な環境基準を前提とし、それによって初めて具体的場合に、人間の健康および自然的生活基盤がどの程度法的に保護されることになるかが明らかになる。環境基準は環境行政の出発点であるということができよう。

（2）種類

(1)　環境基準はいろいろの視点から区別することができる。

①　危険防止基準と危険リスクの予防基準　　環境基準はその追求する目的からみて危険防止基準と危険リス

クの予防基準とに区別することができる。危険防止基準は環境危険の防止を目的とする。環境の質についての限界値ということもできる。危険防止のための限界値は環境と人の保護を保障すべきものである。排出基準（大気汚染三条）、総量規制基準（大気汚染五条の二、水質汚濁四条の五）、排水基準（水質汚濁三条）、規制基準（悪臭防止四条、騒音規制四条、振動規制四条）などがこれに当たる。それに対し、環境リスクの予防基準は望ましい環境の質を目標とし、とくに環境リスクを技術的に回避できるかどうかが問題である。これを環境の質についての基準値ということもできる。予防基準は、環境と人の単なる保護を越えて、環境リスクに対する予防に資する。いわゆる行政上の望ましい「環境基準」（環境基一六条）がこれに当たる。(1)

② 許容基準、受け入れることのできる基準および望ましい基準　環境基準の水準からみた、許容できる（tolerable）、受け入れられる（acceptable）、望ましい（desirable）という基準による区別で、WHOがとっている分類方法である。わが国の「環境基準」は望ましい基準で五〜十年を達成目標とし、汚染レベルとしては最も低い水準である。アメリカの場合は、受け入れることのできる基準で二〜五年で達成するための基準である。

③ 法令上の環境基準と行政上の環境基準　環境基準の法形式による区別である。法令上の環境基準は法規命令や条例の形式で定められ発布されるものをいい、行政上の環境基準は行政規則の形式で発せられる。排出基準、総量規制基準、排水基準あるいは規制基準などは省令の形式をとり、あるいは省令に基づいて設定されるが、行政上の環境基準は告示の形式をとっている。

④ 一般的に拘束力のある基準および行政内部的な拘束力のある基準　環境基準の法的効果に着目する区別である。法令上の基準は一般的に拘束力を有する基準であり、第三者および裁判所を拘束する。行政上の環境基準は行政内部的の拘束力を有するにすぎず、行政上の努力目標とされている。しかし、行政規則であっても、一

定の要件のもとでは、外部的に拘束力を展開することもありうる。

図表Ⅰ—2　残存リスク、リスクおよび危険の関係

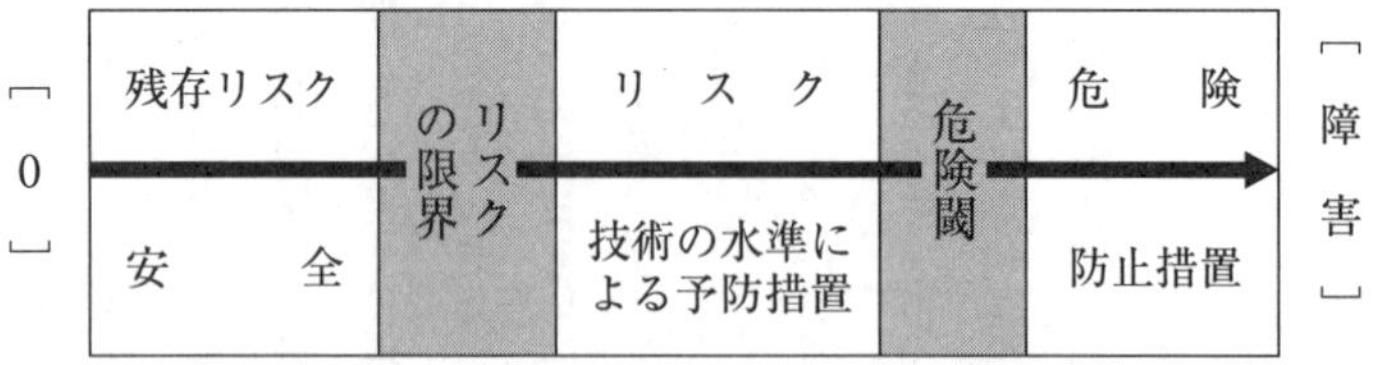

(2) 環境危険および環境リスク

① 環境危険　環境法における危険概念は警察法に由来する。危険とは、妨げられない経過をたどると十分な蓋然性をもって障害に至る事態、または、障害発生を認識できる客観的な遠くない蓋然性ということができる。要するに、危険は予測される障害の大きさ（強度・範囲）と障害発生の蓋然性という二つの要素によって定まる。環境危険は、もはや受忍することのできない障害であって、防止措置により排除されなければならない。

② 環境リスク　環境リスクは理論的に障害発生の可能性がある場合にすでに存在する。障害がとにかく起こりうると思われる場合、すなわち障害を実際に排除できない場合に、リスクがある。リスクは、技術の水準による予防措置により回避されなければならない。

しかし、産業社会では、人の認識の限界、不十分な経験あるいは技術的過誤などから、完全なリスク排除は実現できない。これが、いわゆる残存リスクであって、予防措置は残存リスクには及ばず、通常、これは「安全」と考えられている。

(3) 環境への負荷および公害

① 環境への負荷　環境への負荷とは、「人の活動により環境に加えられる影響であって、環境の保全上の支障の原因となるおそれのあるものをいう。」（環境基

二条一項)。

② 公　害　公害とは、「環境の保全上の支障のうち、事業活動その他の人の活動に伴って生ずる相当範囲にわたる大気の汚染、水質の汚濁、土壌の汚染、騒音、振動、地盤の沈下、及び悪臭によって、人の健康又は生活環境に係る被害が生ずることをいう。」(環境基二条三項)。この公害概念の特徴は、次の三点にあるとされている。

i　公害は人の日常反復的な活動が原因となって生ずる被害でなければならない。

ii　相当範囲にわたる地域的な環境汚染ないし環境破壊を媒介として生ずる被害でなければならない。

iii　環境汚染それ自体は公害ではなく、それによって人の健康または財産に生ずる具体的な被害が顕在化しなければならない(2)。

このような公害概念は、伝統的な警察法上の危険概念を継受せず、環境法の視点から見ると、被害発生の範囲および蓋然性という点で、危険概念よりも「狭い」特殊な被害概念を基礎にしているということができる。

(3)　特性および手続

環境基準は、第一に専門知識の言明であり、第二に、それは政策的または評価的決定である。いかなる場合に有害物質や現象が環境に有害な影響を及ぼすといえるか、特定の物質はいかなる限界から人の健康を損なうことになるか、あるいはそのような科学技術の水準に基づいた判断とは何かということは、専門家による科学技術的認識に基づく場合にのみ信頼することができる。しかし専門家の言明が精確な結論に至らず、あるいは、いくつかの異なる結論に到達し、そのどれかを選択しなければならない場合もあり、目標を達成するためにどの程度のことが要求されるかはっきりしない場合もある。このような場合には、価値判断(例えば、環境保護とその費用との比較衡量）に基づく政策的または評価的決定が行われる。環境基準は、とくにそれが環境リスクの予防基準であるときは、その内容は必然的に政策的価値判断に基づいて定まる。環境危険の防止基準の場合でも多かれ少なかれ政策的判断が含まれている。環境基準は多くの場合環境政策的目標であり、環境関係の期待可能性を示す数値であるといえよう。

環境基準が自然科学的専門家の言明であるときは、環境基準が当該専門分野の専門家が委員となり同時に中立的に構成された独立の委員会によって立案されたかどうかが重要であり、政策的決定の要素を含むときは、環境基準が民主的な正当性を有する機関、すなわち政府または権限ある大臣あるいは複数の利害関係を代表する多元的構成の審議会によって定められたかどうかが重要である。また、手続の公開とくに利害関係人の参加が重要であるし、さらに、環境基準の数値の測定方法や測定地点の選定についても、政策的考慮が働く余地がありうることにも注意しなければならない。

（4）　行政規則たる環境基準

⑴　許容性

環境基準を法律、法規命令および条例で定める場合、その許容性および拘束力については、何らの問題もない。環境基準を行政規則の形式で定める場合には、その許容性および拘束力について、理論上、問題がある。法律の留保に関する本質性理論の立場に立てば、環境基準を定めることは、基本的人権に係る本質的な決定であり、それは立法部の機能領域に属することであるから、行政規則の形式を選択することは法律の留保の原則からみて、問題であるといわなければならないだろう。

⑵　拘束力

行政規則とは、行政組織の内部において上級機関または上司から下級機関または部下に対して発する抽象的――一般的規律である。行政規則は、通常、行政の内部領域において拘束力を有する。外部的効力は、平等原則を媒介として間接的に、行政の自己拘束の方法で認められることがあるにすぎない。

環境基準が行政規則の形式をとる場合、その拘束性したがって司法審査性については、理論上、いくつかの考え方がある。一つの考え方は、環境法上の行政規則について裁判所の拘束を否定し、裁判所の完全審査性を要求する。それは主として裁判所の審査権の制限に反対するものである。これに対して他の考え方は、環境法上の行政規則を、「予めなされた専門家の鑑定」、「裁量決定」あるいは「規範を具体化する行政規則」などと位置づけ、むしろ裁判所のコントロールを、行政庁の決定が恣意的でないかどうか、十分な調査に基づくものであるかどうか、という問題に限定しようとする。結局、問題は行政規則たる環境基準をどのような法的性格を有するものと見るかということになろう。(3)

（5）「行政上の環境基準」

(1)　設定状況

わが国では、「行政上の環境基準」が重要な役割を果たしている。環境基本法一六条一項は、「環境基準」を「大気の汚染、水質の汚濁、土壌の汚染及び騒音に係る環境上の条件について、それぞれ人の健康を保護し、生活環境を保全するうえで維持されることが望ましい基準」であると定義した。政府は、水質汚濁に係る環境基準について（昭和四六年一二月二八日――環境庁告示）、大気の汚染に係る環境基準について（昭和四八年五月八日――環境庁告示）、二酸化窒素に係る環境基準について（昭和五三年七月一一日――環境庁告示）、土壌の汚染に係る環境基準について（平成三年八月二三日――環境庁告示）、さらに、騒音に係る環境基準について（平成一〇年九月三〇日――環境庁告示）、航空機騒音に係る環境基準について（昭和四八年一二月二七日――環境庁告示）、新幹線鉄道騒音に係る環境基準について（昭和五〇年七月二九日――環境庁告示）などを定めている。

(2)　「行政上の環境基準」設定の手続

環境基本法は、「環境基準」の設定手続について、「政府は、……基準を定めるものとする。」（一六条）とだけ規定している。この規定は基準の法的根拠として問題があるが、実際は、政府（環境大臣）が中央環境審議会に諮問し、その答申を経て、「環境基準」が決定され、基準決定の法形式は、環境省告示の形式で公表される。しかし基準の設定手続には法律上の透明性が不足しているといえよう。

中央環境審議会は、基準を設定する項目につき、それぞれ、関連分野の専門家で構成する専門委員会を設け、人の健康に及ぼす影響、人以外の生物に及ぼす影響、生活環境に及ぼす影響に分けて、科学的知見の集積からなるクライテリア（判定基準）を検討するほか、汚染の実態等の分析および測定方法を検討し、基準設定のための答申の基礎資料となる報告書を作成する。

(3)　「行政上の環境基準」の法的性質とその機能――通説・判例

「行政上の環境基準」の法的性質については、通説・判例によれば、それが行政の努力目標を示す指標であり、直接国民の具体的な権利義務を定める法規としての性格をもつものではなく、それ自体は国民に対し行政上の規制基準となる法的効果をもたず、したがって取消訴訟の対象となる処分性をもたない。しかし、環境基準は、環境行政の起点として、実質的には法規以上に国民に対して大きな役割を果たしていると解されている。(4)

行政実務では、このような行政上の政策目標としての環境基準は、環境基準を許容限度として設定する考え方に対し、人の健康等を維持するための最低限度としてではなく、それよりも進んだところを目標にし、その確保を図るというより積極的な意義があり、また、環境基準を受忍限度として、この程度までの汚染は我慢しなければならないという消極的なものとするよりは、「望ましい基準」として、将来に向けての積極的な意味があることを強調している。(5)

しかし、環境政策的目標ないし一定の環境状況の期待可能性値としての「環境基準」は、目標達成度を明確にする機能を有し、目標達成値を目標期間内に達成できない場合には、現実の環境行政についてのマイナス・イメージを印象づける。「望ましい基準」は、法律においてではなく、むしろ、環境憲章ないし環境宣言などにおいて表明されるべきであろう。

(4)　環境基準の法的性質——その他の学説

①　環境基準を単なる行政組織内部の行政運営の指針にすぎないと見るのは、環境基準が環境保全の基本施策を嚮導する目標値となることを無視するもので、訓令・通達などの行政規則と同じ扱いをすることは誤りである。(6)しかし、ここでは環境基準の法的具体像についての説明は見られない。

②　環境基準は、当初は行政上の目標（goal）であったが、その後環境基準から発するいわば法的連動効果ともいうべき現象が生じ、(7)環境基準は現実の法的規制のための基準、すなわち規制基準（stanndard）としての意味をもつようになった。これは有力な見解であるが、目標実現のための諸制度・諸施策等の整備、実施を媒介にして、行政上の目標が規制基準に意味変遷するという説明は理解し難いし、法的連動性の効果というのも納得できない。目標が実現されたなら、目標は目標たる意義を失うだけなのではないか。判例は、環境基準の法的連動効果を認めていない。(8)

(5)　「行政上の環境基準」の準法規性

通説・判例に反対して、「環境基準」の準法規性を承認しよう。準法規的性格をもつ環境基準は、「より望ましい」環境基準であるということができる。

行政の専門知識が表現されている行政規則、とくに環境基準や安全審査基準などのように高度の科学・技術的内容をもつ行政規則は、これを規範具体化行政規則ということができる。規範具体化行政規則という理論構成は、内部法を外部法化する理論的試みの一つであるが、わが国の判例・通説はこのような理論構成を認めていない[(9)]。判例は、原子炉等規制法二四条の定めは、原子炉施設の安全性についての法的判断を内閣総理大臣の「合理的判断にゆだねる趣旨」であると解し、原子炉施設の安全性に関する「具体的審査基準」を裁量基準としているようである[(10)]。しかし裁量基準が最終的に拘束力があるものとされる場合には、これを直接の法的外部効果を有する規範具体化行政規則と解することができよう。同様の理論構成は、高度の科学技術的な内容をもつ環境法にも転用することができる。したがって、立法者が法律による最終的な規律を放棄し、環境法の目標や不確定法概念の具体化を行政に全面的に委ね、その内容が自然科学的に根拠づけられた具体的基準や数値をもって行政規則に示されているときは、裁判官もその内容を尊重せざるをえない、あるいはそれに追随せざるをえない。このような推定的拘束力を通して規範具体化的な環境基準には外部的法効果が承認されるといえよう。

もちろん、「行政上の環境基準」の法規性には限界がある。環境基準は、それが科学および技術の発展状況に相応に適応しているものである限りで、拘束力がある。環境基準は、「常に適切な科学的判断が加えられ、必要な改定がなされなければならない。」（環境基一六条三項）。行政は、客観的理由なしに、外部的法効果を有する環境基準の適用を拒否できない。しかし、特別の事情が存在する場合、例えば、科学および技術についての新しい認識が存在し、それが検証されたため、従来の評価が時代後れのものとなったときは、環境基準は、行政内部的にも自動的に効力を失うことになろう。法律の拘束力は例外も許さない厳格な拘束力であるのに対し、行政規則として定められた環境基準の拘束力は、客観的理由がある場合には、個別的な離脱および一般的な変更も許すという意味で、柔軟な、あるいは弱められた拘束力であるということができる。さしあたり、環境アセスメントの評価基準、環境に影響を及ぼす施設の許可基準、民事上の損害賠償訴訟や差止訴訟における受忍限度の判断基準として、あるいは第三者訴訟における第三者保護効果を有する規範という意味で、環境基準の準法規性が承認されなければならない。

(1)　ドイツ環境法典に関する連邦環境、自然保護及び原子炉安全省独立専門委員会の草案（UGB-KomE）は、限界値および基準値について次のように規定している。

第一一条　環境の質についての限界値及び基準値の確定のための授権

(1)　第一条に掲げた目的、特に環境又は人間についての危険に対する保護若しくはリスクに対する予防のため、法規命令により、連邦参議院の同意を得て、水、大気及び土壌の性質又は状態並びにインミッシオンにつき、越えることの許されない限界値を定めることができる。法規命令においては、同時に、どのようにして数値が調整され、数値の遵守が測定され、監視されるかを定めることができる。水の負荷については、前文の授権は、当該危険が商業目的に仕え又は経済企業において用いられる施設から、若しくは農業的土地利用、動物の飼育あるいは林業における行為から生ずるものである場合に限り、妥当する。

(2)　環境又は人間についてのリスクに対する予防については、法規命令により、水、大気、土壌、自然及び風景の性質及び状態並びにインミッシオンにつき、行政庁によりその権限の範囲内でその遵守が求められる基準値又はその他の質要求を定めることができる。第一項第二文及び第三文が準用される。

(3)　第二項による基準値は、ラント法により権限を有する行政庁又はラント法によって授権されたゲマインデ、ゲマインデ連合又は郡がこれを定めることができる。

第一二条　限界値及び基準値についての原則

(1)　第一一条第一項による危険の防止に対する限界値は、適切な安全のゆとりを厳守して、環境及び人間の保護が侵害されることのないように定めなければならない。

(2)　第一一条第一項及び第二項によるリスクに対する予防のための限界値及び基準値は、確認され又は可能性のあるリスクの種類、程度及び蓋然性を考慮して、環境及び人間に対する不利益な影響の発生が適切に予防されるように定めなければならない。

(3)　環境の質についての限界値及び基準値は、環境の受容力及び負荷能力が長期的に過大に要求されることのないように定めなければならない。

(4)　環境の質についての限界値及び基準値を定めるに際しては、環境における環境負荷物質の集積及び量についての要求を設定することができる。その際、複数の環境負荷物質の発生並びに総負荷及び敏感な人のグループの適切な保護を考慮しなければならない。

(5)　環境の質についての限界値及び基準値は、人間の健康のために危険に対する保護又はリスクに対する予防を行うものでない限り、地域又は水域の保護の必要性、特にその特質又は従前よりの負荷、植物及び動物界の敏感性並びに現在の又は予定の利用方法に応じて、これをさまざまに定めることができる。

(6)　異なる負荷又は環境財についての限界値並びに基準値は、相互に調整しなければならない。

（2）　原田尚彦『環境法〔補正版〕』五頁以下（平六・弘文堂）、小高　剛『行政法各論』一七九頁以下（昭五九・有斐閣）。

（3）　Vgl. M. Hoppe/M. Beckmann/P. Kauch, Umweltrecht, 2. Aufl., 2000, S. 125ff.

（4）　原田尚彦『環境法〔補正版〕』一〇一頁（平六・弘文堂）、小高　剛『行政法各論』一八七頁（昭五九・有斐閣）、阿部泰隆・淡路剛久編『環境法〔第2版〕』一七〇頁。

東京高判昭六二・一二・二四行集三八巻一二号一八〇七頁は、「（判決要旨）環境基準を定める環境庁の告示は、政府が公害対策を推進するための政策上の達成目標ないし指針を一般的、抽象的に定立する行為であって、直接に、国民の権利義務、法的地位又は法的利益につき、創設、変更、消滅等の法的効果を及ぼすものではなく、また、そのような法的効果を有するものでもないから、環境庁長官が二酸化窒素に係る環境基準を従来のものより緩和する内容に改定してした告示は、抗告訴訟の対象となる行政処分に当たらない。」と判示した。

(5)　環境庁企画調整局企画調整課編著『環境基本法の解説』一九四頁以下（平六・ぎょうせい）。

(6)　畠山武道「告示・通達」ジュリスト八〇五号二〇五頁（昭五九）。

(7)　清水　誠「環境基準の意義と役割」公害研究九巻一号二四頁（昭五四）、阿部泰隆「相対的行政処分概念の提唱(二)」判時一〇四九号一八〇頁（昭五七）、北村喜宣「環境基準」『行政法の争点』二五七頁（平二）。

(8)　東京高判昭六二・一二・二四行集三八巻一二号一八〇七頁は、環境基準と排出基準および総量規制基準との関係は法的連動関係にあるという控訴人らの主張について、「排出基準及び総量規制基準は、個別の規制対象に即し、各種の複雑かつ流動的な諸要素を総合、勘案して決定されるものであり、環境基準のみから直接的、自動的に決定されるものではない。……排出基準及び総量規制基準を定めるにつき、環境基準が果たしている役割は、具体的、個別的な排出基準及び総量規制基準を設定する上での目標値ないし指針としての事実上の機能であるというべきである。」と判示した。

(9)　規範具体化行政規則については、宮田三郎『行政裁量とその統制密度』二二五頁以下（平六・信山社）を見よ。

(10)　最判平四・一〇・二九民集四六巻八号一一七四頁（＝行政判例百選Ⅰ83「裁量と専門技術性」＝伊方原発訴訟）は、原子炉規制法二三条の「災害の防止上支障がないものであること」の認定につき、「原子炉施設の安全性に関する判断の適否が争われる原子炉設置許可処分の取消訴訟における裁判所の審理、判断は、原子力委員会若しくは原子炉安全専門審査会の専門技術的な調査審議及び判断を基にしてされた被告行政庁の判断に不合理な点があるか否かという観点から行われるべきであって、現在の科学技術水準に照らし、右調査審議において用いられた具体的審査基準に不合理な点があり、あるいは当該原子炉施設が右の具体的審査基準に適合するとした原子力委員会若しくしくは原子炉安全専門審査会の調査審議及び判断の過程に看過し難い過誤、欠落があり、被告行政庁の判断がこれに依拠してされたと認められる場合には、被告行政庁の右判断に不合理な点があるものとして、右判断に基づく原子炉設置許可処分は違法と解すべきである。」と判示した。

第三章　環境行政法の手法

秩序法としての行政法は、法律↓行政処分↓強制行為という三段階構造のモデルに基づき、行政手法としては行政処分中心主義をとっており、これが行政過程の基本的構造であると考えられてきた。しかし古典的な秩序法としての行政法と違って、現代的な環境行政法の目標は、行政の多様な計画的、規制的、給付的な措置の総合という行政手法によって初めて、達成が可能となる。

環境行政法は、環境法の目標および原則を行政実務に転換するために、いろいろの手法を用意している。環境行政法の手法として、環境影響評価（環境アセスメント）、計画的手法、規制的手法、給付的手法、企業内部の自己監視手法などを挙げることができる。

第一節　環境影響評価（環境アセスメント）

文献　山村恒年『環境アセスメント』（昭五五・有斐閣）、島津康男『新版環境アセスメント』（昭六二・日本放送出版協会）、大塚　直「わが国における環境影響評価の制度設計について」ジュリスト一〇八三号（平八）、島津康男『市民からの環境アセスメント』（平九・日本放送出版協会）、大塚　直「環境影響評価法の法的評価」判例タイムズ九五九号（平九）、淡路剛久「環境影響評価法の法的評価」、鎌形浩史「環境影響評価法について」、高橋　滋「環境影響評価法の検討」以上、ジュリスト一一一五号（平九）、浅野直人『環境影響評価の制度と法』（平一〇・信山社）、環境法政策学会編『新しい環境アセスメント法』（平一〇・商事法務研究会）、法令解説「環境影響評価法の制定」時の法令一五六四号（平一〇）、大久保規子「環境影響評価法の意義と課題」法時六九巻一一号（平成一〇）、大塚　直「環境影響評価法と環境影響評価条例との関係について」成田古稀『政策実現と行政法』（平一〇・有斐閣）、小早川光郎「環境影響評価法とその課題」ジュリスト増刊『環境問題の行方』（平一一）、山下竜一「環境影響評価制度と許認可制度の関係について」自治研究七五号一二号（平一一）

環境保護のためには、環境汚染が現実に発生する前にこれを予防することが重要である。そこで、環境保護を事前に配慮する環境影響事前評価制度の導入が環境法の課題であるとされてきた。この制度は一九六九年のアメリカの国家環境政策法（NEPA）を模範とし世界に普及した制度である。わが国では、昭和五一年に川崎市が最初の環境影響評価条例を制定したが、国のレベルでの環境影響評価の法制化は進まず、昭和五九年に「環境影響評価の実施について」という要綱が閣議決定され、一部の大規模事業についての環境影響評価はこの実施要綱に基づいて行われてきた（いわゆる閣議アセス）。この閣議アセス手続を行った事業は、平成一〇年一年間で三四件であるが、累計では四一八件となっている。その後、平成九年六月に漸く環境影響評価法が制定され、平成一一年六月に施行されるに至った。

環境アセスメントの目標は、環境に影響を及ぼす事業を行うについて、できるだけ早期に住民と関係行政機関の参加の下に、環境に及ぼす影響を調査し、記述し、それを総合的に予測・評価し、事業の許容性について行政側が決定をする際に、その結果を考慮することにある。環境アセスメント制度は、環境アセスメントの客観性、環境アセスメントの実施時期、実施主体、評価項目、事業の代替案の問題、住民参加、手続の効力などの問題をどのように構成しているかという点で、いろいろの評価をすることができる。

第一款　基　礎

(1)　環境影響評価法の構成

環境影響評価法（平成九・六・一三）は、八つの部分により構成されている。第一章は総則、第二章は準備書の作成前の手続、第三章は準備書、第四章は評価書、第五章は対象事業の内容の修正等、第六章は評価書の公示及び縦覧後の手続、第七章は環境影響評価その他の手続の特例、第八章は雑則について規定している。

付属法令

環境影響評価法施行令（平成九・一二・三）

環境影響評価法施行規則（平成一〇・六・一二）

飛行場、宅地造成、廃棄物の最終処分場、ダム、鉄道、道路などの事業に係る「環境影響評価の項目並びに当該項目に係る調査及び評価を合理的に行うための手法を選定するための指針、環境の保全のための措置に関する指針等を定める省令」(平成一〇・六・一二) などが三六ある。

（2）　法律の目的

環境影響評価法は、法律の目的を、「土地の形状の変更、工作物の新設等の事業を行う事業者がその事業の実施に当たり、あらかじめ環境影響評価を行うことが環境の保全上極めて重要であることにかんがみ、環境影響評価について国等の責務を明らかにするとともに、規模が大きく環境影響の程度が著しいものとなるおそれがある事業について環境影響評価が適切かつ円滑に行われるための手続その他所要の事項を定め、その手続等によって行われた環境影響評価の結果をその事業に係る環境の保全のための措置その他のその事業の内容に関する決定に反映させるための措置をとること等により、その事業に係る環境の保全について適正な配慮がなされることを確保し、もって現在及び将来の国民の健康で文化的な生活の確保に資することを目的とする。」と規定している（一条)。

（3）　概念規定

(1)　環境影響評価

「環境影響評価」とは、事業の実施が環境に及ぼす影響について環境の構成要素に係る項目ごとに調査、予測及び評価を行うとともに、これを行う過程においてその事業に係る環境の保全のための措置を検討し、この措置が講じられた場合における環境影響を総合的に評価することをいう (二条一項)。

(2)　第一種事業

「第一種事業」とは、一定の事業の種類に該当し (=事業種要件)、規模が大きく (=規模要件)、環境影響の程度が著しいものとなるおそれがあり、かつ、国の関与要件を満たす事業として（＝国の関与要件）政令で定めるものをいう（二条二項）。

事業種要件に該当する事業とは、ⅰ高速道路、一般国道その他の道路法に規定する道路その他の道路の新設および改築の事業、ⅱ一級河川または二級河川に関するダムの新築、堰の新築および改築の事業ならびにこれ以外の河川工事の事業、ⅲ鉄道および軌道の建設および改良の事業、ⅳ空港整備法に規定する空港その他の飛行場およびその施設の設置または変更の事業、ⅴ電気事業法に規定する事業用電気工作物であって発電用のものの設置または変更の工事の事業、ⅵ廃棄物の処理及び清掃に関する法律に規定する一般廃棄物の最終処分場および産業廃棄物の最終処分場の設置ならびにその構造および規模の変更の事業、ⅶ公有水面の埋立ておよび干拓その他の水面の埋立ておよび干拓の事業、ⅷ土地区画整理事業法に規定する土地区画整理事業、ⅸ新住宅市街地開発法に規定する新住宅市街地開発事業、ⅹ首都圏の近郊整備地帯及び都市開発区域の整備に関する法律に規定する工業団地造成事業および近畿圏の近郊整備地帯及び都市開発区域の整備に関する法律に規定する工業団地造成事業、ⅺ新都市基盤整備法に規定する新都市基盤整備事業、ⅻ流通業務市街地の整備に関する法律に規定する流通業務団地造成事業、xiiiⅰからⅻまでに掲げるもののほか、一の事業に係る環境影響を受ける地域の範囲が広く、その一の事業に係る環境影響評価を行う必要の程度がこれらに準ずるものとして政令で定める事業（環境事業団等が行う宅地造成事業）の一三事業が挙げられている。

国の関与要件を満たす事業とは、ⅰその実施に際し、免許、特許、許可、認可もしくは承認または届出（当該届出に係る法律において、当該届出に関し、当該届出を受理した日から起算して一定の期間内に、その変更について勧告または命令をすることができることが規定されているものに限る）が必要とされる事業、ⅱ国の補助金等の交付の対象となる事業、iii特別の法律により設立された法人（国が出資しているものに限る）がその業務として行う事業、iv国が行う事業、v国が行う事業のうち、法律の規定であって政令で定めるものにより、その実施に際し、免許、特許、許可、認可もしくは承認または届出が必要とされる事業である。

(3)　第二種事業

「第二種事業」とは、第一種事業に準ずる規模を有するもののうち、環境影響の程度が著しいものとなるおそれがあるかどうかの判定を行う必要があるものとして政令で定めるものをいう（二条三項）。

(4)　対象事業

「対象事業」とは、第一種事業または一定の手続を経て環境評価をするかどうかを個別に判定される第二種事業をいう（二条四項）。対象事業は環境影響評価を義務づけられる。

(5)　事業者

「事業者」とは対象事業を実施しようとする者をいい、国が行うものにあっては当該対象事業の実施を担当する行政機関（地方支分部局を含む。）の長、委託に係る対象事業にあってはその委託をしようとする者をいう（二条五項）。

（4）　国等の責務

国、地方公共団体、事業者および国民は、環境影響評価の重要性を深く認識して、環境影響評価その他の手続が適切かつ円滑に行われ、事業の実施による環境への負荷をできる限り回避し、または低減することその他の環境の保全についての配慮が適正になされるようにそれぞれの立場で努めなければならない（三条）。

図表Ⅲ—１　第一種事業及び第二種事業の概要一覧

	第一種事業	第二種事業
1　道　路		
高速自動車国道	すべて	——
首都高速道路等	すべて（４車線）	——
一般国道	４車線10km	7.5km以上10km未満
大規模林道	２車線20km	15km以上20km未満
2　河　川		
ダム	湛水面積100ha	75ha以上100ha未満
堰	湛水面積100ha	75ha以上100ha未満
湖沼水位調節施設	改変面積100ha	75ha以上100ha未満
放水路	改変面積100ha	75ha以上100ha未満
3　鉄　道		
新幹線鉄道（規格新線含む）	すべて	——
普通鉄道	10km以上	7.5km以上100km未満
軌道（普通鉄道相当）	10km以上	7.5km以上100km未満
4　飛 行 場	滑走路長2500m以上	1875m以上2500m未満
5　発 電 所		
水力発電所	出力３万kW以上	2.25万以上３万kW未満
火力発電所（地熱以外）	出力15万kW以上	11.25万以上15万kW未満
火力発電所（地熱）	出力１万kW以上	7500以上１万kW未満
原子力発電所	すべて	——
6　廃棄物最終処分場	30ha以上	25ha以上30ha未満
7　公有水面の埋立て及び干拓	50ha超	40ha以上50ha以下
8　土地区画整理事業	100ha以上	75ha以上100ha未満
9　新住宅市街地開発事業	100ha以上	75ha以上100ha未満
10　工業団地造成事業	100ha以上	75ha以上100ha未満
11　新都市基盤整備事業	100ha以上	75ha以上100ha未満
12　流通業務団地造成事業	100ha以上	75ha以上100ha未満
13　住宅の造成事業（「宅地」には、住宅地、工場用地がふくまれる）		
環境事業団	100ha以上	75ha以上100ha未満
住宅・都市整備公団	100ha以上	75ha以上100ha未満
地域振興整備公団	100ha以上	75ha以上100ha未満

港湾計画	埋立て・堀込み面積300ha以上

第二款　環境影響評価の手続

(1)　環境影響評価の実施時期

環境影響評価を実施する時期については、法律の規定がない。一般に、事業には企画、基本計画、事業計画、実施計画などの段階があるが、環境影響評価は、事業の実施計画が策定され、事業が円滑に推進できると判断された段階で行われる。このようなアセスメントは事業アセスメントと呼ばれる。

(2)　第二種事業についての個別的判定（スクリーニング）

第二種事業については、事業者が、第二種事業の概要を当該許・認可等を行う行政機関に書面により届け出なければならない（四条一項）。

第二種事業について環境影響評価その他の手続が行われる必要があるかどうかの個別的判定は、それぞれ関係の行政庁が所定の基準に従って行う。ｉ当該事業が免許等または補助金交付決定等の対象となるものである場合には、その権限を有する行政庁、ⅱ特殊法人の事業である場合には、その監督行政庁、ⅲ国の直轄事業の場合には、その主任の大臣が判定を行う。その場合、第二種事業が実施されるべき区域を管轄する都道府県知事に、三十日以上の期間を指定して環境影響評価その他の手続が行われる必要があるかどうかについて意見およびその理由を求め、届出の日から起算して六十日以内に、事業内容、地域的特性に応じて環境影響評価を行うかどうかの判定を行う（四条二項、三項）。

具体的な判定の基準は、主務大臣（主務大臣が内閣府の外局の長であるときは内閣総理大臣）が環境大臣に協議して定めるものとする。環境大臣は、関係する行政機関の長に協議して、主務大臣が定めるべき基準に関する基本的事項を定めて公表するものとする（四条九項・一〇項）。なお、事業者の判断により、個別的判定を経ずに、いわゆるスコーピング以降の手続を行うことができる。

（3）　環境影響評価の進行

環境影響評価は、当該対象事業を実施しようとする事業者が主体となり、その責任において行われる。環境影響評価は、次の手順により進行する。

(1)　環境影響評価方法書の手続（五条～一一条――いわゆるスコーピング手続）

事業者は、環境影響評価を行う項目ならびに調査、予測および評価に係る手法を記載した環境影響評価方法書を作成し（五条）、事業の環境影響を受けると認められる地域（事業の種類ごとに主務大臣が環境大臣に協議してその基準を定める）を管轄する都道府県知事および市町村長に送付し（六条）、方法書についての公告をし、公告の日から起算して一月間縦覧に供し（七条）、方法書について環境の保全の見地からの意見を有する者（関係地域に住所を有する者に限定されない）は、公告の日から縦覧期間満了の日の翌日から起算して二週間を経過する日までの間に、事業者に対し、意見書を提出することができ（八条）、都道府県知事、市町村長は、事業者に対し、方法書について環境の保全の見地からの意見を書面で述べるものとする（一〇条）。

(2)　環境影響評価の項目等の選定と環境影響評価の実施

事業者は、方法書に対する意見を考慮して、主務省令の定めるところにより、対象事業に係る環境影響評価の項目ならびに調査、予測および評価の手法を選定しなければならない。この場合、必要があると認めるときは、主務大臣に対し、技術的な助言を求めることができる（一一条一項）。事業者は、選定した項目および手法に基づいて、主務省令の定めるところにより、対象事業に係る環境影響評価を行わなければならない（一二条一項）。

主務省令は、環境基本法一四条各号に掲げる事項の確保を旨とし、既に得られている科学的知見に基づき、環境影響評価の項目ならびに当該項目に係る調査、予測および評価を合理的に行うための手法を選定するための指針につき主務大臣が環境大臣に協議して定めるものとする（一一条三項、一二条二項）。これらの指針に関する基本的事項は、環境大臣によって定められ、「環境影響評価法第四条第九項の規定により主務大臣及び建設大臣が定めるべき基準並びに同法第一一条第三項及び第一二条第二項の規定により主務大臣が定めるべき指針に関する基本的事項を定める件」（平成九年一二月環境庁告示）として公表されている（一三条）。

(3)　環境影響評価準備書の作成

事業者は、対象事業に係る環境影響評価を行った後、当該環境影響評価の結果について環境保全の見地からの意見を聴くための準備として環境影響評価準備書を作成しなければならない（一四条一項）。

環境影響評価準備書には次に掲げる事項を記載する。ｉ調査の結果の概要ならびに予測・評価の結果を環境影響評価の項目ごとにとりまとめたもの、ⅱ環境の保全のための措置（当該措置を講ずることにするに至った検討の状況を含む）、ⅲⅱの措置が将来判明すべき環境の状況に応じて講ずるものである場合には、当該環境の状況の把握のための措置、ⅳ対象事業に係る環境影響の総合的な評価（一四条一項）。代替案ないし複数案の検討については、明文で示されていないが、実際には「当該措置を講ずるに至った検討の状況を含む」というのが、それを意味すると解されているようである。なお、それぞれの省令が指針に関する基本的事項で、「構造物の構造・配置の在り方、環境保安設備、工事の方法等を含む幅広い環境保全対策を対象として、複数の案を時系列的に沿つて若しくは並列的に比較検討すること」と定めている。

事業者は、準備書およびその要約書を関係地域の都道府県知事および関係地域の市町村長に送付し（一五条）、準備書についての公告をし、準備書および要約書を公告の日から起算して一月間縦覧に供し（一六条）、縦覧期間内に、関係地域内において、準備書の記載事項を周知させるための説明会を開催しなければならず（一七条）、準備書について環境の保全の見地からの意見を有する者は、公告の日から縦覧期間満了の日の翌日から起算して二週間を経過する日までの間に、事業者に対し、意見書を提出することができ（一八条）、都道府県知事、市町村長は、事業者に対し、準備書について環境の保全の見地からの意見を書面で述べるものとする（二〇条）。

(4)　環境影響評価書

事業者は、準備書およびこれに伴う意見を勘案・配慮して、環境影響評価書を作成する（二一条）。環境大臣は、関係機関より意見を求められたとき、または必要に応じ、政令で定める期間内に、評価書について環境の保全の見地からの意見を書面により述べることができる（二三条）。当該事業に関連して免許等を行う行政庁も、必要に応じ、政令で定める期間内に、評価書について環境の保全の見地からの意見を書面により述べることができる（二四条）。

事業者は、これらの意見に基づき、評価書の記載事項に再検討を加え、必要に応じ、評価書を補正し（二五条）、最終的な評価書を公告し、関係地域内において、評価書、要約書などを一月間縦覧に供しなければならない（二七条）。

(5)　対象事業の内容の修正等

事業者は、方法書の公告から評価書の公告までの間に対象事業の目的および内容を修正しようとする場合に、修正後の事業が対象事業に該当するときは、事業規模の縮小、軽微な修正その他の政令で定める修正に該当しない限り、方法書の手続以後の環境影響評価の手続を経なければならない（二八条）。この場合、修正後の事業が第二種事業に該当するときは、第二種事業についての判定を受けることができる（二九条）。

また、事業者は、方法書の公告から評価書の公告までの間に、次のいずれかに該当することとなった場合には、方法書、準備書または評価書の送付を当該事業者から受けた者にその旨を通知するとともに、その旨を公告しなければならない。i対象事業を実施しないこととなったとき、ii修正後の事業が第一種事業または第二種事業のいずれにも該当しないこととなったとき、iii対象事業の実施を他の者に引き継いだとき、この場合、事業を引き継いだ者は引継ぎ前の事業者が既に行った手続は行わなくともよい（三〇条）。

(6)　評価書の公告および縦覧後の手続

①　対象事業の実施の制限　　事業者は、評価書の公告を行うまでは、対象事業を実施してはならない（三一条）。

②　評価書の公告後における環境影響評価の再実施　　事業者は、評価書の公告を行った後に、対象事業実施区域およびその周囲の環境の状況の変化その他の特別の事情により、対象事業の実施において環境の保全上の適正な配慮をするために環境影響評価の項目ならびに調査、予測および評価の手法等について変更する必要があると認めるときは、環境影響評価その他の手続を再実施することができる（三二条）。

③　免許等における環境保全の審査　　対象事業に係る免許等を行う行政庁は、当該の免許等の審査に際し、環境影響評価書に基づいて、当該対象事業につき、環境の保全についての適正な配慮がなされているものであるかどうかかを審査し、その結果を許認可等に反映させる（三三条）。すなわち、i免許等を行う行政庁は、免許等の基準に関する審査または対象事業の実施による利益に関する審査と環境の保全に関する審査の結果を併せて

図表Ⅲ—2　環境影響評価法の手続の流れ

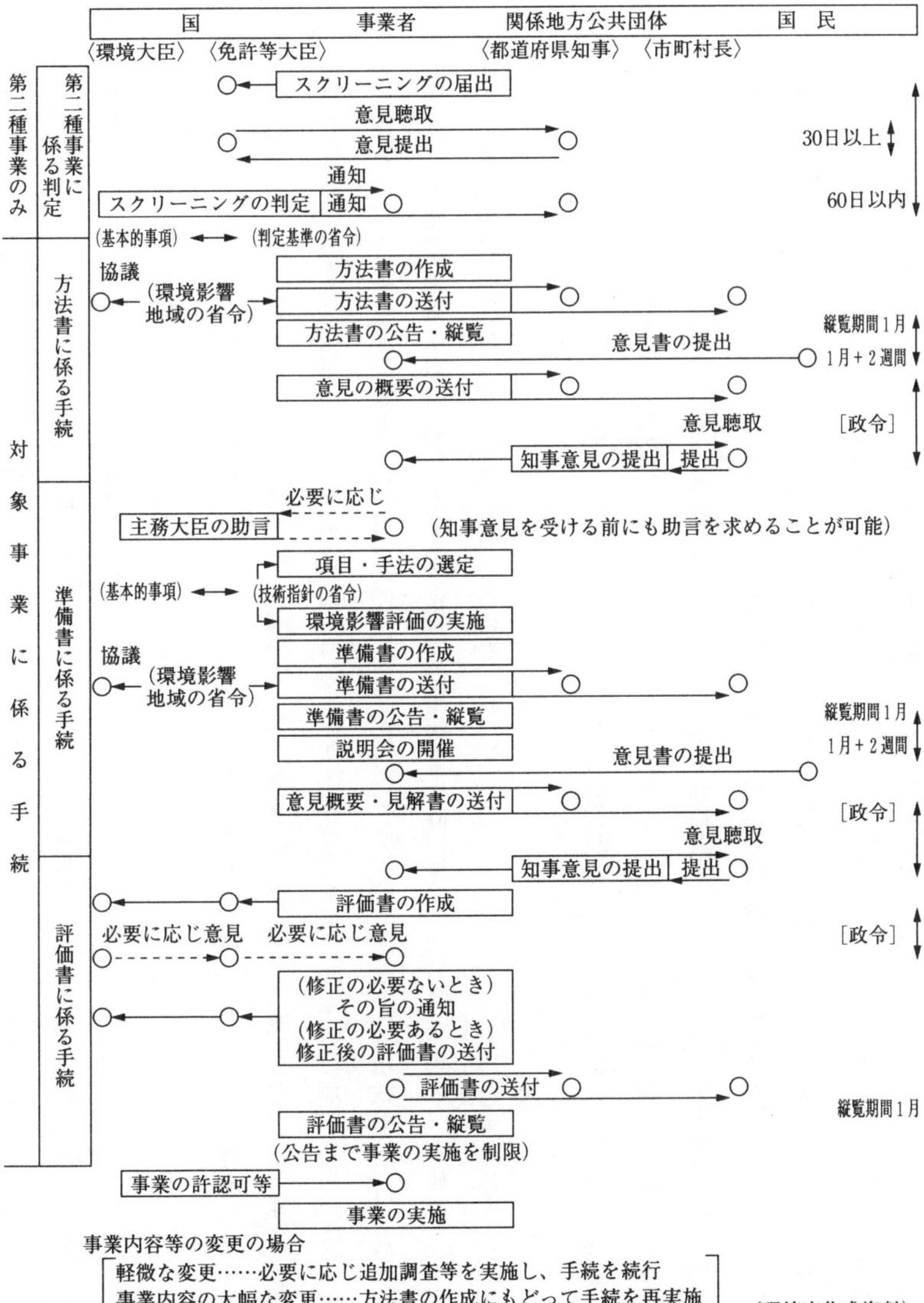
国
事業者
関係地方公共団体
国　民
〈環境大臣〉
〈免許等大臣〉
〈都道府県知事〉
〈市町村長〉
第二種事業のみ
第二種事業に係る判定
スクリーニングの届出
意見聴取
意見提出
30日以上
通知
スクリーニングの判定
通知
60日以内
(基本的事項)
(判定基準の省令)
対象事業に係る手続
方法書に係る手続
協議
(環境影響地域の省令)
方法書の作成
方法書の送付
方法書の公告・縦覧
縦覧期間1月
意見書の提出
1月+2週間
意見の概要の送付
意見聴取
[政令]
知事意見の提出
提出
必要に応じ
主務大臣の助言
(知事意見を受ける前にも助言を求めることが可能)
準備書に係る手続
項目・手法の選定
(基本的事項)
(技術指針の省令)
環境影響評価の実施
協議
(環境影響地域の省令)
準備書の作成
準備書の送付
準備書の公告・縦覧
縦覧期間1月
説明会の開催
1月+2週間
意見書の提出
意見概要・見解書の送付
[政令]
意見聴取
知事意見の提出
提出
評価書に係る手続
評価書の作成
必要に応じ意見
必要に応じ意見
[政令]
(修正の必要ないとき)
その旨の通知
(修正の必要あるとき)
修正後の評価書の送付
評価書の送付
縦覧期間1月
評価書の公告・縦覧
(公告まで事業の実施を制限)
事業の許認可等
事業の実施
事業内容等の変更の場合
軽微な変更……必要に応じ追加調査等を実施し、手続を続行
事業内容の大幅な変更……方法書の作成にもどって手続を再実施
(環境庁作成資料)

判断し、当該基準に該当する場合であっても、免許等を拒否し、または免許等に必要な条件を付することができる（三三条二項）。この条項は、評価書の効果が横断的に各許認可法に及ぶことから、いわゆる横断条項と呼ばれている（**図表Ⅲ―2**「環境影響評価法の手続の流れ」を見よ）。

（4）　地方公共団体の条例との関係

環境影響評価法の規定は、地方公共団体が次の事項に関し条例で必要な規定を定めることを妨げるものではない。i 第二種事業および対象事業以外の事業に係る環境影響評価その他の手続に関する事項、ii 第二種事業または対象事業に係る環境影響評価についての当該地方公共団体における手続に関する事項、この法律の規定に反しないものに限る（六一条）。すなわち、地方公共団体の環境影響評価条例・要綱（制定状況については、**図表Ⅲ―3**を見よ。）では、対象事業は法律の場合よりも小規模の事業であり、またレクリエーション施設、下水処理施設、土石採取、大規模高層建築など法律の対象外の事業についてもアセスメントの実施を求めるものが多い。

（5）　特　例

①　都市計画に定められる第二種事業・対象事業等　都市計画に定められる場合における都市施設に係る第二種事業・対象事業等については、特例が認められている（三九条以下）。主な内容は、都市計画決定権者（都道府県知事または市町村、二都府県にまたがる都市計画にあっては国土交通大臣または市町村）が事業者に代わるものとして環境影響評価の実施主体になることである（手続の流れについては**図表Ⅲ―4**を見よ。）。

②　港湾計画に係る港湾環境影響評価　港湾管理者は、港湾計画の決定または決定後の変更のうち、規模の大きい埋立に係るものであることその他の政令で定める要件に該当する内容のものを行おうとするときは、当該決定または変更に係る港湾計画について、港湾環境影響評価その他の手続を行わなければならない（四七条）。

図表Ⅲ―3　地方公共団体における環境影響評価条例等の制定状況

（平成12年3月31日現在）

	団体名	名称	公布年月日	施行年月日
条例	北海道	北海道環境影響評価条例	H10.10.25	H11. 6.12
	青森県	青森県環境影響評価条例	H11.12.24	
	岩手県	岩手県環境影響評価条例	H10. 7.15	H11. 6.12
	宮城県	宮城県環境影響評価条例	H10. 3.26	H11. 6.12
	山形県	山形県環境影響評価条例	H11. 7.23	H12. 4. 1
	福島県	福島県環境影響評価条例	H10.12.22	H11. 6.12
	茨城県	茨城県環境影響評価条例	H11. 3.19	H11. 6.12
	栃木県	栃木県環境影響評価条例	H11. 3.19	H11. 6.12
	群馬県	群馬県環境影響評価条例	H11. 3.15	H11. 6.12
	埼玉県	埼玉県環境影響評価条例	H10.12.25	H11. 6.12
	千葉県	千葉県環境影響評価条例	H10. 6.19	H11. 6.12
	東京都	東京都環境影響評価条例	H10.12.25	H11. 6.12
	神奈川県	神奈川県環境影響評価条例	H10.12.22	H11. 6.12
	新潟県	新潟県環境影響評価条例	H11.10.22	H12. 4.22
	富山県	富山県環境影響評価条例	H11. 6.28	H11.12.27
	石川県	石川県環境影響評価条例	H11. 3.19	H11. 6.12
	福井県	福井県環境影響評価条例	H11. 3.16	H11. 6.12
	山梨県	山梨県環境影響評価条例	H10. 3.27	H11. 6.12
	長野県	長野県環境影響評価条例	H10. 3.30	H11. 6.12
	岐阜県	岐阜県環境影響評価条例	H11. 3.16	H11. 6.12
	静岡県	静岡県環境影響評価条例	H11. 3.19	H11. 6.12
	愛知県	愛知県環境影響評価条例	H10.12.18	H11. 6.12
	三重県	三重県環境影響評価条例	H10.12.24	H11. 6.12
	滋賀県	滋賀県環境影響評価条例	H10.12.24	H11. 6.12
	京都府	京都府環境影響評価条例	H10.10.16	H11. 6.12
	大阪府	大阪府環境影響評価条例	H10. 3.27	H11. 6.12
	兵庫県	環境影響評価に関する条例	H 9. 3.27	H10. 1.12
	奈良県	奈良県環境影響評価条例	H10.12.22	H11.12.21
	和歌山県	和歌山県環境影響評価条例	H12. 3.27	H12. 7. 1
	鳥取県	鳥取県環境影響評価条例	H10.12.22	H11. 6.12
	島根県	島根県環境影響評価条例	H11.10. 1	H12. 4. 1
	岡山県	岡山県環境影響評価等に関する条例	H11. 3.19	H11. 6.12
	広島県	広島県環境影響評価に関する条例	H10.10. 6	H11. 6.12
	山口県	山口県環境影響評価条例	H10.12.22	H11. 6.12
	徳島県	徳島県環境影響評価条例	H12. 3.26	
	香川県	香川県環境影響評価条例	H11. 3.19	H11. 6.12
	愛媛県	愛媛県環境影響評価条例	H11. 3.19	H11. 6.12
	高知県	高知県環境影響評価条例	H11. 3.26	H11.10. 1
	福岡県	福岡県環境影響評価条例	H10.12.24	H11.12.23
	佐賀県	佐賀県環境影響評価条例	H11. 7. 5	H12. 8. 1
	長崎県	長崎県環境影響評価条例	H11.10.19	
	大分県	大分県環境影響評価条例	H11. 3.16	H11. 9.15
	宮崎県	宮崎県環境影響評価条例	H12. 3.29	H12.10. 1
	鹿児島県	鹿児島県環境影響評価条例	H12. 3.31	H12.10. 1
	札幌市	札幌市環境影響評価条例	H11.12.14	H12.10. 1
	仙台市	仙台市環境影響評価条例	H10.12.16	H11. 6.12
	千葉市	千葉市環境影響評価条例	H10. 9.24	H11. 6.12
	横浜市	横浜市環境影響評価条例	H10.10. 5	H11. 6.12
	川崎市	川崎市環境影響評価に関する条例	H11.12.24	
	名古屋市	名古屋市環境影響評価条例	H10.12.22	H11. 6.12
	京都市	京都市環境影響評価に関する条例	H10.12.21	H11. 6.12
	大阪市	大阪市環境影響評価条例	H10. 4. 1	H11. 6.12
	神戸市	神戸市環境影響評価に関する条例	H 9.10. 1	H10. 1.12
	広島市	広島市環境影響評価条例	H11. 3.31	H11. 6.12
	北九州市	北九州市環境影響評価条例	H10. 3.27	H11. 6.12
	福岡市	福岡市環境影響評価条例	H10. 3.30	H12. 3.29
要綱等	秋田県	秋田県環境影響評価に関する要綱	H 6. 3.28	H 6.10. 1
	熊本県	熊本県環境影響評価要綱	H 9.12.26	H10. 4. 1
	沖縄県	沖縄県環境影響評価規程	H 4. 9.18	H 5. 2. 1

・条例56団体、要綱等3団体、計59団体（都道府県47団体、政令指定都市12団体）
・条例の大規模改正が行われたものについては、改正時点の年月日を記載している。
［川崎市（昭和51年制定）、北海道（昭和53年制定）、東京都（昭和55年制定）、神奈川県（昭和55年制定）、埼玉県（平成6年制定）、岐阜県（平成7年制定）］
資料：環境庁

図表Ⅲ―4　都市計画に定められる対象事業等に関する特例の手続の流れ

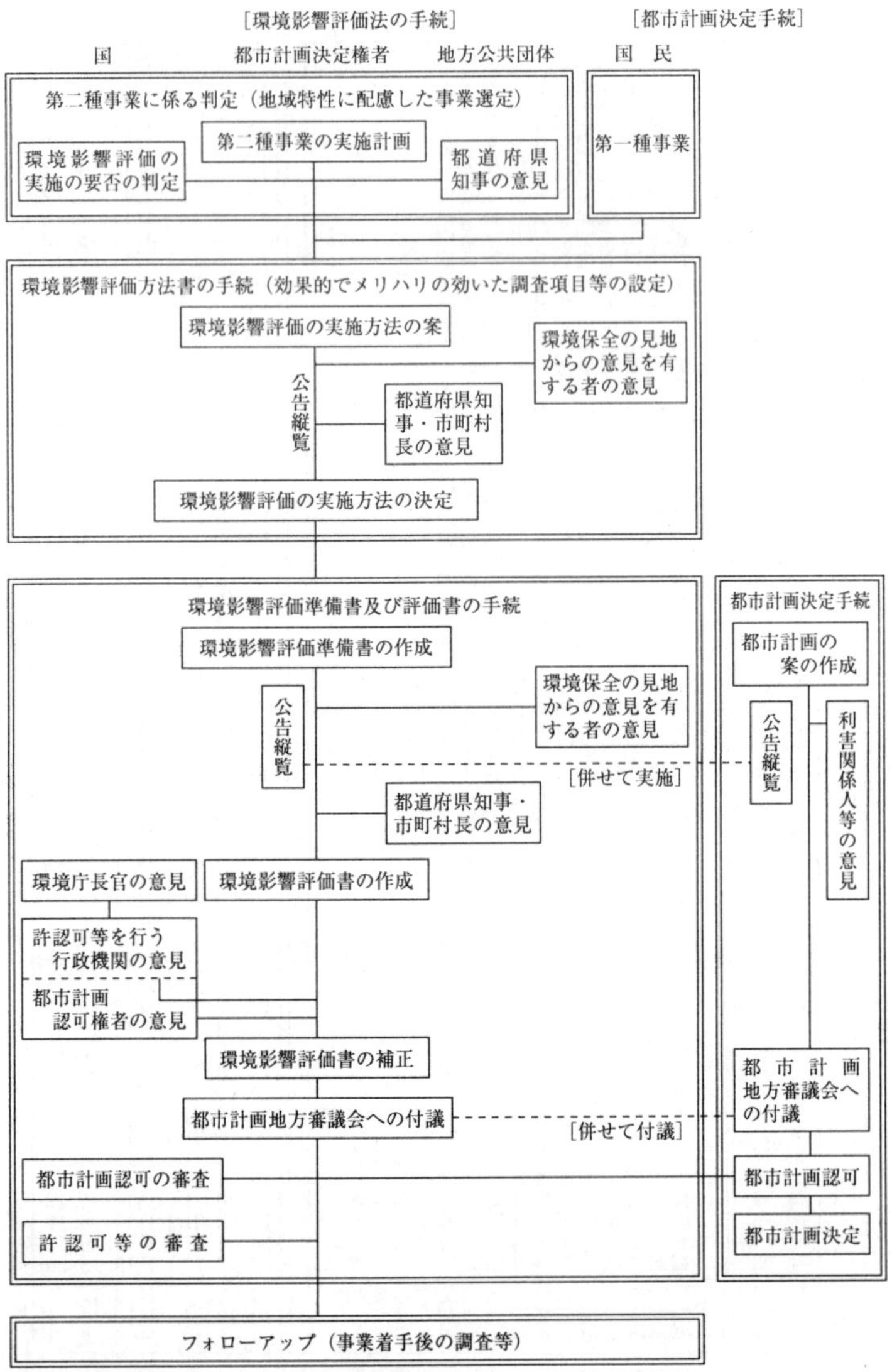
［環境影響評価法の手続］
［都市計画決定手続］
国
都市計画決定権者
地方公共団体
国　民
第二種事業に係る判定（地域特性に配慮した事業選定）
第二種事業の実施計画
環境影響評価の実施の要否の判定
都道府県知事の意見
第一種事業
環境影響評価方法書の手続（効果的でメリハリの効いた調査項目等の設定）
環境影響評価の実施方法の案
環境保全の見地からの意見を有する者の意見
公告縦覧
都道府県知事・市町村長の意見
環境影響評価の実施方法の決定
環境影響評価準備書及び評価書の手続
環境影響評価準備書の作成
環境保全の見地からの意見を有する者の意見
公告縦覧
［併せて実施］
都道府県知事・市町村長の意見
環境庁長官の意見
環境影響評価書の作成
許認可等を行う行政機関の意見
都市計画認可権者の意見
環境影響評価書の補正
都市計画地方審議会への付議
［併せて付議］
都市計画認可の審査
許認可等の審査
都市計画決定手続
都市計画の案の作成
公告縦覧
利害関係人等の意見
都市計画地方審議会への付議
都市計画認可
都市計画決定
フォローアップ（事業着手後の調査等）

すなわち、港湾計画全体についての環境影響評価は事業アセスとは別個のものとして位置づけられたのである。

③　事業用電気工作物に係る環境影響評価に関する特例　環境影響評価法の対象事業である発電所については、環境影響評価法の一般規定が適用されるが、なお附加的に、電気事業法に特例が定められた（四六条の二以下）。すなわち、経済産業大臣は、環境の保全についての適正な配慮がなされることを確保するため必要があるときは、方法書の審査・勧告（四六条の八）、準備書の審査・勧告（四六条の一四）、評価書についての変更命令（四六条の一七）をなすことができるなどの規定がある。

また、事業用電気工作物の設置または変更の工事であって、公共の安全の確保上特に重要なものとして経済産業省令で定めるものをしようとする者は、その工事の計画について経済産業大臣の認可を受けなければならないが、認可要件として、環境影響評価法に規定する対象事業に係るものにあっては、工事計画が評価書に従っていることが要求されている（四七条）。

（6）　問題点と評価

環境影響評価手続には次のような問題点がある。

①　事業者自身が環境影響評価を行う事業者アセス方式であるため、評価が甘く、事業者の立場に偏し、客観性に欠けるものとなる傾向がある。しかし、事業の許認可庁や都道府県知事および市町村長などが環境アセス手続の中で意見を述べるなどの関与をすることができ、関与の程度によっては、「行政による環境アセス」に接近する機能を果たすことも期待できる。

②　住民参加の保障が必らずしも十分とはいえない。

③　調査・予測および評価の客観性・妥当性を担保するシステムがとられていない。

したがって、環境影響評価を過大評価すべきではないし、開発について抑止的機能を期待することもできないといえよう。

第二節　計画的手法

文献　環境庁編『環境基本計画』（平六・大蔵省印刷局）、環境庁『日本の環境対策は進んでいるか――「環境基本計画」第一回点検報告――』（平八・大蔵省印刷局）、同（Ⅱ）（平九）、同（Ⅲ）（平一〇）、浅野直人「環境基本法と環境基本計画」ジュリスト増刊『環境問題の行方』（平一一・有斐閣）
宮田三郎『行政計画法』（昭五九・ぎょうせい）

第一款　基　礎

（1）意　義

計画的手法は、予防的環境保護の原則を実現するために、とくに重要である。環境保護に関する計画は環境問題の先見的な克服を目的とする。それは、環境に関する複雑な問題を把握し、環境に関連するデータを体系化し、記述し、環境保護のための個別的な手段の操作をコントロールし、競合する他の目標や利益との衝突を解決し、環境にとって重要な措置を将来にわたって調整することを可能にするものでなければならない。

計画概念についての法律上の定義は存在しない。計画は最も広い意味で行為目標およびその実現の手法についての具体的な記述である。計画は、目標の設定、問題点の分析、代替案の検討、予測、評価および計画決定というう計画策定のプロセスを経て成立する。計画は、環境行政の最も重要な行為形式であるということができる。

（2）種　類

環境問題の克服のためには、いろいろの環境保護計画のモデルが考えられる。環境保護計画の種類については、行政計画法の場合と同様に、総合計画と特定部門計画を区別することができるが、さらに環境保護については、環境保護計画を分類することができる。

(1)　総合計画

総合計画は、一定の地域の構造的関連全体を対象とする総合的な計画である。総合計画は、環境保護のみを計画の目標とするのではなく、工業・商業の発展、住宅地の開発、道路・鉄道などの交通および公共施設の整備などを計画目標とする。例えば、国土総合開発計画は、ⅰ土地、水その他の天然資源の利用に関する事項、ⅱ水害、風害その他の災害の防除に関する事項、ⅲ都市および農村の規模および配置の調整に関する事項、ⅳ産業の適正な立地に関する事項、ⅴ電気、運輸、通信その他の重要な公共施設の規模および配置ならびに文化、厚生および観光に関する資源の保護、施設の規模および配置に関する事項に関する総合計画であり（国総二条一項）、都市計画は、全国総合開発計画、首都圏整備計画などの上位計画および道路、河川、鉄道、港湾、空港等の施設に関する国の特定部門計画に適合するとともに、当該都市の健全な発展と秩序ある整備を図るために必要なものを、一体的かつ総合的に定めなければならない（都計一三条一項）。これらの総合計画においては、環境目標が考慮され、他の目標と比較衡量されることが重要である。この点に関し、国土総合開発計画では、環境保護を計画目標として明示的に取り挙げていないが、都市計画は、当該都市について公害防止計画が定められているときは、それに適合したものでなければならないと規定している（都計一三条一項後段）。

(2)　特定部門計画

特定部門計画は特定の専門部門のプロジェクト、例えば空港、道路、鉄道などの建設のような一定のプロジェクトに関する計画である。この場合、計画実現の際に接触する環境利害、例えば道路交通騒音、航空機騒音、水質環境基準の達成などを考慮しなければならないとするものがある。具体例として、次のような特定部門計画を挙げることができる。

幹線道路の沿道の整備に関する法律九条一項による沿道地区計画

公共用飛行場周辺における航空機騒音による障害の防止等に関する法律九条の三第一項による空港周辺整備計画

下水道法二条の二による流域別下水道整備総合計画

下水道整備緊急措置法三条による下水道整備五箇年計画

水源地域対策特別措置法四条による水源地域整備計画

(3)　環境保護計画

環境保護計画は、環境保護の利害、すなわち一定の地域における大気、水、土壌などを媒介とする環境の質の改善を目的とする特別の部門計画である。環境保護計画の任務は、環境保護の具体的、地域特殊的目標を設定し、環境に関連するいろいろの措置を相互に調整することである。これによって、不確定な環境法が具体化される。

広い意味の環境保護計画は、多岐にわたっているが、次のように分類することができる。

①　環境保護計画

環境基本法一五条による環境基本計画

瀬戸内海環境保全特別措置法三条による瀬戸内海の環境の保全に関する基本となるべき計画

瀬戸内海環境保全特別措置法四条による瀬戸内海の環境の保全に関する府県計画

自然環境保全法一二条による自然環境保全基本方針

自然環境保全法一五条による原生自然環境保全地域に関する保全計画

自然環境保全法二三条による自然環境保全地域に関する保全計画

自然公園法一二条による公園計画

鳥獣保護及狩猟ニ関スル法律一条ノ二、一条ノ三による鳥獣保護事業計画・特定鳥獣保護管理計画

絶滅のおそれのある野生動植物の種の保存に関する法律四五条による保護増殖事業計画

森林法四条以下による森林計画・森林整備計画

②　環境汚染防止計画

環境基本法一七条による公害防止計画

大気汚染防止法五条の二による指定ばい煙総量削減計画

ダイオキシン類対策特別措置法一一条一項によるダイオキシン類の総量削減計画

自動車から排出される窒素酸化物の特定地域における送料の削減等に関する特別措置法七条による総量削減計画

水質汚濁防止法四条の三による汚濁負荷量の総量削減計画
水質汚濁防止法一四条の八による生活排水対策推進計画
水質汚濁防止法一六条による地下水の水質の測定計画
湖沼水質保全特別措置法二条による湖沼水質保全基本方針
湖沼水質保全特別措置法四条による湖沼水質保全計画
農用地の土壌の汚染防止等に関する法律五条による農用地土壌汚染対策計画

③　廃棄物処理計画

核原料物質、核燃料物質及び原子炉の規制に関する法律四三条の一三による使用済燃料貯蔵施設の貯蔵計画
廃棄物の処理及び清掃に関する法律六条一項による一般廃棄物処理計画
廃棄物の処理及び清掃に関する法律一一条一項による産業廃棄物処理計画

(4)　循環型社会形成計画

循環型社会形成推進基本法一五条一項による循環型社会形成推進基本計画
容器包装に係る分別収集及び再商品化の促進等に関する法律七条一項による再商品化計画
容器包装に係る分別収集及び再商品化の促進等に関する法律八条一項による市町村分別収集計画
食品循環資源の再生利用等の促進に関する法律一八条一項による再生利用事業計画

(5)　保護地域指定

保護地域の指定によって、通常、当該地域の土地所有権者およびその他の利用権者に対し、法律の規定に基づく不作為義務、受忍義務などが課せられ、それによって環境保護目的に対立する土地等の利用態様が排除される。

また、事情によっては土地所有者の権利が著しく侵害されることがある。

保護地域指定が計画的手法といえるかどうかは疑わしい。保護地域指定の計画的性格については、その静態的・保存的性格という理由で、保護地域指定の計画性に反対する考え方があり、また、保護地域指定も将来指向的で創造性があり、環境計画に基づいて定められ、環境計画と密接な関連性があることを理由に、保護地域指定の計画性を認める考え方もある。結局、保護地域指定に認められる裁量の性質が決定的な判断要素であるということができる。すなわち、一定の地域が保護地域指定のための法律要件を具備しているかどうかは、通常の行政裁量の問題であるが、それを越えて、保護地域の代替案や拡大といった保護地域指定の基本に係る問題については計画裁量が働くといえよう。保護地域指定は、法律に基づき、省令および条例の形式で行われる。

自然環境保全法一四条による原生自然環境保全地域
自然環境保全法二二条による自然環境保全地域
自然環境保全法四五条による都道府県自然環境保全地域
自然公園法一〇条、四一条による自然公園（国立公園、国定公園、都道府県立公園）
大気汚染防止法五条の二による指定地域
水質汚濁防止法一四条の七による生活排水対策重点地域
湖沼水質保全特別措置法三条による指定湖沼及び指定地域
農用地の土壌の汚染防止等に関する法律三条による農用地土壌汚染対策地域
工業用水法三条二項による指定地域
建築物用地下水の採取の規制に関する法律三条一項による指定地域

騒音規制法三条による規制地域
振動規制法三条による指定地域
悪臭防止法三条による規制地域

(3)　法的性格

(1)　環境計画の法形式と法的性質

計画についての独自の法形式は存在しない。環境計画も、法律、命令、行政規則あるいは行政処分など、あらゆる法形式で現れることができる。わが国では、法律が個別の行政計画について、その法形式を指定することはなく、環境計画は、すべて行政規則として位置づけられ、直接、国民の具体的な権利義務を定める法規としての性質をもつものではない。

(2)　法的規制

①　内容の規制　環境計画の内容の確定には、一般に広範な裁量が認められており、これを計画裁量ということができる。計画裁量については法律の明確な規定がないが、それは行政庁に対して計画権限を委託したことによって生じる。計画裁量を伴わない計画は、それ自体矛盾である。しかし、計画裁量も無制限であることを意味しない。それは内容的な制限に服する。

一般的には、計画目標を考慮しなければならないし（例えば、環境基一五条一項）、具体的には、法律の定める計画基準（例えば、環境基一五条二項）に従わなければならない。また、計画権限には比較衡量をすべき義務が対応しており、計画決定に当たっては計画によって影響を受ける公的利害と私的利害を相互に適正に比較衡量しなければならない。（自然環境三条、自園三条参照）。比較衡量の原則は、法律の規定にかかわらず、法治国的計画の本質から生じる。

②　手続の規制　重要な点は、環境計画の技術的な作成手続ではなく、計画策定手続の法律的な側面であり、関係行政機関、利害関係人、住民などを計画策定手続に、何時どのように関与ないし参加させるか、ということである。環境計画については、次のような形態がとられている。

i　関係行政機関の協議、意見聴取、同意（環境基一七条三項、瀬戸内海環境保全四条二項、鳥獣保護一条ノ三第四項、森林四条七項・一〇条の五第六・七項、大気汚染五条の三第三項、ダイオキシン一一条三項、自動車窒素酸化物七条三項、自然環境保全一四条三項・一五条一項、水質汚濁四条の三第三項、農地汚染五条四項）

ii　審議会の意見聴取（環境基一五条三項、瀬戸内海環境保全三条二項、自然公園一二条二項・三項、鳥獣保護一条ノ二第三項・一条ノ三第五項、森林四条七項、大気汚染五条の三第二項、ダイオキシン一一条項二項、自動車窒素酸化物七条三項、廃棄物処理一一条三項、自然環境一四条二項、自然公園一二条一項・三項、農地汚染三条二項・五条五項）

iii　閣議の決定（環境基一五条三項、森林法四条八項）

iv　関係都道府県知事の意見聴取（環境基一七条五項、自然環境保全一四条二項・一五条一項、瀬戸内海環境保全三条二項、湖沼水質三条三項、自然公園一二条一項、森林四条七項、工業用水三条三項、ビル用水三条二項）

v　関係市長村長の意見聴取（大気汚染五条の三第二項、ダイオキシン一一条二項、水質汚濁四条の三第三項・一四条の七第二項、農地汚染三条三項・五条五項、工業用水三条三項、ビル用水三条二項、騒音規制三条二項、振動規制三条二項、悪臭防止五条一項）

vi　利害関係人の意見書提出

vii　公聴会開催など住民参加（鳥獣保護一条ノ三第五項、ダイオキシン一一条二項）

viii　計画の公告、公表など（環境基一五条四項、瀬戸内海環境保全四条四項、自然公園一二条六項、種の保存四五条三項、森林四条九項・一〇条の五第八項、大気汚染五条の三第四項、ダイオキシン一一条四項、自動車窒素酸化物七条五項、自然環境保全一四条四項・一五条二項・二三条三項、自然公園一二条六項、水質汚濁四条の三第五項・一四条の七第四項、一四条の八第六項、農地汚染五条六項、騒音規制三条二項、振動規制三条三項、悪臭防止六条）

第二款　環境基本計画および公害防止計画

（1）　環境基本計画

⑴　意　義

環境基本計画は、環境部門を総合し、環境保護の基本目標や基本施策などを定める独自の環境計画モデルである。その本質的内容としては、現実の環境状態についての概観と評価、諸利害の比較衡量、他の計画との調整、環境計画の目標決定および具体的な環境保護の対策などが提示されていることが望ましい[(1)]。

環境基本法は、「環境の保全に関する基本的計画」を環境基本計画といい（一五条）、政府は、環境の保全に関する施策の総合的かつ計画的な推進を図るため、環境基本計画を定めなければならない、と規定している（一五条一項）。環境基本計画は、環境政策の総合的・計画的推進のための中心的な地位を占める。

⑵　内　容

環境基本計画の内容として、環境基本法は、i環境の保全に関する総合的かつ長期的な施策の大綱、ii環境の保全に関する施策を総合的かつ計画的に推進するために必要な事項を挙げている（一五条二項）。「必要な事項」とは、環境基本計画の円滑な実施の推進を図るため、地方公共団体、事業者および国民への期待を総論的に記述すること、計画進行管理や一定期間後の見直しなどのフォローアップに関する事項等である。(2)

平成六年六月に最初の国の環境基本計画が策定された。それは、i計画策定の背景と意義、ii環境政策の基本方針、iii施策の展開、iv計画の効果的実施の四部から成り、iiでは、環境政策の長期的な目標として、循環、共生、参加、国際的取組の四つを掲げ、iiiでは、環境への負荷の少ない循環社会の構築、健全な生態系の維持・回復による自然と人間の共生の確保、公平な役割分担とすべての主体の参加の実現、環境保全のための共通的基盤的施策の推進、国際的取組の推進の五つの施策を展開すべき方向であるとし、それぞれについて広範囲にわたる施策を網羅的に挙げ、膨大な文書となっている（**図表Ⅲ—5を見よ。**）。平成一一年には、第一回目の計画見直しがなされた。また地方公共団体においても、環境基本法に倣って環境基本条例が制定され、さらに国の環境基本計画をひな型として自治体の環境基本計画が策定されている（**図表Ⅲ—6を見よ。**）。

(3)　手　続

内閣総理大臣は、中央環境審議会の意見を聴いて、環境基本計画の案を作成し、閣議の決定を求めなければならず（一五条三項）、閣議の決定があったときは、遅滞なく、環境基本計画を公表しなければならない（一五条四項）。

（2）　公害防止計画

(1)　意　義

環境基本法は、特定地域における公害の防止に関する施策に係る計画を公害防止計画という（一七条）。公害とは、「環境の保全上の支障のうち、事業活動その他の人の活動に伴って生ずる相当範囲にわたる大気の汚染、水質の汚濁、土壌の汚染、騒音、振動、地盤の沈下及び悪臭によつて、人の健康又は生活環境に係る被害が生ずることをいう。」（二条三項）。

環境大臣は、特定地域について、関係都道府県知事に対し、基本方針を示して、公害防止計画の策定を指示するものとする（一七条）。特定地域とは、ⅰ現に公害が著しく、かつ、公害防止に関する施策を総合的に講じなければ公害の防止を図ることが著しく困難であると認められる地域、ⅱ人口及び産業の急速な集中その他の事情により公害が著しくなるおそれがあり、かつ、公害の防止に関する施策を総合的に講じなければ公害の防止を図ることが著しく困難であると認められる地域（一七条一項一号、二号）をいう（**図表Ⅲ—7を見よ。**）。公害防止計画の基本方針は環境基本計画を基本として策定するものとする（一七条二項）。

⑵　手　続

公害防止計画の策定義務者は関係都道府県知事であるが、策定した計画については環境大臣の同意を受けなければならず（一七条三項）、その計画の策定の指示および同意をするに当たっては、あらかじめ公害対策会議の議を経なければならない（一七条四項）。また、計画策定の指示を行うに当たっては、あらかじめ、関係都道府県知事の意見を聴かなければならない（一七条五項）。国および地方公共団体は、公害防止計画の達成に必要な措置を講ずるよう努めるものとする（一八条）。

⑷　公害防止施策に必要な経費の補助

公害の防止に関する事業に係る国の財政上の特別措置に関する法律（昭和四六・五・二六）に基づき、国は、地方公共団体が公害防止計画に基づいて実施する公害防止対策事業に係る経費については、他の法令の規定にかかわらず、国が二分の一から三分の二の負担割合により、その一部を負担し、または補助したが(3)、この法律は平成一三・四・一に失効した。

（1）　ちなみに、ドイツの環境法典に関する連邦環境、自然保護及び原子炉安全省独立専門委員会の草案（UGB-KomE）、第六九条「環境基本計画の目標と対象」は、「⑴　環境基本計画は、国土に重要な計画及び措置についての決定に際して、環境及び人間についての影響を判断し、不利益な影響を回避し又はできるだけ少なくし、環境の状態を改善する目標に資する。それは、国土に重要な計画及び措置にとって重大な環境の状態並びに環境保護の目標の実現のために国土に重要な要件及び措置を記述式及び図示式で総括的に説明する。環境保護の国土に重要な要件及び措置を説明するに当たっては、特に国土整備及びラント計画並びに建設管理計画の拘束的決定への転換可能性を考慮しなければならない。

⑵　環境基本計画は、環境保護の目標の最善可能な実現のために、いかなる要件及び措置が相互関係において優位にあるかについての言明を含むものでなければならない。それは、国土に重要な計画及び措置についての選択を提示することができる。」と規定している。

（2）　環境庁企画調整局企画調整課編著『環境基本法の解説』一八九頁（平六・ぎょうせい）。

（3）　この法律が適用されたのは、東京、神奈川、大阪、名古屋など三十四地域であるが、どの公害防止計画でも、大気汚染、水質汚濁、騒音、土壌汚染などの環境基準の達成を目標として掲げながら、補助金の大半は廃棄物処理施設に使われた。廃棄物処理施設の場合、全国一律の補助率四分の一に対して、防止地域なら二分の一に優遇された。

図表Ⅲ—5　環境基本計画

環境基本計画

（平成六年十二月二十六日）

環境基本法（平成五年法律第九十一号）第十五条第一項の規程に基づき、環境基本計画を次のとおり定めたので、同条第四項の規程により公表する。

環境基本計画

目次

4　その他

第四章　環境保全に係る共通的基盤的施策の推進

第一節　環境影響評価等

第二節　規制的措置

第三節　経済的措置

第四節　社会資本整備等の事業

第五節　調査研究、監視・観測等の充実、適正な技術の振興等

第六節　環境情報の整備・提供

第七節　公害防止計画

第八節　環境保健対策、公害紛争処理等

第五章　国際的取組の推進

第一節　地球環境保全等に関する国際協力等の推進

1　地球環境保全に関する政策の国際的な連携の確保

2　開発途上地域の環境の保全

3　国際的に高い価値が認められている環境の保全

4　国際協力の円滑な実施のための国内基盤の整備

第二節　調査研究、監視・観測等に係る国際的な連携の確保等

第三節　地方公共団体又は民間団体等による活動の推進

第四節　国際協力の実施等に当たっての環境配慮

第五節　地球環境保全に関する国際条約等に基づく取組

第四部　計画の効果的実施

第一節　実施体制と各主体の連携

第二節　目標の設定

第三節　財政措置等

第四節　各種計画との連携

第五節　計画の進捗状況の点検及び計画の見直し

図表Ⅲ—6　都道府県・政令指定都市環境総合計画策定状況

（平成11年3月末現在）

団体名	計画等の名称	策定(改定)年月日
北海道	北海道環境基本計画	平成10. 3.24
青森県	青森県環境計画	平成10. 5.6
岩手県	岩手県環境保全計画	平成 8. 3.26
宮城県	宮城県環境基本計画	平成 9. 3.31
秋田県	秋田県環境基本計画	平成10. 3.25
山形県	山形県環境基本計画	平成 8.12
福島県	福島県環境基本計画	平成 9. 3.27
茨城県	茨城県環境基本計画	平成 9. 3. 4
栃木県	栃木県環境基本計画	平成11. 3.23
群馬県	群馬県環境基本計画	平成 9. 2. 6
埼玉県	埼玉県環境基本計画	平成 8. 2.28
千葉県	千葉県環境基本計画	平成 8. 8.26
東京都	東京都環境基本計画	平成 9. 3.31
神奈川県	神奈川県環境基本計画	平成 9. 3.19
新潟県	新潟県環境基本計画	平成 9. 3.31
富山県	富山県環境基本計画	平成10. 3.31
石川県	石川県環境基本計画	平成 9. 2.21
福井県	福井県環境基本計画	平成 9. 3.31
山梨県	環境首都・山梨づくりプラン	平成 6. 3.29
長野県	長野県環境基本計画	平成 9. 2.17
岐阜県	岐阜県環境基本計画	平成 8. 3. 8
静岡県	静岡県環境基本計画	平成 9. 3.24
愛知県	愛知県環境基本計画	平成 9. 8.11
三重県	三重県環境基本計画	平成 9. 6. 2
滋賀県	滋賀県環境総合計画	平成 9.10.28
京都府	京都府環境基本計画	平成10. 9. 7
大阪府	大阪府環境総合計画	平成 8. 3.26
兵庫県	兵庫県環境基本計画	平成 8. 6.28
奈良県	奈良県環境総合計画	平成 8. 3.29
鳥取県	鳥取県環境基本計画	平成11. 3.15
島根県	島根県環境基本計画	平成11. 2. 5
岡山県	岡山県環境基本計画	平成10. 3.31
広島県	広島県環境基本計画	平成 9. 3
山口県	やまぐち環境創造プラン（山口県環境基本計画）	平成10. 3.30
徳島県	徳島環境プラン	平成 7. 6.23
香川県	香川県環境基本計画	平成 9. 5. 7
愛媛県	えひめ環境保全指針	平成 7. 5
高知県	高知県環境基本計画	平成 9. 2.24
福岡県	福岡県環境総合基本計画	平成 7. 3
佐賀県	さが快適環境プラン	平成 6. 3
長崎県	長崎県快適環境基本計画	平成 4. 9
熊本県	熊本県環境基本計画	平成 8.12. 4
大分県	大分県環境基本計画	平成10. 3.27
宮崎県	宮崎県環境基本計画	平成 9. 3.27
鹿児島県	鹿児島県環境基本計画	平成10. 3.31
沖縄県	沖縄県環境管理計画	平成 6. 3.31
札幌市	環境文化都市さっぽろをめざして札幌市環境基本計画	平成10. 7. 7
仙台市	杜の都環境プラン（仙台市環境基本計画）	平成 9. 3.24
千葉市	千葉市環境基本計画	平成 7. 3.29
横浜市	横浜市環境管理計画	平成 8. 9
川崎市	川崎市環境基本計画	平成 6. 2.22
名古屋市	環境管理計画「なごや環境プラン」	平成元. 1.24
京都市	新京都市環境管理計画	平成 8. 3.26
大阪市	大阪市環境基本計画	平成 8. 8. 1
神戸市	神戸市環境保全基本計画	平成 8. 3.29
広島市	広島市環境管理計画	平成 5. 3
北九州市	北九州市環境管理計画	昭和61. 3.19
	アジェンダ21北九州	平成 8. 3.22
福岡市	福岡市環境基本計画	平成 9. 3.28

注1：地方公共団体の環境に関する施策の総合かつ計画的な推進を図るため、環境の保全に関する総合的かつ長期的な施策の大綱等を定めた総合的な地域環境計画を集計したものである。
　2　現在、改定作業等を行っているものも含む。
資料：環境庁

図表Ⅲ—7　公害防止計画策定地域

平成11年度策定地域

①仙台湾地域
②いわき地域
③富山・高岡地域
④備後地域
⑤周南地域

平成7年度策定地域

⑥八戸地域
⑦新潟地域
⑧静岡・清水地域
⑨広島・呉地域
⑩下関・宇部地域
⑪香川地域

平成8年度策定地域

⑫札幌地域
⑬秋田地域
⑭松本・諏訪地域
⑮岐阜・大垣地域
⑯愛知地域
⑰四日市地域
⑱延岡地域

平成9年度策定地域

⑲鹿島地域
⑳埼玉地域
㉑千葉地域
㉒東京地域
㉓神奈川地域
㉔京都地域
㉕大阪地域
㉖兵庫地域
㉗奈良地域
㉘和歌山地域
㉙北九州地域
㉚大分地域

平成10年度策定地域

㉛富士地域
㉜岡山・倉敷地域
㉝岩国地域
㉞大牟田地域

(平成12年3月現在)

資料：環境庁

第三節　規制的手法

　規制的手法は警察法に由来する行政法の伝統的な手法である。環境行政上の規制は、環境に影響を及ぼす一定の施設の設置・操業、一定の物質の生産、販売または使用ならびに指定地域における一定の行為などの禁止・制限を対象とする。規制的手法は環境侵害の原因者に対する最も有効な手法であるということができる。事前の規制的手法としては、命令・禁止、許可制、届出・報告義務がある。

（1）事前のコントロール

(1) 命令・禁止

命令および禁止は、環境に有害な行為を禁止・制限するもので、ほぼすべての個別的環境法において規定されている。命令および禁止によって、作為義務、不作為義務、受忍義務が課せられる。命令および禁止を遵守しない者はサンクションを科せられる。

① 作為義務　環境法上の作為義務には、基本的責務、具体的行為義務、金銭給付義務がある。基本的責務は環境に好ましい行動についての一般的・抽象的な形式での基本的な義務で、多くの個別的な環境法の中で定められている（環境基六、七、八、九条、自動車NOx法四条、大気汚染一八条の二、スパイクタイヤ法三、四条、水質汚濁一四条の四、一四条の五、悪臭防止一二、一五条、自然環境二条、自園二条、種の保存法二条、廃棄物二条の三、三、四条、容器包装四、五、六条、資源有効利用四条、家庭用機器四、五、六、七、八条など）。

具体的行為義務は、多種多様で、すべての個別的な環境法に規定されている。例えば、公害・支障を防止するために必要な規制の措置（環境基二一条）、政府の年次報告の義務（環境基一二条）、事業者の環境影響評価の実施・環境影響評価書の作成・評価書の公告および縦覧など（環境影響評価一二、二一、二七条など）、都道府県知事の総量規制基準の設定（大気汚染五条の二、水質汚染四条の五、騒音規制四条、振動規制四条、ダイオキシン一〇条）、常時監視（大気汚染二二条、水質汚濁一五条、農地汚染一一条の二、ダイオキシン二六条）、ばい煙排出者のばい煙量の測定・ダイオキシン類の汚染状況の測定（大気汚染一六条、ダイオキシン二八条）、規制地域の指定（悪臭防止三条）、特定建設作業の実施・特定施設の設置の届出（騒音防止一四条、振動規制一四、六条）、製造・製造数量等の届出（化学物資規制三、二三、二六条）、特定国際種事業の届出（種の保存法三三条の二）、新規化学物質の審査（化学物質規制四条）、市町村の一般廃棄物の処理義務（廃棄物法六条の二）、事業者および地方公共団体の産業廃棄物の処理義務（廃棄物一〇条以下）、事業者の産業廃棄物管理票の交付義務（廃棄物一二条の三）、容器包装廃棄物の分別収集義務（容器包装一〇条）、特定容器利用事業者・特定容器製造等事業者・特定包装利用事業者の再商品化義務（容器包装一一、一二、一三条）、再商品業務に関する秘密保持義務（容器包装二八条）、再商品化により得られた物の利用義務（容器包装三六条）、小売業者の引取・引渡義務（家庭用機器九、一〇条）、製造業者等の引取・再商品化実施義務（家庭用機器一七、一八条）、小売業者の特定家庭用機器廃棄物管理票交付義務（家庭用機器四三条）などがある。金銭給付義務は環境法の経済的手法に属するということができる。

②　不作為義務　不作為義務は禁止によって課せられる。禁止は、環境保護の理由から、一定の施設の設置・操業、一定の有害な物質の生産、流通、輸入、使用、さらに保護地域における一定の行為などを禁じる（スパイクタイヤの使用の禁止――スパイクタイヤ七条、悪臭が生ずる物の焼却の禁止――悪臭防止一三条、使用の制限――化学物質規制一四条、排出の制限――ダイオキシン二一条、行為の制限――自然環境一七、二五、二六二七条、自園一七、一八条、一八条の二、中止命令――自然環境一八条、立入制限――自然環境一九条、禁止・制限――鳥獣保護一条ノ六、一一、一六条、販売禁止――鳥獣保護一三条ノ二、捕獲・譲渡し・輸出入・陳列等の禁止――種の保存九、一二、一五、一七条、名義貸の禁止――廃棄物一四条の三の二、投棄禁止――廃棄物一六条、ふん尿の使用方法の制限――廃棄物一七条など）。しかし禁止は絶対的な禁止ではなく、しばしば、一定の要件のもとに、禁止が解除され、その行為について許可または免除が与えられる。環境に有害な行為の不作為義務は、しばしば、その行為が環境基準を超えた場合に初めて、生じることがある。

③　受忍義務　公法上の受忍義務は直接法律または法規命令によって課せられるが、とくに、第三者が、第三者効を有する許可の効果（＝公定力）および保護地域の指定により、受忍義務を負うことがある。第三者が、公定力による受忍義務を排除するためには、行政争訟手続によらなければならない。

(2)　許　可

許可は、環境に有害な行為を一般的に禁止し、その行為が法律上の許可要件を具備しているかどうかを事前に審査し、許可要件を具備している場合に禁止を解除し、これを許容するというシステムである。この事前審査によるコントロール・システムが行政決定類型の最も基本的なモデルであるということができる。

もし許可による事前のコントロールがなければ、行政庁は、例えば施設の建設後に初めて実体法との法適合性を審査し、実体法と一致しないときは、施設の全部または一部を取り壊すか、あるいは実体法に違反しているにもかかわらず、施設の存続を黙認せざるをえないことになろう。それ故に、施設の建設前に事前の審査によってコントロールをする必要があり、それが最も合理的な規制の手法であるということができる。

許可には、法律上の許可要件を具備するかぎり、原則として、許可申請者に許可の付与を求める法的請求権が生じる羈束決定の場合と例外的に裁量決定として許可が与えられる場合を区別することができる。また、原子炉等規制法二四条のように、許可要件を具備する限り許可を付与しなければならないような構成をとりながら、拒否裁量を認める場合もある。

さらに、許可は対人許可と対物許可に区別することができる。施設の設置許可は、多くの場合、施設に関する物的要件（構造などの安全基準）と人的要件（事業者の経営的・技術的能力）を前提にしている（例えば、化学物質規制八条、原子炉規制二三条、廃棄物七条、八条の二など）。

(3)　届出・報告義務

届出義務は行政庁に対する情報の伝達を義務づけるが、許可代替的性格を有する。届出は報告より強く、許可手続よりも単純で実用的な規制手法である。危険の潜在力が少ないか行政側にコントロール能力がなく許可手続が放棄された場合に導入される。届出だけで終わらず事後になお簡単な手続が伴う場合もある（実施の制限――大気汚染防止一〇条項、水質汚濁防止九条、ダイオキシン一七条など）。

報告義務は、環境または健康に危険な事実についての報告を求め、行政庁が危険防止のための措置を検討できるようにする。報告義務は環境汚染防止法の領域（大気汚染二六条、水質汚濁二二条、騒音防止二〇条、振動規制一七条、悪臭防止一八条、ダイオキシン三四条など）その他の領域で規定されている（化学物質三二条、種の保存三三条、容器包装三九条、再生資源二一条など）。報告は、それ以上の法的効果が生じない単なる情報の伝達である。届出・報告義務は環境に影響を及ぼす活動のコントロールについての最も弱い規制的手法である。しかし法律は多くの場合、届出義務に違反した者あるいは報告義務に違反し、報告をせず虚偽の報告をした者に対し、サンクションを科する。

わが国の法律は、環境に有害な影響を及ぼすおそれのある工場等の施設の設置について、原則として、届出制をとっている（大気汚染六条、一八条――ばい煙発生施設等設置届出義務、水質汚濁五条――特定施設の設置届出義務、化学物質規制三条――製造等の届出義務、ダイオキシン一二条――特定施設の設置届出義務など）。例外として、許可制をとっている場合もある（原子炉等規制二三条――原子炉の設置許可、瀬戸海保全五条――特定施設の設置の許可、廃棄物八条、一五条――一般廃棄物処理施設、産業物処理施設など）。

地方公共団体レベルでは、工場等の設置について、法律よりも厳しく、許可制をとっている場合がある。例えば、東京都公害防止条例に規定する環境に影響を及ぼす工場に対するコントロール・システムは、工場設置前の許可制とその後の監督処分の組み合わせを基本とし、とくに汚染物質の排出基準を実体法的規制の中心として、監督権限を行使するという構造になっている（東京都公害防止条例一七条以下）。また、神奈川県生活環境保全等に関する条例も、指定事業所の設置については許可制をとっており、それに続いて監督処分について規定し（三条〜一五条）、名古屋市公害防止条例も工場等の設置について許可制をとり、「大気汚染物質等が当該工場等に適用されることとなる規制基準をこえないと認めるときは、許可をしなければならない。」（一五条）と規定している。ちなみに、岐阜県公害防止条例では、公害を発生するおそれのある工場の新設または増設については、「知事と協議しなければならない」（一二条の二）としている。

(4)　公害防止協定

公害防止協定とは、地方公共団体と事業者との間で、事業活動に伴って生ずる公害の防止を目的として締結する取決めをいう。覚書、念書、協議書などの形式をとる。公害防止協定は、地方公共団体における公害対策の重要な規制手段であり、締結される協定数は、毎年平均約二、五〇〇件で、有効な協定数の累計は、平成五年九月三〇日現在、約四万件にのぼっている。平成一〇年四月から一一年三月までの間に締結された公害防止協定数は約一、〇〇〇件で、最近、減少の傾向にあるようである。

公害防止協定の内容は、公害対策一般、原燃料規制、ばい煙規制、排水規制、騒音振動規制、悪臭規制、産業廃棄物規制、立入検査権、違反の場合の操業停止などに関する取決めであり、その法的性格については、紳士協定説、民事契約説、行政契約説がある。協定の形式・内容・効果は多様であるので、その法的性格一般を規定することはできず、個別の取決めごとに判断しなければならない。

（2）　事後のコントロール

（1）　事後のコントロール後の行政上のシステム

事前のコントロール後の行政上の規制については、報告の徴収、立入検査、工場の操業等環境に関連する行為についての命令・禁止の違反ないし義務の不履行に対する改善命令・措置命令、代替的作為義務の場合の代執行、行政罰という監督処分が予定されている。このような監督手法は、環境危険または環境リスクを防止するための最も直接的で効果的な手法である。しかし監督手法にも限界があり、監督処分の執行の不足・機能不全が指摘されている。

（2）　第三者による改善命令・措置命令などを求める権利

工場等の周辺住民は、行政に対し、工場等に対する改善命令・措置命令の発動を求める権利を有するか。改善命令・措置命令を発動する権限は行政庁の裁量にある。しかし、環境に有害な状況が、生命、身体、健康のような法益に対する重大な危険となる場合には、裁量はゼロに収縮し、行政庁には権限行使・行政介入の義務が生ずるといえよう。したがって、そのような特別の具体的事情がある場合、周辺住民には、一定の要件の下に、行政庁に対し改善命令・措置命令の発動を求める権利が認められるというべきである。(1)

（3）　評　価

環境基本法は、実体法的規制の方式を唯一の、かつ、最も重要な行政手法とは見ていない。現代的な環境法の目標の達成は、多様な行政手法によって初めて可能となり、個別的な大気、水、土壌、騒音などの環境の自然的構成要素ごとの環境規制中心の環境保護は限界につき当たり、環境利害の比較衡量による総合的な環境保護へ構造転換する必要性が強調されている。環境基本法も、環境保全に関する基本的施策として多様な行政手法を挙げ

（環境基一四条以下）、その「総合的、かつ、計画的な推進」を図っている。

（1） 裁量収縮論については、宮田三郎『行政裁量とその統制密度』二六七頁以下（平六・信山社）、同『行政法総論』一四七頁以下（平九・信山社）を見よ。ただしわが国では、行政庁の権限行使の義務が認められるとしても、訴訟法上、その実現は極めて困難である。

第四節　経済的手法

文献　水野忠恒「環境政策に於ける経済的手法」南　古稀『行政法と法の支配』（平一一・有斐閣）

経済的手法とは、環境保護について経済的に優遇する措置をとり、または環境保護をしないことに対して経済的に不利益な措置をとる手法である。代表的な経済的手法としては、デポジット・リファンド・システム、課徴金・環境税、資金助成、環境負荷の少ない活動や新技術への援助、大気汚染排出権の取引などがある。わが国では、資金助成が最も一般的に行われている。

環境基本法二二条は、「環境の保全上の支障を防止するための経済的措置」について規定し、i環境事業団、中小企業金融公庫、国民金融公庫、中小企業企業団、地域振興事業団等による環境関連の融資事業、ii環境関係の各種税制上の措置、iii環境事業団による建設譲渡事業等が、経済的措置として想定されている。環境基本法二四条は、「環境への負荷の低減に資する製品等の利用の促進」について規定しているが、現在行われている措置としては、i再生資源の利用の促進、ii窒素酸化物の排出の少ない運送サービスの利用の促進、iii環境への負荷の少ない製品の表示事業を行う関係団体の指導、iv低公害車の普及の促進等がある。

わが国では、デポジット・システムはほとんど行われていない。デポジット・システムとは、例えばビールや日本酒などのように容器（ビール瓶、一升瓶）に入れられた商品を購入する際に、その容器の預かり金（デポジット）を含めた金額を支払い、容器を返却すればデポジット分の金額が払い戻される（リファンド）というシステムである。しかしリターナブル瓶は、重くかさばるため、その再使用は進んでいない。

（1）　環境費用負担

(1)　公害防止事業費事業者負担法に基づく事業者負担金

公害防止事業費事業者負担法（昭和四五・一二・二五）は、汚染者（原因者）負担の原則を受けて制定された。

事業者は、その事業活動による公害を防止するために実施される公害防止事業について、その費用の全部または一部を負担するものとする（二条の二）。費用を負担させることができる事業者は、当該公害防止事業にかかる地域において公害の原因となる事業活動を行い、または行うことが確実と認められる事業者とする（三条）。事業者に負担させる費用の総額は、原則として、当該公害防止事業に要する費用の額のうち、費用を負担させるすべての事業者が、当該公害防止事業の実施を必要とするに至った公害の発生に寄与していると認められる程度に応じた額とする（四条一項）。ただし、負担総額が妥当でないと認められるときは、減額されるものとする（四条二項、三項）。次に、各事業者の負担する負担金の額は、各事業者について、公害防止事業の種類に応じて事業活動の規模、公害の原因となる施設の種類・規模、排出物質の量および質その他の事項を基準として、各事業者の事業活動が公害の原因となると認められる程度に応じ、負担総額を配分した額とする（五条）。事業者負担金を納付しない事業者があるときは、強制徴収がなされる（一二条）。

(2)　公害補償費の負担

都道府県または政令で定める市は、次に掲げる費用を支弁する。i当該都道府県知事または当該市の長が行う補償給付の支給に要する費用、iiこの法律またはこの法律に基づく命令の規定により当該都道府県知事または当該市の長が行う事務の処理に要する費用（公害補償四七条）。

右の費用のうち、i補償費分については、公害健康被害補償予防協会よりの納付金（公害補償四八条）、ii事務処理費については、その二分の一は政府の交付金を充てる（公害補償五〇条）、iii都道府県知事・政令で定める市の長の行う公害保健福祉事業費の四分の三は協会よりの納付金を充てる（公害補償四八条二項）。また、政府は、この協会の納付金の三分の一に相当する金額を協会に補助する（公害補償五一条）。

協会は、これらの納付金の財源として、第一種地域については汚染負荷量賦課金を、第二種地域については特定賦課金を賦課する。汚染負荷量賦課金は、第一種地域内にある大気汚染防止法で定めるばい煙発生施設、水質汚濁防止法で定める特定施設のうち政令で定める施設の設置者に課せられる（公害補償五二条）。特定賦課金は、第二種地域内にある大気汚染防止法で定めるばい煙発生施設、水質汚濁防止法で定める特定施設のうち政令で定める施設の設置者に課せられる（公害補償六二条）。補償費全額と公害保健福祉事業費の三分の二相当額は、汚染負荷量賦課金と特定負荷金から納付される。なお、公害保健福祉事業費の三分の一は政府補助金（公害補償五一条）による。

現在、公害補償は過去の原因による被認定者の補償に限定されており、一般的に、公害病患者救済のための補償がなされているわけではない。

(3)　その他の原因者負担制度

自然環境保全法三七条に基づく原因者負担金の徴収、自然公園法二九条項の原因者負担、下水道法一八条の二に基づく汚濁原因者負担金の徴収などがある。

（2）　環境助成金

環境保全のための事業に要する費用や環境破壊によって健康被害等を生じさせた場合の補償費等は、原則として、原因者に負担させるべきである。しかし、環境破壊による被害は必ずしも単独の原因者によってもたらされるとは限らず、複数の原因者の行為が複合して惹起される場合もある。そのような場合には、必要に応じて、環境保全事業や環境保全施設の建設などを共同で行うのが能率的である。また中小企業者の中には、環境保全のための費用の負担に耐えられないものもあり得る。そこで、環境保全のための事業等の施策をなすに当たって様々な助成措置がなされる必要がある。

環境補助金は、共同負担原則に基づく間接的な租税手段であり、汚染者（原因者）原則を実現する環境税に対立している。補助金とは、一定の公益目的の達成のために直接的な反対給付なしに付与される国家の私人に対する財産的価値の給付である。

(1)　環境事業団法（昭和四〇・六・一）

環境事業団は、民間団体が行う環境保全に関する活動を支援するために、資本金一億円、政府の全額出資により、設けられた公法人である（一条、二条、三条の二）。事業団は次の業務を行う。ⅰ建設譲渡事業で、事業団が直接施設等を建設し、これを事業者等に譲渡する事業（一号ないし五号）、ⅱ貸付事業で、公害防止施設を設置する者に対して、それに必要な資金を融資する事業（六号）、ⅲ発展途上国に対する情報や技術知識の提供や発展途上国における民間団体に対する支援事業、およびそのための調査研究に対する支援事業（七号ないし九号）。

環境事業団は「特殊法人改革」による民営化検討の対象となっている。
(2) 公害の防止に関する事業に係る国の財政上の特別措置に関する法律（昭和四六・五・二六）
環境基本法で定める公害防止計画に基づいて、地方公共団体が行う公害防止対策事業に係る経費について、事業の区分に応じて一定の割合で、国が補助金を割り増しする（一条・別表）。

第四節　行政指導その他の手法

(1)　行政指導

環境行政法の執行は、しばしば、行政指導の手法で行われる。行政指導の有利な点は、弾力性、効率性、コストと時間の節約、法的紛争の回避にある。それに対して不利益な点は、非拘束性、満足できない決定の受忍および法的コントロール可能性の不足、とくに第三者の利益が無視されるという点にある。行政指導は、事業者や国民に対する情報提供、助言、説得、勧告などの事実行為の形式をとるが、公権力を背景として法的行為と同様の効果を目指している。行政手続法は、行政指導の非公式性と匿名性を排除して、行政指導を明確化し、その透明性を図るため、実体法的側面と手続法的側面から、法的規制を加えた（三二条以下）。

(2)　環境情報政策

環境基本法は、「情報の提供」について規定する。環境情報は環境政策の最も弱い手段であるとみられていたが、チェリノブイル以来、国の情報政策の重要性と必要性が認識されるようになった。次のような措置が想定される。地域の環境基準の達成状況、各地の自然環境の状況などに関する情報、情報のデータベース化、テレビ等のメディアを活用した情報提供など。なお、情報の提供に当たっては、個人および法人の権利利益の保護に配慮しなければならない（二七条）。

（3）　環境教育、環境学習の推進

環境基本法は、環境教育、環境学習についても規定している（二五条）。環境保護を望ましい方向に誘導するためには、環境教育、環境学習が不可欠である。必要な措置としては、環境教育指導資料の作成・普及、環境教育、環境学習に利用できる施設の整備、人材の確保等が考えられる。多くの地方公共団体の環境基本条例も環境教育・環境学習の推進についての規定を置いている（千葉県、東京都、神奈川県、岐阜県、大阪府など）。

（4）　監 視 体 制

国は、環境の状況を把握し、および環境の保全に関する施策を適正に実施するるために必要な監視、巡視、観測、測定、試験および検査の体制の整備に努めるものとする（二九条）。

（5）　企業内部の自己監視

行政庁による環境の監視を補充し、事業者および従業員の責任意識を強化するため、企業内部の自己監視制度が必要である。環境基本条例では、環境に負荷を与える事業者に対し、環境総轄責任者の設置を促進する措置が講ぜられる旨を規定するものがある（大阪府環境基本条例一二条、岐阜県環境基本条例一七条など）。その基本的な機能は、企業の政策目標として環境保護問題に取り組み、企業内部における環境法の遵守を全体として監視させることにある。しかし、環境総轄責任者は、企業内部で何らの決定権もないし、原則として民事・刑事上の責任を負うものでもない。

第四章　環境行政法における権利保護

環境行政法上の法的紛争については、行政訴訟、住民訴訟および国家賠償訴訟が考えられる。行政訴訟は公権力の行使の取消・差止または発動を求める訴訟である。住民が、環境法上の行政措置、とくに環境計画、道路建設等の計画決定、地域指定などに反対し、あるいは事業者に対する環境関連施設の設置許可を攻撃して行政決定の取消しを求める場合および事業者が環境に負荷を与える施設の設置許可を求め、あるいは周辺住民が環境を破壊する事業者に対する行政の規制権限の行使を求める請求権を主張し、公的施設の操業または環境への負荷を与える行政活動から生じる環境影響の差止または除去を求める場合に、行政訴訟が考えられる。このように行政訴訟の形で、広く環境行政法上の法的紛争を裁断する訴訟を、便宜上、環境行政訴訟ということができる。

また、地方自治法二四二条の二に基づき、違法な財務会計上の行為もしくは怠る事実に関連して、環境行政の違法を主張し、その賠償請求を求める住民訴訟を、便宜上、環境住民訴訟と呼ぶことができ、さらに、国家賠償法二条による公の営造物の設置管理の瑕疵に基づく環境損害の賠償責任を問う訴訟を環境国家賠償訴訟ということもできる。以下には、環境行政に関連する行政訴訟として、もっとも注目されている第三者訴訟の原告適格と差止訴訟について述べることにしよう(1)。

(1)　取消訴訟の原告適格一般については、宮田三郎『行政訴訟法』九九頁以下（平一〇・信山社）、差止訴訟一般については、宮田三郎『行政訴訟法』一六〇頁以下、同『国家責任法』二〇七頁以下（平一二・信山社）を見よ。

第一節　第三者訴訟の原告適格

文献　阿部泰隆「環境問題における行政訴訟の役割」ジュリスト八六六号（昭六一）、淡路剛久「公害環境訴訟の課題」淡路剛久・寺西俊一編『公害環境法理論の新たな展開』（平九・日本評論社）、北村喜宣「最終処分場設置許可処分と原告適格」判例タイムズ九八二号（平一〇）、新田知昭「産廃処理施設に関する訴訟の現状」法律のひろば五二巻七号（平一一）、高木　光「環境行政訴訟の現状と課題（抗告訴訟について）」、常岡孝好「環境住民訴訟の現状と課題」以上、ジュリスト増刊『環境問題の行方』（平一一）

（1）　個人的公権保護のシステム

わが国の行政訴訟制度は権利保護システムである。このモデルは、周知のように、公権保護を目指すものであり、その特徴は公権と訴訟の可能性とを結合させる点にある。

公権は、自己の利益を追求するために、国家に一定の行為を要求することのできる公法の規定によって認められた法律上の力をいう。公権は、立憲君主制憲法のもとで、一般的公益と個人的私益は範疇的に対立するという観念に基づき、臣民の権利を、自由・生命・財産などの重要な利益が直接影響を受ける領域に限定することによって、国家と社会の領域を相互に限界づけるものとして理論構成された。しかし民主制憲法のもとでは、一般的公益と個人的私益との範疇的な対立はもはや維持できない。国民の固有の価値が憲法上承認され、臣民は国民として保護されることになった。すなわち、これまで単に一般的公益において成立した客観的法義務は主観化され、総じて公権の範囲が拡大され、これからも拡大されることになったのである。

しかし、民主制憲法のもとでも、立法者は、いかなる要件のもとで国民に公権が帰属し、公権はいかなる内容を有するかについて、明確に規定をしないことが多い。この場合、立憲君主制的なドグマは、いわゆる保護規範説（Schutznormlehre）に拠り、これを公権の認定の判断基準とした。それによれば、単なる法の反射・事実上の利益ないし損害は公権を根拠づけない。いわゆる公権は、i 公法行為（法律、法規命令、条例、行政行為、行政契約など）によって行政が強制的な行為義務を課せられ（強行法規性）、ii この公法行為が、一般的公益の実現とともに、個人的利益の保護をも目的とし（保護規範）、iii その主体に自己の利益の貫徹のための法律上の力が認められている場合に（訴訟可能性）、成立する[1]。右の三要件のうち、i の要件については裁量を行使すべき行政庁の義務は強行性を有することに留意する必要があり、iii の要件はいわば当然のことである。したがって、右の公権論によれば、ii の要件が公権の認定にとって決定的な要件であり、実体法の規定の保護目的をどのように解するかが重要であるということができる。

（2）　訴訟の類型

行政訴訟の類型は、行政事件訴訟法に基づき、行政作用の法形式いかんにより定まる。行政作用が行政処分であるときは、取消訴訟または義務づけ訴訟となるし、行政処分以外の行政作用については一般的給付訴訟および一般的確認訴訟が問題となる。権利保護は本来環境保護について中立的であり、環境保護のための特殊な環境訴訟という類型があるわけではない。

学説には、「個人的被害の救済と防止を中心的な争点とするもの」あるいは「人の健康または生活環境に係る被害（ないしそのおそれ）を具体的に主張するもの」を「公害訴訟」とし、「環境被害の回復とその保全を中心的な争点とするもの」あるいは「環境への負荷を問題にするもの」を「環境訴訟」として、両者を区別する考え方がある。(2) しかし、公害訴訟、環境訴訟といった特種な訴訟類型が行政事件訴訟法に規定されているわけではないし、また公害訴訟と環境訴訟の構造的な特殊性が学説により明確にされているわけでもない。公害訴訟も環境訴訟も、環境行政訴訟と同様、便宜的な呼称であって、一般の行政訴訟と共通の構造をもっているといえよう。

（3）判例理論

環境行政訴訟の原告適格に関する判例を見てみよう。

(1) 取消訴訟の原告適格を否認した主要なケース

何を環境取消訴訟とみるかは問題であるが、取消訴訟の原告適格を否認した最高裁判例は意外と少ない。例えば、有名な最判昭五六・一二・一六民集三五巻一〇号一三六九頁（＝大阪国際空港訴訟）は民事の差止訴訟を却下したもので、取消訴訟の原告適格が問題となっているわけではない。原告適格を否認したケースとしては、次のものを挙げることができる。

① 福井地判昭四九・一二・二〇訟月二一巻三号六四一頁(3)
② 東京高判昭五三・四・一一行集二九巻四号四九九頁（＝用途地域変更訴訟(4)）
③ 神戸地判昭五四・一一・二〇行集三〇巻一一号一八九四頁（＝姫路ＬＮＧ基地訴訟(5)）
④ 鹿児島地判昭六〇・三・二二行集三六巻三号三三五頁（＝志布志湾埋立訴訟(6)）
⑤ 最判昭六〇・一二・一七判時一一七九号五六頁（＝伊達火力訴訟(7)）

⑥　前橋地判平二・一・一八行集四一巻一号一頁（＝産廃施設訴訟）(8)
⑦　札幌高判平二・八・九行集四一巻八号一二九一頁（伊達パイプライン訴訟）(9)
⑧　岡山地判平六・一二・二一（＝公刊物未搭載）（＝産廃施設訴訟）(10)
⑨　鹿児島地判平一三・一・三一（＝公刊物未搭載）（＝奄美・自然の権利訴訟）(11)

(2)　取消訴訟の原告適格を認めた主要なケース

⑩　最判昭五七・九・九民集三六巻九号一六七九頁（＝長沼ナイキ基地訴訟）(12)
⑪　最判平元・二・一七民集四三巻二号五六頁（＝新潟空港訴訟）(13)
⑫　最判平四・九・二二民集四六巻六号五七一頁（＝もんじゅ原発訴訟）(14)
⑬　最判平四・一〇・二九民集四六巻七号一一七四頁（＝伊方原発訴訟）(15)
⑭　最判平九・一・二八民集五一巻一号二五〇頁（＝開発許可取消訴訟）(16)
⑮　大分地判平一〇・四・二七判例タイムズ九九七号一八四頁（＝産廃施設訴訟）(17)
⑯　横浜地判平一一・一一・二四判例自治二〇九号三五頁(18)

判例理論は、原告適格を認めるか認めないかに拘わらず、共通の理論的枠組を構成している。すなわち、第一に、法の反射的利益は原告適格を根拠づけない（①②④の判例）、第二に、原告適格は公権論をベースにしており、公権の認定は実体法の合理的な解釈による（⑤の判例）、第三に、実体法を解釈する場合、一般的公益と個々人の個別的利益との区別を前提にし、法が、一般的公益の保護を目的とするか、個々人の個別的利益の保護をも目的としているかが公権認定の決定的な判断基準となっているということができる（②⑥⑦⑧⑩の判例）。

実体法の解釈の対象となる法の範囲は、個々の行政処分の根拠法規（②③④の判例）から、直接明文の規定でない法律（⑤の判例）を経て、さらに関連法体系全体（⑪の判例）へと拡大され、また、個々人の個別的利益の判断は被侵害利益の重大性（⑪⑫⑭⑮の判例）、生命、身体の安全（⑧⑫⑭⑮⑯の判例）に限定される傾向を示している。このような傾向は原告適格の範囲の拡大と縮小をもたらす可能性をもっているといえよう。

（4）　第三者訴訟

原告が侵害的行政処分の名宛人で行政処分の取消を求める場合や許可申請者が拒否された授益的行政処分（許可）を求める請求権を主張する場合には、原告適格に問題はない。

原告適格は第三者が権利保護を求める場合に問題となる。環境行政訴訟法では、環境への負荷を与え、環境影響を及ぼす施設の設置許可の取消を求める周辺住民の訴訟、例えば、原子力発電所や産廃処理施設の設置許可処分の取消訴訟の場合、あるいは行政庁に対し他人には侵害的で自己にとっては授益的な行政処分を求めて行政介入を要求する場合に、原告適格の認定が問題となる。これらの場合、第三者は公権（法律上の利益）の侵害、あるいは公権（請求権）の帰属を主張しなければならない。原告適格について公権（法律上の利益）を主張しなければならないという要件は、いわゆる民衆訴訟のみならず、利益者訴訟および団体訴訟を排除するフィルターとしての機能を果たす。第三者訴訟の場合、通説・判例（法律上保護された利益説）によれば、少なくとも第三者の個別的な利益も保護すべきものとする法規範の違反が主張される場合にのみ、第三者による取消訴訟が許容される。

この場合、第三者訴訟が問題となる三面的な法律関係においては、環境利用者と環境保護者の法的地位の間にアンバランスがあることに留意しなければならない。例えば、環境に負荷を与え、環境破壊のおそれのある施設の設置許可を受け、操業を行う事業者は、行政庁の規制的な環境保護措置に対し、行政処分の名宛人として、直ちに防禦権を主張することができるし、設置許可処分を受けることができなかった者は、許可申請者であることから不許可処分の取消しを求める原告適格を有することに問題がない。しかし環境保護者たる周辺住民は、「法律上保護された利益」というハードルを克服しなければ、取消訴訟の原告適格を認められない。このような三面的な法律関係におけるアンバランスは、主として、立憲君主的な公権論のドグマに基づくものといえよう。

（5）　公権論の新たな展望

通説・判例によれば、個々人の個別的利益の保護を目的とする法規範は公権を根拠づけるが、一般的公益の保護を目的とする法規範は、高い価値があるにもかかわらず、その違反を訴訟で主張することができない。このような矛盾を解決するためには、基本的には、立憲君主的な法解釈論のドグマから解放されなければならない。

したがって、民主制憲法のもとにおける法律は、それが行政権の行使に法的制約を加えている場合は、単に抽象的な公益の保護だけを目的とするのではなく、国民個々人の個別的利益の保護も目的としているというように、インテンズィーフに解釈されなければならない。一般的公益のみを目的とする法規範が存在し得るという法解釈論は支持できない。G・ヴィンターはいう、「この理論の核心の問題は、法律の個人的保護志向と一般的保護志向とを区別することができるという仮説である。この区別は、君主国家から自由領域を奪い取ることが問題である時代には必要であった。……しかし今日では、それを捨てることができる、なんとなれば個人は国家の全作用においてその目的となったからである。共同の利益は同時に常に個人の利益をも追求しなければならない。もっぱら公共の利益または個人に対する単なる『反射』である政策はもはや存在しない。ある法律が例えば住民の健康を目的とする場合は、これは、想像上の抽象物の保護のためではなく、個人としてのすべての人の保護ために行われているのである。」と[19]。

わが国の「原告適格」論は、公権の認定の基準である実体法の解釈において質的転換を遂げなければならない。

それによって、原告適格の範囲は拡大されるであろう。後に述べるように、ドイツでは、第三者の原告適格は保護規範論を基礎として個人の権利保護を図るものとして制限的に構成されている。しかし、原告適格は次第に量的に拡大され、ＥＵ法の影響を受けて、さらに原告適格は質的な転換を遂げようとしている（本書一六〇頁以下を見よ）。これに対し、アメリカでは、当初、行政決定に対する事実上の民衆訴訟（citizensuits）が認められ、それが環境法における執行の不足を是正するための最も効果的な手段として機能した。しかし最近では、原告の主張に厳しい要件を課すことによって、原告適格の範囲を縮小し、原告適格拡大論に歯止めをかけようとする傾向が見られる（本書一三七頁以下を見よ。）。

また、原告適格の範囲を広くして民衆訴訟に接近すれば権利保護は希薄なものになり（フランスの場合、本書一五二頁以下を見よ。）、原告適格の要件が厳しい場合には、コントロール密度が浅いこともあるが（イギリスの場合、本書一四三頁を見よ）、権利保護の密度が高くなる傾向にある（ドイツの場合）ということができる。おそらく、原告適格の範囲が民衆訴訟の場合と同様に拡大され、しかも権利保護の密度が極め高い権利救済制度は、国の制度として、実現困難であるように思われる。そもそも近代国家は民衆に対して極度の恐怖感をもっているのである。わが国の場合、原告適格の範囲に関する法律の規定を例えば「現実の利益を有する者」というように改正すれば、行政事件訴訟制度の法的性格が根本的な変革をうけることになるといえよう。

（1）　宮田三郎『行政法総論』一六〇頁（平九・信山社）。
（2）　淡路剛久・寺西俊一編『公害環境法理論の新たな展開』五五頁（平九・日本評論社）、高木　光「環境行政訴訟の現状と課題（抗告訴訟について）」ジュリスト増刊『環境問題の行方』一〇八頁（平一一）。
（3）　福井地判昭四九・一二・二〇訟月二一巻三号六四一頁は、住民が環境権の侵害などを理由に、福井臨海工業地帯建設のために越前加賀国定公園の一部を解除した処分を争った事件について、「国定公園の指定の結果として、地元住民もしくは国民一般が自然的景観を鑑賞・享受することのできる利益は、国定公園指定に伴う反射的利益にすぎず、法的に保護された利益ではない」と判示した。

（4）　東京高判昭五三・四・一一行集二九巻四号四九九頁（＝用途地域変更訴訟）は、「これまで住居地域に指定されていたことにより、地域内もしくは付近の住民が環境的利益を享受していたとしても、それが法的に保障されていたといえるかが問題である……用途地域の指定は、合理的な土地利用のために地域内の建築等の制限をするものであって、用途地域の指定の結果、一定の住民が利益を感じたとしてもそれは私権の行使を一定の範囲に制限したことの結果であって、いわばその犠牲のうえに成り立った反射的利益を享受するにすぎない」と判示し、訴えの利益を欠くとした。

（5）　神戸地判昭五四・一一・二〇行集三〇巻一一号一八九四頁（＝姫路ＬＮＧ基地訴訟）は、「公有水面埋立法四条一項二号の規定は国民の健康の保護と生活環境の保全という公益実現を図り、一定水準以上の環境を確保するという行政目的のための抽象的基準と解されるものであり、また、四条一項三号の規定も、ＬＮＧ基地に関する安全性の確保、大気汚染等の規制は通産大臣が行うことになっていることに照らせば、その免許権者の審査も、埋立地の用途が土地利用または環境保全に関する国または地方公共団体の法律に基づく計画との適合性を有しているか否かという一般公益的な見地からなされるものというべきであるとの議論（「上物論」）を展開し、これらの規定による免許権者の審査は、いずれも公益の実現を目的とするものであり、埋立てによる環境悪化や埋立地上のＬＮＧ基地の操業に伴う危険を受けないという付近住民や漁民の利益を個別的・具体的に保護したものと解することができず、他に公有水面埋立法に右の利益を個別的・具体的に保護したものと解し得る規定は存しない」と判示した。

（6）　鹿児島地判昭六〇・三・二二行集三六巻三号三三五頁（＝志布志湾埋立訴訟）は、公有水面埋立「法は、埋立免許の基準として、『その埋立が環境保全及び災害防止につき十分配慮せられたるものなること』（四条一項二号）などときわめて抽象的・一般的に定めているのに対し、法五条などは、公有水面に関し権利を有する者を具体的に規定している。こうした法の定めに照らすと、法四条一項二号等の規定は公益の保護を目的としていると解され、したがって本件原告らのように、法五条所定以外の者が何らかの利益を侵害されるとしても、右利益は原告適格を基礎づける法律上保護された利益ではない。」と判示した。

(7)　最判昭六〇・一二・一七判時一一七九号五六頁（＝伊達火力訴訟）は、「行政処分の取消訴訟は、その取消判決の効力によって処分の法的効果を遡及的に失わしめ、処分の法的効果として個人に生じている権利利益の侵害状態を解消させ、右権利利益の回復を図ることをその目的とするものであり、行政事件訴訟法九条が処分の取消を求めるについての法律上の利益といっているのも、このような権利利益の回復を指すものである。したがって、処分の法的効果として自己の権利利益を侵害され又は必然的に侵害されるおそれのある者に限って、行政処分の取消訴訟の原告適格を有するものというべきであるが、処分の法律上の影響を受ける権利利益は、処分がその本来的効果として制限を加える権利利益に限られるものではなく、行政法規が個人の権利利益を保護することを目的として行政権の行使に制約を課していることにより保障されている権利利益もこれに当たり、右の制約に違反して処分が行われ行政法規による権利利益の保護を無視されたとする者も、当該処分の取消を訴求することができると解すべきである。そして、右にいう行政法規による行政権の行使の制約とは、明文の規定による制約に限られるものではなく、直接明文の規定はなくとも、法律の合理的解釈により当然に導かれる制約を含むものである。」、「本件上告人らは、本件公有水面に関し権利利益を有する者とはいえ（ず）、……本件公有水面において漁業を営む権利を有するにすぎないものというべきであるが、本件埋立免許及び本件竣工認可が右の権利に対し直接の法律上の影響を与える者でないことは明らかである。そして、旧埋立法には、当該公有水面の周辺の水面において漁業を営む者の権利を保護することを目的として埋立免許権又は竣工認可権の行使に制約を課している明文の規定はなく、また、同法の解釈からかかる制約を導くことも困難である。」、「以上のとうりであるから、上告人らは、本件埋立免許又は本件竣工認可の法的効果として自己の権利利益を侵害され又は必然的に侵害されるおそれのある者ということができず、その取消を訴求する原告適格を有しないといわざるをえない。」と判示した。

(8)　前橋地判平二・一・一八行集四一巻一号一頁は、知事が廃棄物の処理及び清掃に関する法律一四条に基づいてした産業廃棄物処理業許可処分に対し産業廃棄物処理施設設置場所の付近住民が提起した右処分の取消しを求める訴えにつき、「廃棄物の処理及び清掃に関する法律一条の掲げる生活環境の保全及び公衆衛生の向上という目的を受けて、同法一四条二項一号は、産業廃棄物の処理が適正に行われるようにすることを、同項二号は、健全な産業廃棄物処理業者を処理事業に参加させることを、それぞれ目的としているものと認められる。そして、同項は、右の産業廃棄物の適正処理及び健全な産業廃棄物処理業者の処理事業参加を、現在及び将来における国民の一般的公益として保全しようとする立場をとるものであると考えられる。そうすると、右の公益に包含される国民の個々人に帰属する具体的利益は、右の公益の保護を通じて反射的に保護される利益という地位に立つことになる。そして、同項が処分場付近住民各個人の利益を直接個別的に保障しているという解釈を、同項の趣旨から導くことは困難である。なお、その他同法には、同条二項が付近住民の個別的利益を保障したものであると解する根拠となるような規定は見当たらない。」と判示し、周辺住民の原告適格を否認した。

(9)　札幌高判平二・八・九行集四一巻八号一二九一頁（=伊達パイプライン訴訟）は、消防法一一条一項に基づく火力発電所の燃料移送取扱所の設置許可処分につき、「法一一条一項等の規定は、公益の実現だけでなく、火災・事故等の災害によって生命、身体および財産への被害を受けないという周辺住民の個人的利益の保護をも目的として行政権の行使に制約を課しているものであり、当該の『災害により生命、身体及び財産に被害を受け、或は必然的に被害を生けるおそれのある周辺住民は、当該移送取扱所の設置許可処分の取消しの訴えを提起する適格を有する』が、三〇〇から五〇〇メートルの距離内に居住する本件原告らは、かかる周辺住民に該当しない」と判示して、原告適格を否認した。

(10)　岡山地判平六・一二・二一「公刊物未搭載」（=産廃施設訴訟）は、許可要件（技術上の基準）を定める総理府・厚生省令をも含めた法の規定全体を検討した上、法の趣旨は、産廃施設を設置しようとする者に対し、当該施設が一定の技術水準に適合した処置能力と安全性を保有していることを要求することにより、産業廃棄物の適正な処理を図るとともに、生活環境の保全に問題が生じるような施設の設置を防止して清潔な生活環境の保持を図り、そのことによって、生活環境の保全及び公衆衛生の向上（一条）という一般的公益を実現しようとするものであると解され、他方、法は、周辺住民個々人の生命、身体の安全等の具体的利益を保護しようとするものではなく、右具体的利益は、右の一般的公益に包含されるものであると判示し、周辺住民の原告適格を否定した。

(11)　鹿児島地判平一三・一・二二「公刊物未搭載」（＝奄美・自然の権利訴訟）は、奄美大島の住民が野生の生態系には本来の姿で存在する権利があると主張し、森林法に基づくゴルフ場開発許可の無効確認を求めた訴えについて、住民の原告適格を否定して訴えを却下したが、「自然が人間のために存在するという考え方をこのまま推し進めてよいのか、深刻な環境破壊が進行している今、国民の英知を集めて改めて検討すべき重要な課題である」と指摘し、自然の権利という考え方について、「人や法人の個人的利益の救済を念頭に置いた現行法の枠組みのままでよいのかという問題を提起した」と述べた。

(12)　最判昭五七・九・九民集三六巻九号一六七九頁（＝行政判例百選Ⅱ212「保安林指定解除と訴えの利益」＝長沼ナイキ基地訴訟）は、森林法の保安林指定処分は一般的公益の保護を目的とする処分であるが、「法は他方において、利害関係を有する地方公共団体の長のほか、保安林の指定に『直接の利害関係を有する者』において、森林を保安林として指定すべき旨を農林水産大臣に申請することができるものとし（法二七条一項）、また、農林水産大臣が保安林の指定を解除しようとする場合に、右の『直接の利害関係を有する者』がこれに異議があるときは、意見書を提出し、公開の聴聞手続に参加することができるものとしており（法二九条、三〇条、三二条）、これらの規定と、旧森林法（明治四〇年法律第四三号）二四条においては『直接ノ利害関係ヲ有スル者』に対して保安林の指定及び解除の処分に対する訴願及び行政訴訟の提起が認められていた沿革をあわせ考えると、法は、森林の存続によって不特定多数者の受ける生活利益のうち一定範囲のものを公益と並んで保護すべき個人の個別的利益としてとらえ、かかる利益の帰属者に対し保安林の指定につき『直接の利害関係を有する者』としてその利益主張をすることができる地位を法律上付与しているものと解するのが相当である。そうすると、かかる『直接の利害関係を有する者』は、保安林の指定が違法に解除され、それによって自己の利益を害された場合には、右解除処分に対する取消しの訴えを提起する原告適格を有する者ということができる。」と判示した。

ただし、同判決は、「いわゆる代替施設の設置によって右の洪水や渇水の危険が解消され、その防止上からは本件保安林の存続の必要性がなくなったと認められるに至ったときは、もはや……右指定解除処分の取消しを求める訴えの利益は失われるに至（る）」と判示した。

(13)　最判平元・二・一七民集四三巻二号五六頁（＝行政判例百選Ⅱ201「定期航空運送事業免許取消訴訟の原告適格」＝新潟空港訴訟）は、（一）「取消訴訟の原告適格について規定する行政事件訴訟法九条にいう当該処分の取消しを求めるにつき『法律上の利益を有する者』とは、当該処分により自己の権利若しくは法律上保護された利益を侵害されまたは必然的に侵害されるおそれのある者をいうのであるが、当該処分を定めた行政法規が、不特定多数者の具体的利益をもっぱら一般的公益の中に吸収解消させるにとどめず、それが帰属する個々人の個別的利益としてもこれを保護すべきものとする趣旨を含むと解される場合には、かかる利益も右にいう法律上保護された利益に当たり、当該処分によりこれを侵害または必然的に侵害されるおそれのある者は、当該処分の取消訴訟における原告適格を有するということができる。」

（二）　右の判断は、「当該行政法規及びそれと目的を共通する関連法規の関係規定によって形成される法体系の中において、当該処分の根拠規定が、当該処分を通して右のような個々人の個別的利益をも保護すべきものとして位置付けられているとみることができるかどうかによって決すべきである」。

（三）　「飛行場周辺に居住する者は、ある程度の航空機騒音については、不可避のものとしてこれを甘受すべきであるといわざるをえず、その騒音による障害が著しい程度に至った時に初めて、その防止・軽減を求めるための法的手段に訴えることを許容し得るような利益侵害が生じたものとせざるをえないのである。」。したがって新規路線免許により生じる「航空機騒音によって、社会通念上著しい障害を受けることとなる者は、当該免許の取消を求めるにつき法律上の利益を有する者として、その取消訴訟における原告適格を有すると解するのが相当である。」

と判示した。

(14)　最判平四・九・二二民集四六巻六号五七一頁（＝もんじゅ原発訴訟）は、高速増殖炉「もんじゅ」に係る原子炉設置許可処分の無効確認訴訟における原告適格について、処分の無効確認を求める「法律上の利益を有する者」は取消訴訟の場合と同意義であるとし、原子炉等規制法二四条一項三号（技術的能力）および四号（災害の防止）は「単に公衆の生命、身体の安全、環境上の利益を一般的公益として保護しようとするにとどまらず、原子炉施設周辺に居住し、右事故等がもたらす災害により直接的かつ重大な被害を受けることが想定される範囲の住民の生命、身体の安全等を個々人の個別的利益としても保護すべきものとする趣旨を含む」と判示して、「災害により直接的かつ重大な被害を受けることが想定される範囲の住民」に原告適格を認めた。

(15)　最判平四・一〇・二九民集四六巻七号一一七四頁（＝伊方原発訴訟）は、原子炉設置許可処分の取消訴訟の原告適格について、それが認められることを前提としており、原告適格について直接判断を示していない。原発訴訟は「法律上の利益」の侵害を要件としない地域的に限定された民衆訴訟として機能する訴訟であると見るべきである。

(16)　最判平九・一・二八民集五一巻一号二五〇頁（＝開発許可取消訴訟）は、都市計画法三三条一項七号は「開発許可を通して保護しようとしている利益の内容・性質等にかんがみれば、同号は、がけ崩れ等のおそれのない良好な都市環境の保持・形成を図るとともに、がけ崩れ等による被害が直接に及ぶことが想定される開発区域内外の一定範囲の地域の住民の生命、身体の安全等を、個々人の個別的利益としても保護すべきものとする趣旨を含むものと解すべきである。そうすると、開発区域内の土地が同号にいうがけ崩れのおそれが多い土地等に当たる場合には、がけ崩れ等による直接的な被害を受けることが予想される範囲の地域に居住する者は、開発許可の取消しを求めるにつき法律上の利益を有する者として、その取消訴訟における原告適格を有すると解するのが相当である。」と判示した。

(17)　大分地判平一〇・四・二七判例タイムズ九九七号一八四頁（＝産廃施設訴訟）は、「新廃掃法一五条四項、同条二項一号の前記各規定の趣旨・目的、右各条項が使用前検査に基づく適合認定を通して保護しようとしている利益の内容・性質等にかんがみれば、右各条項は、施設の構造上の安全性について確認された産業廃棄物処理施設についてのみその設置を許可し、またその使用を認めることによって、当該施設に係る周辺地域の生活環境の保全という一般的公益の実現を図るとともに、当該施設の近接地域に居住し、当該施設の構造上の欠陥に起因する地盤の滑り、産業廃棄物の流出などの事故による被害が直接的に及ぶことが予想される範囲の住民の生命、身体等の安全を、個々人の個別的利益としても保護すべきものとする趣旨を含むと解すべきである。

そうすると、産業廃棄物の最終処分場について、地盤が斜面、崖等であったり、軟弱地盤等であるため、地盤の滑り及び設備の沈下を防止する必要がある場合、当該施設の周囲の地形等からみて、産業廃棄物の流出等の事故による直接的な被害を受けることが予想される範囲の地域に居住する者は、当該施設についての新廃掃法一五条四項による適合認定の取消し、無効等確認を求めるにつき法律上の利益を有する者に当たるというべきである。」と判示した。

(18)　横浜地判平一一・一一・二四判例自治二〇九号三五頁は、「産業廃棄物処理につき新法が制定され、その条項（附則三条）により本件には新法の適用があると認められる場合には、同法の各条項の趣旨、それぞれ考慮している被害の性質等に鑑みると、新法一四条六項は、公衆の生命、安全、環境上の利益を一般的公益として保護するに止まらず、産廃処理施設の周辺住民が、施設自体やその事故による災害、悪影響で直接かつ重大な被害を受けることが想定されるときは、付近住民の生命身体の安全等を個々人の個別的利益として保護すべきものとする趣旨を含むと解するのが相当である。」と判示した。

(19)　G. Winter, Individualrechtsschutz im deutschen Umweltrecht unter dem Einfluß des Gemeinschaftrechts, NVwZ 1999, S. 468.

第二節　差止訴訟

文献　沢井　裕『公害差止の法理』(昭五一・日本評論社)、大塚　直「生活妨害の差止に関する基礎的考察(1)〜(8)」法学協会雑誌一〇三巻四、六、八、一一号、一〇四巻二、九号、一〇七巻三、四号（昭六一〜平二)、川嶋四郎「差止請求権の今日的課題」『民事訴訟法の争点』(平一〇・有斐閣)、川嶋四郎「差止請求――抽象的差止請求の適法性の検討を中心として――」ジュリスト九八一号（平一一)

(1)　わが国の法的状況

わが国では、公の施設の建設・運営から生じる騒音、振動、大気汚染等の環境影響に対する防禦は、民事上の差止請求によって、これを実現できるものとしてきた。学説・判例は、差止請求の許容性についても受忍義務の確定についても、これを民法的に構成してきた。しかし大阪国際空港訴訟の最高裁判決は、空港の離着陸のためにする供用について民事の差止請求は認められないと判示し、これが公共施設からの環境被害に対する民事上の差止請求に関する指導的判決になっている(1)。その後の判例は、公法の領域で生じた環境影響（侵害）を「公権力の行使」と同置し、それについての民事上の差止請求は認められないことを確認した(2)。したがって、公共施設からの環境影響の被害に対する差止請求は、これを公法的に理論構成する必要に迫られているといえよう。

（２）　公法上の差止請求権

公の施設の建設・運営から生じる騒音、振動、大気汚染などの環境影響は、公法の領域で生じたとしても、それ自体としては無色であって、公権力性は認められない。しかし、公法の領域で生じた環境影響について、理論上、公法上の差止請求権が成立することについては疑いの余地はない。問題は、公法上の差止請求権の法的根拠とその法的具体像である。それについての実体法の規定は満足すべき状態にない。結局、その法的根拠は、法律の趣旨あるいは直接基本的人権──一般的自由権に求め、その法的具体像は、民法上の妨害排除法制に倣って、理論構成するほかないといえよう。[3]

公法上の差止請求権は、公権力による侵害が違法であり、これを受忍する義務がないときに、成立する。公法上の差止請求権は、消極的な給付訴訟としての差止訴訟によって、実現される。一般的差止訴訟は、繰り返し行われる事実上の侵害に対する予防的防御訴訟であり、現代型訴訟として重要な行政訴訟の類型である。しかし行政事件訴訟法は、行政訴訟の類型として、一般的差止訴訟を法定していない。

（３）　侵害の違法性と受忍義務

判例による民事上の差止請求権は、生命・健康等の人格権をその法的根拠とし、侵害の違法性については、受忍限度論に拠るもの、環境基準論に拠るもの、公権力性に拠るものとに別れているということができる。

⑴　受忍限度論

差止請求権が成立するためには、公共施設からの環境影響の被害が違法でなければならないが、違法性の判断は、受忍限度論によれば、環境影響の被害が社会生活上受忍すべき限度を超えるものかどうかを基準とすべきである。受忍限度には通常の受忍限度と特別の受忍限度があり、差止請求の場合の受忍限度は損害賠償の場合のそれよりも厳格なものでなければならない。(4) しかし「二重の受忍限度論」が、公法領域においても妥当するものかどうか疑わしい。

(2)　環境基準論

環境基準に基づいて、それを超える場合は、被害が受忍限度を超えたものとして損害賠償を認める。しかし、環境基準を根拠に差止請求を認めた判例はない。

(3)　公権力性

一部の判例によれば、公共施設の設置・運営に伴う環境影響の被害は公権力性を有し、環境影響の被害は国民がこれを受忍しなければならない。(5) しかし、公権力性ないし公共性は、直ちに周辺住民に対し受忍義務を課する法的根拠たり得るものではなく、(6) 法律の留保の原則によれば、受忍義務を認めるには実定法上の根拠規定が必要である。(7) 民主的法治国においては、裁判官が、法律の根拠なしに、国民に対し特別の受忍義務を課すことは許されていないというべきである。しかし受忍限度を超える侵害の場合には、損害賠償を求める請求権はもちろん、公法上の差止請求権も成立するといえよう。(8)(9)

(1)　最判昭五六・一二・一六民集三五巻一〇号一三六九頁（＝行政判例百選Ⅱ163「空港公害と被害者救済」〔＝大阪国際空港訴訟〕）は、「本件空港の離着陸のためにする供用は運輸大臣の有する空港管理権と航空行政権という二種の権限の、総合的判断に基づいて不可分一体的な行使の結果であるとみるべきであるから、右被上告人らの前記のような請求は、事理の当然として、不可避的に航空行政権の行使の取消変更ないしその発動を求める請求を包含することとなるものといわなければならない。したがって右被上告人らが行政訴訟の方法により何らかの請求をすることができるかどうかはともかくとして、上告人に対し、いわゆる通常の民事上の請求として前記のような私法上の給付請求権を有するとの主張の成立すべきいわれはないというほかない。

　以上のとうりであるから、前記被上告人らの本件訴えのうち、いわゆる狭義の民事訴訟の手続により一定の時間帯につき本件空港を航空機の離着陸に使用させることの差止を求める請求にかかる部分は、不適法というべきである。」と判示した。

(2)　福岡地判昭六三・一二・一六判時一二九八号三二頁（＝福岡空港訴訟）は、「本件空港の航空機離着陸のためにする供用は、運輸大臣の有する空港管理権と航空行政権という二種の権限の、複合的観点に立った総合的判断にも基づく不可分一体的な行使の結果であるとみるべきであるところ、空港周辺住民に対する航空機騒音による侵害は、空港の敷地所有者に対する不法占拠による侵害等とは異なり、まさに右の航空行政権によって認められた航空機の飛行自体によって発生するものであるから、その侵害の停止を目的とする前記原告らの本件空港の供用の差止請求は、事理の当然として、不可避的に、右航空行政権の行使の取消、変更ないしその発動を求める請求を包含することとなるといわざるを得ない。しかしながら、公権力の行使に当たる行為（公定力を有する行為）の効力を狭義の民事訴訟によって否定することを許さない現行行政事件訴訟法の規定の趣旨からすれば、たとえ本件空港の供用自体は原告らに対する関係で、運輸大臣に対し公権力としての航空行政権の行使の取消、変更ないしその発動を求めることになるような場合には、そのような事項は狭義の民事訴訟の対象から除外されていると解するのが相当であるから、原告らが被告に対し、狭義の民事上の請求として前記の差止めを求める訴えは、不適法というべきである。

　以上のように解しても、本件空港における民間航空機の離着陸時間帯の制限を目的として、周辺住民が適法に提起し得る訴訟が皆無となるものではない。すなわち、右住民は、右一定の時間帯に本件空港を利用している民間航空会社を被告として、航空機の離着陸のための空港使用の差止請求訴訟を提起することができるし、行政訴訟としては、運輸大臣を被告として、航空機騒音防止法による航行方法指定の告示の制定を求める義務付け訴訟等が考えられる（もっとも、この義務づけ訴訟については、その適法要件として、少なくとも、⑴運輸大臣に右告示の制定について第一次判断権を行使させる必要がないか、その必要性が極めて少ないこと、⑵右告示の制定がされ、又はされないことによって被る周辺住民の損害が重大であって、事前救済の差し迫った必要があること、⑶他に救済を求める手段がないこと、以上の三要件を具備しなければならないと解されるから、周辺住民の被害が極めて重大であるのに運輸大臣が何らの被害軽減措置をとらないといった特別の場合でない限り、訴えは不適法とされることになろう。）」と判示した。

最判平五・二・二五民集四七巻二号六四三頁（＝厚木基地訴訟）は、「自衛隊機の運航に伴う騒音等の影響は飛行場周辺に広く及ぶことが不可避であるから、自衛隊機の運航に関する防衛庁長官の権限の行使は、その運航に必然的に伴う騒音等について周辺住民の受忍を義務づけるものといわなければならない。そうすると、右権限の行使は、右騒音等により影響を受ける周辺住民との関係において、公権力の行使に当たる行為というべきである。」、「上告人らの本件自衛隊機の差止請求は、被上告人に対し、本件飛行場における一定の時間帯（毎日午後八時から翌日午前八時まで）における航空機の自衛隊機の離着陸等の差止め及びその他の時間帯（毎日午前八時から午後八時まで）における航空機騒音の規制を民事上の請求として求めるものである。しかしながら、右に説示したところに照らせば、このような請求は、必然的に防衛庁長官にゆだねられた前記のような自衛隊機の運航に関する権限の行使の取消変更ないしその発動を求める請求を包含することになるものといわなければならないから、行政訴訟としてどのような要件の下にどのような請求をすることができるかはともかくとして、右差止請求は不適法というべきである。」と判示した。

最判平六・一・二〇判時一五〇二号九八頁（＝福岡空港訴訟）は、「本件空港は、空港整備法二条一項二号にいう第二種空港であって、同法四条一項の規定により運輸大臣が設置し、管理するものであるところ、このような本件空港において民間航空機の離着陸の差止めを請求することは、民事上の請求としては不適法であるとした原審の判断は、正当であり（最高裁昭和五一年（オ）三九五号同五六年一二月一六日大法廷判決・民集三五巻一〇号一三六九頁参照)、右判断に所論の違法はない。」と判示した。

(3)　塩野　宏『行政法Ⅱ第二版』一九三頁以下(平六・有斐閣)。

(4)　名古屋高判昭六〇・四・一二判時一一五〇号三〇頁(=東海道新幹線訴訟)は、差止請求の受忍限度は損害賠償のそれよりも厳格なものでなければならないことを前提として、「一方において、本件新幹線騒音振動の態様・程度、原告らの受けている被害の性質・内容、他方において、東海道新幹線のもつ公共性の内容・程度、被告に対する差止によって生ずる影響を比較衡量し、新幹線営業開始後の騒音振動暴露量の変動、被告がこれに対しとり来った発生源対策、障害防止対策及びその将来の予測、行政指針、原告ら居住地の地域性、新幹線騒音振動の他の交通騒音振動との比較等を総合考慮した結果、東海道新幹線の現在の本件七キロ区間に於ける運航状況(従ってこれに基づく騒音振動の暴露)は、差止の関係において原告らが社会生活上受忍すべき限度を超えるものではない(違法な身体権の侵害とならない)と判断する。」と判示した。

東京高判昭六二・七・一五訟月三四巻一一号二一一五頁(=横田基地訴訟)は、「(判決要旨)米軍基地周辺の航空機騒音による被害受忍限度について、社会生活上やむを得ない最小限度(通常の受忍限度)を超える騒音であっても、公共性、地域特性等の特別の事情が存するときは、これを超える一定限度(特別の受忍限度)までは、受忍限度を超える違法な騒音とならないが、米軍の管理下にある軍事飛行場の公共性の程度は民間飛行場のそれと等しいこと、航空機騒音に係る環境基準、防音工事助成措置の基準、騒音が人体に及ぼす影響についての実験結果等を総合すると、専ら住居の用に供される地域にあってはWECPNL値七五以上、それ以外の地域であって通常の生活を保全する必要がある地域にあってはWECPNL値八〇以上の騒音による被害は、受忍限度を超えていると認めるのが相当である」と判示した。

金沢地判平三・三・一三判時一三七九号三頁(=小松基地訴訟)」は、自衛隊機および米軍機の騒音による生活被害について、「夜間についての差止請求との関係では、原告らの被害は未だ社会生活上受忍すべき限度を超えるものとはいえない。」、「昼間における……差止請求との関係でも、原告らの被害は未だ社会生活上受忍限度を超えるものとはいえない。」、損害賠償請求との関係では、「WECPNL八〇以上の地域（昭和五五年の防衛施設庁告示で第一種区域とされた地域）に居住し、又は居住していた原告らについては、航空機騒音による被害が受忍限度を越えたものとして、違法性を帯びるものと認めるのが相当である。」と判示した。

判例では、WECPNL値七〇以上から、七五以上から、あるいは八〇以上について損害賠償を認めており、統一的な判断は示されていない。

最判平七・七・七民集四九巻七号二五九九頁（＝国道四三号訴訟）は、「道路等の施設の周辺住民からその供用の差止めが求められた場合に差止請求を認容すべき違法性があるかどうかを判断するにつき考慮すべき要素は、周辺住民から損害の賠償が求められた場合に賠償請求を認容すべき違法性があるかどうかを判断するにつき考慮すべき要素とほぼ共通するのであるが、施設の供用の差止めと金銭による賠償という請求内容の相違に対応して、違法性の判断において各要素の重要性をどの程度のものとして考慮するかはおのずから相違があるから、右両場合の違法性の有無の判断に差異が生じることがあっても不合理とはいえない。」と判示し、自動車騒音等の一定の値を超える侵入の差止請求を認容すべき違法性があるとはいえないとして、上告を棄却した。

(5)　名古屋高金沢支判平六・一二・二六判時一五二一号三頁（＝小牧基地訴訟）は、「自衛隊機の運航に関する防衛庁長官の権限の行使は、その運航に伴う騒音等について住民の受忍を義務付けるものといわなければならない。すると、右権限の行使は、右騒音等により影響を受ける周辺住民との関係において、公権力の行使に当たる行為というべきである。」と判示した。

金沢地判平三・三・一三判時一三七九号三頁（＝小牧基地訴訟）は、「自衛隊機の離着陸・運航そのものの性質は、……国民に対する公権力の行使を本質的内容としない内部的な職務命令とその実行行為にすぎないものというほかなく、直接一般私人との関係で、その一方的意思決定に基づき、権利義務に影響を及ぼすものではないので、これを右公定力を付与された行為とみることは到底できないものである。そして、公定力を有しない行為は、それが行政目的を達成するのに必要な行為であっても、これによる侵害利益との比較衡量において民事上の差止請求の対象となり得ると解すべきものであり、このことは、自衛隊機の離着陸等をこれを包含する防衛行政の名称で統括し、その行使の一場面と解することによって変ずるものではない。国民生活に第一次的責任を負担する行政機関の専門的判断は、格別に不合理であると認められない限り、司法上の判断においても尊重されるべきものであるが、そのことの故に、およそ本件のような自衛隊機の離着陸等に対する民事上の差止請求がなし得ないと解することはできず、その他本件に顕れた一切の事情を考慮しても、被告の前記主張は採用の限りではない。」と判示した。

(6)　阿部泰隆『行政救済の実効性』七四頁(昭六〇・弘文堂)。

ドイツでは、例えば、行政手続法七五条二項は、「計画確定裁決に不可争力が生じたときは、企画の差止、施設の除去又は変更、若しくはその利用の差止を求める請求権は排除される。計画の不可争力が生じた後に初めて、企画又は確定した計画に対応する施設に、他人の権利に対する予測できない効果が生じたときは、関係人は、不利益な効果を除去する予防手段又は施設の設置若しくは維持を要求することができる。」と規定し、法律が関係人に受忍義務を課している。

しかし明示の公法の規定がない場合、判例は、民法九〇六条を類推適用して、受忍義務を確定しているが、公共施設に対しては、民法九〇六条の基準による受忍義務以上の高い受忍義務を認めている(BGH, NJW80, 582)。この点について、有力学説は判例理論に反対し、公害による侵害は法律の正当化根拠がない限り、違法であり、受忍すべきものではないという(F. Ossenbül, Staatshaftungsrecht, 5. Aufl, 1998, S. 314; G. Scholz/B. Tremml, Staatshaftungs- und Entschädigungsrecht, 5. Aufl, 1994, S. 215)。

(7)　いわゆる「違法性段階論」に基づいて、「通常の受忍限度」を損失補償の要否を定める基準とし、「特別の受忍限度」を損害賠償・差止請求の共通の違法性の基準とし、空港騒音について「通常の受忍限度」として環境基準のW(=WECPNL)値七〇ないし七五、「特別の受忍限度」としてW値七五ないし八〇を提唱する見解もある(西

埜　章『損失補償の要否と内容』二一九頁以下・平三・一粒社)。

(8)　差止請求の実現方法としての予防的不作為(差止)訴訟および一般的給付訴訟については、宮田三郎『行政訴訟法』一六〇頁以下、一七五頁、二三六頁以下(平一〇・信山社)を見よ。

なお、神戸地判平一二・一・三一判時一七二六号二〇頁(=尼崎公害訴訟)は、「差し止め対象汚染を形成しないために被告らが行うべき措置は、要するに本件道路排煙の大気中への排出抑制措置を実施することに尽きるのであって、それはまったく異なる種類の措置の実施(例えば、患者の家に空気清浄器を設置すること)もこれに含まれると解される余地はない。また、差止対象汚染は数値によって客観的に指定されたレベルの大気汚染であるから、本件不作為命令は、被告らが実施した排出抑制措置が不作為命令を正しく履行したかどうかの判定の困難なものでもない。したがって、本件不作為命令が給付条項としての明確性に欠けるということはできない。」、「本件差止請求は、一日平均〇、一五ミリグラム／立法メートルを超える浮遊粒子状物資の汚染を形成しないとの不作為命令を求める限度で一部理由があるということにはなるが、それ以下の汚染濃度については確たる数値を示す根拠が十分ではなかったので、差し止め請求を認容することはできなかった。」。「道路の公共性ゆえに本件差し止め請求が棄却されるべきであるということにはならない」と判示した。

第五章　行政上の紛争処理および被害者救済制度

第一節　行政上の紛争処理

文献　『公害紛争処理白書』、公害紛争処理問題研究会編『公害紛争処理法解説』（昭五〇・一粒社）、南　博方『紛争の行政解決手法』（平五・有斐閣）、六車　明「行政機関による公害・環境紛争解決システムの現状と課題」南　古稀『行政法と法の支配』（平一一・有斐閣）、南　博方・西村淑子「公害紛争処理の現状と課題」ジュリスト増刊『環境問題の行方』（平一一）

（1）　行政上の紛争処理制度の必要性

環境法上の法的紛争は裁判所による解決が図られるべきであるが、司法上の解決には複雑な訴訟手続、高度の専門知識、裁判の長期化、訴訟費用等、多くの問題があるので、簡易迅速かつ公正な紛争処理制度が要請される。環境基本法三一条一項は「国は、公害に係る紛争に関するあっせん、調停その他の措置を効果的に実施し、その他公害に係る紛争の円満な処理を図るため、必要な措置を講じなければならない」と規定している。

紛争処理に関するあっせん、調停その他の措置として、公害紛争処理法による公害紛争処理制度があり、その他、鉱業法一二二条〜一二五条の和解の仲介、民事調停法三二条および三三条の鉱害調停などがある。以下には、公害紛争処理法について述べることにしよう。

（2）　公害紛争処理法の概要

(1)　法律の目的

公害紛争処理法（昭和四五・六・一）は、法律の目的を、「公害に係る紛争について、あっせん、調停、仲裁および裁定の制度を設ける等により、その迅速かつ公正な解決を図ることを目的とする」と規定している。

(2)　公害紛争処理機構

法律の目的を達成するため、公害に係る紛争の処理機構として、国に公害等調整委員会（以下、「中央委員会」という。）が置かれ（三条）、都道府県には都道府県公害審査会（以下、「審査会」という）が置かれる（一三条）。都道府県は、他の都道府県と共同して、事件ごとに、都道府県連合公害審査会（以下、「連合審査会」という）を置くこともできる（二〇条）。

中央委員会の構成は、委員長および六名の委員から成り、委員六名のうち三名は非常勤である。委員長・委員の任命は内閣総理大臣が両院の同意を得て任命し、任期は五年。中央委員会は、公害に係る紛争についてあっせん、調停、仲裁および裁定を行うとともに、地方公共団体が行う公害に関する苦情の処理について指導等を行う（公害紛争三条）。

審査会の構成は、委員九人以上十五人以内をもって組織し、委員の互選により会長を選任する（一五条）。委員は、人格高潔で識見の高い者のうちから、都道府県知事が、議会の同意を得て、任命する。任期は三年（一六条)。公害に係る紛争について、あっせん、調停および仲裁を行い、その他審査会の権限に属する事項を行う(一四条)。

連合審査会は、関係都道府県の審査会の委員のうちから、当該関係都道府県の審査会の会長が指名する同数の委員をもって組織する(二二条)。公害に係る紛争について、あっせんおよび調停を行う(二一条)。

(3)　公害紛争の管轄

①　中央委員会の管轄　中央委員会は、次に掲げる紛争に関するあっせん、調停および仲裁について管轄する。

i　現に人の健康または生活環境に公害に係る著しい被害が生じ、かつ、当該被害が相当多数の者に及び、または及ぶおそれのある場合における当該公害に係る紛争であって政令で定めるもの。ア　大気汚染または水質汚濁による慢性気管支炎、気管支ぜんそく、ぜんそく性気管支炎もしくは肺気しゅもしくはこれらの続発症、水俣病もしくはイタイイタイ病に起因して、人が死亡し、または日常生活に介護を要する程度の身体上の障害が生じた場合における公害紛争。イ　大気汚染または水質汚濁による動植物またはその成育環境の被害に関する紛争で申請に係る被害総額が五億円以上の場合(施行令一条)。

ii　二以上の都道府県にわたる広域的な見地から解決する必要がある公害に係る紛争であって政令で定めるもの。航空機騒音、新幹線騒音および新幹線規格新線等の騒音(施行令二条)。

iii　事業活動その他人の活動の行われた場所および当該活動に伴う公害に係る被害の生じた場所が異なる都道府県の区域内にある場合またはこれらの場所の一方もしくは双方が二以上の都道府県の区域内にある場合における当該公害に係る紛争(二四条一項)。

② 審査会の管轄　中央委員会が扱う紛争以外の紛争に関するあっせん、調停および仲裁について管轄する（二四条二項）。

(4) 紛争処理

① あっせん　あっせんは、中央委員会の委員長および委員または審査会の委員より選ばれた三人以内の委員が、第三者の立場で、紛争当事者の間に立って、交渉が行いやすいように仲介する行為である。このため、交渉場所の設定、立会、双方の主張や論点の整理、和解契約の締結の促進などを行う（二八条以下）。これとは別に、当該紛争を放置するときは、社会的に重大な影響があると認めるときに、公害等調整委員会または審査会の職権により開始される職権あっせんの制度がある（二七条の二）。

あっせんは、当事者の紛争解決の補助的役割を果たすべきものである。昭和四五年以来平成一一年度末までに、あっせんは、中央委員会で一件、各都道府県の審査会の総計でも三六件あったにすぎない。

② 調　停　調停とは、中央委員会または審査会の委員より選ばれた三人の委員によって構成される調停委員会が、第三者として、自ら調停案を作成し、当事者にその受諾を求めることをいう（三一条以下）。調停委員会は、調停のため必要があると認めるときは、紛争の当事者に出頭を求め、その意見を聞き（三二条）、必要があると認めるときは、文書・物件の提出を求め、工場、事業場などの場所に立ち入り、文書・物件の検査を行うことができる（三三条）。調停委員会は、当事者間に合意が成立することが困難であると認める場合、自ら調停案を作成し、三〇日以上の期間を定めて、その受諾を勧告することができる。この調停案は、調停委員の過半数の意見で作成され、当事者が指定された期間内に受諾しない旨の申出をしなかったときは、調停案と同一の内容の合意が成立したものとみなされる（三四条）。調停委員会は、調停に係る紛争について当事者間に合意が成立す

る見込みがないと認めるときは、調停を打ち切ることができる（三六条）。調停案は公表することができるが（三四条の二）、調停の手続は公開しない（三七条）。当事者が、調停案を受諾したときは、当事者間に合意が成立し、調停事項のうち権利義務にかかわるものについては、和解契約が成立したことになる。

昭和四五年以来平成一一年度末までに、中央委員会の受け付けた調停事件は六九二件、終結したものが六八六件であり、審査会が受け付けた調停事件は八四五件である。

③　仲　裁　仲裁とは、紛争当事者の双方が、あらかじめ第三者の判断に服することを約束した上で、第三者に紛争の解決を委ねることである（三九条以下）。仲裁に当たっては、中央委員会または審査会の委員から選ばれる三人の委員からなる仲裁委員会が構成される。仲裁委員は、中央委員会の委員長および委員または審査会の委員のうちから、当事者が合意によって選定した者につき、事件ごとに、それぞれ、中央委員会の委員長または審査会の会長が指名する。当事者の合意による選定がなされなかったときは、中央委員会の委員長および委員または審査会の委員うちから、事件ごとに、それぞれ、中央委員会の委員長または審査会の会長が指名する。仲裁委員のうち少なくとも一人は、弁護士となる資格を有する者でなければならない（三九条）。

仲裁委員会は、仲裁を行う場合、必要があると認めるときは、当事者から当該仲裁にかかる事件に関係のある文書・物件の提出を求めることができる（四〇条）。仲裁委員会の仲裁は、この法律に別段の定めのない限り、仲裁委員会を仲裁人とみなして民事訴訟法の規定が適用される（四一条）。仲裁委員会の仲裁判断は確定判決と同様の効果をもつ。

仲裁の受付件数は昭和四五年以来平成一一年度末までに、中央委員会で一件、審査会で四件にすぎない。

④　裁　定　裁定は、中央委員会の委員長および委員から選ばれる三人または五人の裁定委員（うち、一人

は弁護士となる資格を有することを要する）によって構成される裁定委員会によって行われる（四二条の二）。裁定には、責任裁定（四二条項の二以下）と原因裁定（四二条の二七以下）がある。

ⅰ　責任裁定　責任裁定は、公害に係る被害についての損害賠償をめぐって、当事者間に紛争が生じた場合に、賠償を請求する者からの申請に基づいて、裁定委員会が損害賠償の責任に関して下す裁定である（四二条の一二）。責任裁定は、裁定委員会が、裁判に類似した手続に従って、当事者間の審問（四二条の一四）、証拠調べ（四二条の一六）、事実の調査（四二条の一八）などを行い、裁定書に主文、理由を記載する形式で行われる（四二条の一九）。裁定書の正本が当事者に送達された日から三十日以内に当該責任裁定に係る損害賠償に関する訴えが提起されないとき、またはその訴えが取り下げられたときは、その損害賠償に関し、当事者間に当該責任裁定と同一の内容の合意が成立したものとみなされる（四二条の二〇）。責任裁定は行政処分ではないから、裁定に対しては行政事件訴訟法による訴えを提起することができない（四二条二一）。責任裁定の申請があった事件について訴訟が係属しているときは、受訴裁判所は、責任裁定があるまで、訴訟手続を中止することができる（四二条の二六）。

昭和四五年以降平成一一年度末までに、中央委員会が受け付けた責任裁定事件三四件、終結したものは三二件である。

ⅱ　原因裁定　原因裁定は、公害に係る被害についての損害賠償その他の民事上の紛争が生じた場合で、当事者の一方の行為が公害の原因であるか否か争いがあるときに、当事者からの申請に基づいて、裁定委員会が行う原因に関する裁定である（四二条の二七）。原因裁定は、責任裁定と同様な手続で行われる。原因裁定の申請に当たり相手方を特定できないやむを得ない理由があるときは、その被害を主張する者は、相手方を保留して申請することができる。この場合、裁定委員会は、相手方を特定させることが相当であると認めるときは、期間を定めて相手方の特定を命じ、期間内に相手方を特定できない場合には、原因裁定の申請が取り下げられたものとみなされる（四二条の二八）。原因裁定の場合、被害の真の原因を明らかにするため、委員会が審査を行うに当たり職権審査が認められている（四二条の二九、三〇）。しかし裁定自体は、加害行為と被害の因果関係の存否についての公の判断を示すものにすぎず、当事者間の権利関係を確定するものではない。したがって、原因裁定のあった場合、これに不服があっても、行政訴訟による訴えを提起できない（四二条の三三）。また、原因裁定を契機として、双方の合意が成立しなければ、改めて損害賠償等の訴訟を提起することになる。

原因裁定があつたときは、中央委員会は、遅滞なく関係行政庁の長や地方公共団体の長に通知し、公害の拡大を防止するための必要な措置について、これらの長に意見を述べることができる（四二条の三一）。

昭和四五年以降平成一一年度末までに、中央委員会が受け付けた原因裁定事件九件、このうち終結したものは八件である。

（3）　地方公共団体における公害苦情の処理

地方公共団体には公害苦情のための相談窓口が置かれている。市町村の市民相談所、都道府県の公害課などに公害苦情相談員が置かれ、住民の相談に応じ、公害苦情処理のため必要な調査、指導、助言をし、関係機関への通知その他苦情処理のため必要な事務を行う。全国の地方公共団体において公害苦情処理の事務に従事する職員の数は、一万三、〇八七人、このうち公害苦情相談員は三、一三五人（平成一〇年度末）おり、平成一〇年度に全国の地方公共団体の苦情相談窓口で受付けた公害苦情件数は、九万一、二九九件（平成六年度は七万二、一八九件）で、苦情の申立てから処理までに要した期間は、一週間以内が四万、五〇一件と最も多く、一カ月以内が一万三

図表Ⅴ－１　公害紛争処理制度の仕組み

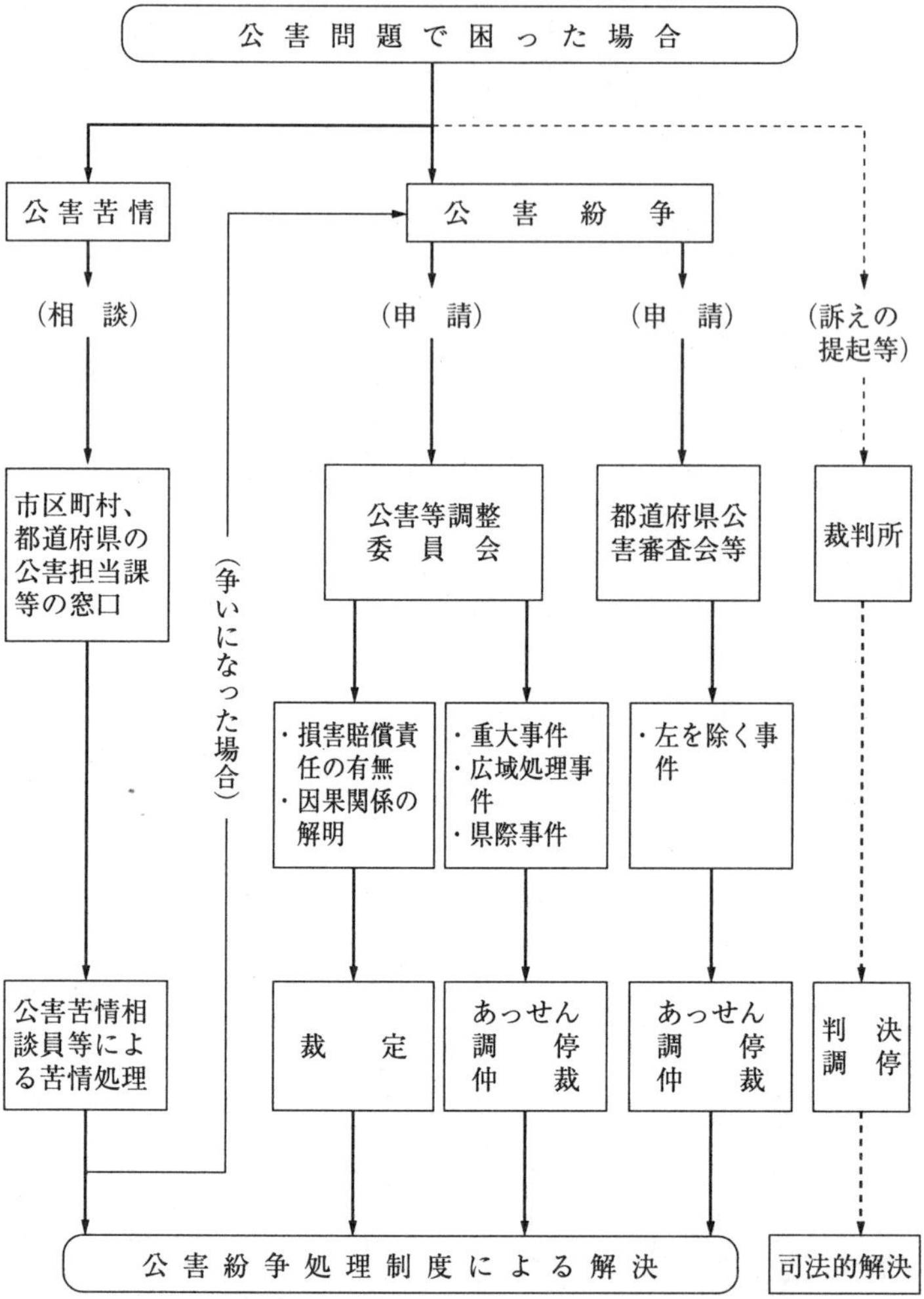

五六件、一年以内が三、七七五件、一年超が一、八九〇件となっている。また、苦情の処理結果に対する申立人の満足度は、一応満足が二万三、五〇七件、満足が一万一、九八一件、あきらめが三、六二五件、不満が二、三六六件となっている。（なお、**図表Ⅴ—1**「公害紛争処理制度の仕組み」を見よ）。

第二節　行政上の救済制度

（1）行政上の救済制度の必要性

環境破壊による被害の金銭的救済は、法制度上、裁判所に訴えて実現されるべきものである。しかし司法上の解決には多くの時間と費用が必要である。そこで行政上の簡易迅速な救済制度が要請される。環境基本法三一条二項は「国は、公害に係る被害の救済のための措置の円満な実施を図るため、必要な措置を講じなければならない。」と規定し、公害健康被害の補償等に関する法律が制定されている。

（2）公害健康被害の補償等に関する法律の概要

⑴　法律の目的

公害健康被害の補償等に関する法律（昭和四八・一〇・五）は、法律の目的を、「事業活動その他人の活動に伴って生ずる相当範囲にわたる著しい大気の汚染又は水質の汚濁の影響による健康被害に係る損害を填補するための補償並びに被害者の福祉に必要な事業及び大気の汚染の影響による健康被害を予防するために必要な事業を行うことにより、健康被害に係る被害者等の迅速かつ公正な保護及び健康の確保を図ることを目的とする」（一条）と規定している。

(2)　地域および疾病の指定

①　第一種地域　第一種地域とは、事業活動その他人の活動に伴って生ずる相当範囲にわたる著しい大気の汚染が生じ、その影響による疾病が多発している地域として政令で定める地域をいう（二条一項）。指定疾病は原因物質との因果関係の特定が困難なもので、気管支ぜん息肺気腫などの大気の汚染に起因する疾病である。地域としては、千葉市南部臨海地域や大阪市およびその周辺など四一地域が指定されていたが、昭和六三年三月に第一種地域の指定がすべて解除され、新たな患者の認定は行われておらず、健康被害予防事業が実施されている。

②　第二種地域　第二種地域とは、事業活動その他人の活動に伴って生ずる相当範囲にわたる著しい大気の汚染または水質の汚濁が生じ、その影響により、当該大気の汚染または水質の汚濁の原因である物質との関係が一般的に明らかであり、かつ、当該物質によらなければかかることがない疾病が多発している地域として政令で定める地域をいう（二条二項）。指定されている疾病は、原因物質との因果関係が明らかなもので、水俣病、イタイイタイ病、慢性砒素中毒症などであり、地域としては、阿賀野川下流地域（水俣病）、神通川下流地域（イタイイタイ病）、島根県笹ヶ谷地区（慢性砒素中毒症）、水俣湾沿岸地域（水俣病）、宮崎県土呂久地区（慢性砒素中毒症）の五地区が指定されている。

(3)　公害病の認定

公害病の認定は、患者の申請に基づき、管轄都道府県知事または政令で定める市の長が、公害健康被害認定審査会の意見を聞いて、行う（四条以下）。公害健康被害認定審査会は、第一種地域または第二種地域をその区域に含む都道府県または政令で定める市に置き、委員十五人以内で、医学、法律学その他公害に係る健康被害の補償に関し学識経験を有する者のうちから、都道府県知事または政令で定める市の長が任命する（四四、四五条）。

(4)　補償給付

①　療養の給付および療養費　　都道府県知事の認定を受けた被認定者には、公害医療手帳が交付され、これを提示することにより、全国いずれの公害医療機関においても無料で療養の給付を受けることができる（一九、二〇条）。ただ特別の事情によりこのような公害医療機関において療養の給付を受けられない場合は、療養の給付に代えて、療養費を支給する（二四条）。

②　障害補償費　　都道府県知事は、その認定を受けた被認定者に対し、公害健康認定審査会の意見をきいて、その障害の程度に応じた障害補償費を支給する（二五条）。これは、逸失利益相当分に慰謝料的要素を加えたものである。このため一五歳未満の者にはこの補償はなされない。

③　遺族補償　　都道府県知事は、その認定を受けた被認定者が当該認定に係る指定疾病に起因して死亡したときは、公害健康認定審査会の意見をきいて、遺族補償費を支給する（二九条）。この補償は死亡者の逸失利益相当分および遺族固有の精神的損害相当分として支給される。遺族補償費を受けることのできる遺族は被認定者または認定死亡者の配偶者、子、父母、孫、祖父母および兄弟姉妹であって死亡者により生計を維持していたもの（配偶者を除き六〇歳以上あるいは一八歳未満の者）が一〇年を限度として受けることができる。その補償額は、遺族補償標準給付基礎月額として定められた額をいう。

④　遺族補償一時金　　都道府県知事は、その認定を受けた被認定者が当該認定に係る指定疾病に起因して死亡した場合において、その死亡の時に遺族補償費を受けることができる遺族がいないときは、公害健康認定審査会の意見をきいて、遺族補償一時金を支給する（三五条）。この一時金の額は、遺族補償標準基礎月額に相当する額に政令で定める月数（三六ヶ月）を乗じた額である。

⑤　児童補償手当　都道府県知事は、その認定を受けた被認定者で一五歳未満の者に対して、当該被認定者を養育している者の請求に基づき、公害健康認定審査会の意見をきいて、その障害の程度に応じた政令で定める額の児童補償手当を支給する（三九条）。これは、慰謝料的要素の補償である。

⑥　療養手当　療養給付を受けている者について、その病状の程度に応じた政令で定める額の療養手当を支給する（四〇条）。その額は概ね三万三、〇〇〇円ないし二万一、一〇〇円である。

⑦　葬　祭　料　公害認定患者が、認定に係る指定疾病に起因して死亡したときは、葬祭を行う者の請求に基づき、政令で定める額（施行令二四条、約六五万円）の葬祭料を支給する（四一条）。

(5)　公害保健福祉事業

都道府県知事または政令で定める市の長は、指定疾病によりそこなわれた被認定者の健康を回復させ、その回復した健康を保持させ、および増進させる等被認定者の福祉を増進し、ならびに第一種地域または第二種地域における当該地域にかかる指定疾病による被害を予防するために必要な公害保健福祉事業を行うものとする（四六条）。公害保健福祉事業は、リハビリテーションに関する事業、転地療養に関する事業、家庭療養のための器具（特殊ベッド、空気清浄器など）の貸付や支給、家庭における療養の指導、その他環境大臣が政令で定めた事業である。

（3）　公害健康被害予防協会と公害補償費の負担

(1)　公害健康被害予防協会

公害健康被害予防協会は、ばい煙発生施設等設置者からの汚染負荷賦課金の徴収および特定施設等設置者からの特定賦課金の徴収、都道府県・政令で定める市に対する納付金の納付ならびに大気の汚染の影響による健康被害を予防するために必要な事業及びこれを行う地方公共団体等に対する助成金の交付に関する事務を行うことを目的とする（六八条）。

協会は、法人とし、主たる事務所を東京都に置く（六九、七〇条）。協会には、会長一人理事三人以内、監事一人を置き、会長および監事は環境大臣が任命し、理事は、環境大臣の認可を受けて、会長が任命する（七六条）。協会には、会長の諮問に応じ、協会の業務の運営に関する重要事項を調査審議するため、評議員会が置かれ、評議員会は評議員二十人以内で組織される（八五、八六条）。

⑵　公害補償費の負担については、すでに述べた（本書七五頁を見よ。）。

（4）　不服申立て・訴訟

認定または補償給付の支給に関する処分に不服がある者は、その処分をした都道府県知事に対し、異議申立てをすることができる（一〇六条一項）。認定または補償給付の支給に関する処分に不服がある者のする審査請求は、公害健康被害補償不服審査会に対してしなければならない（一〇六条二項）。認定または補償給付の支給に関する処分の取消しの訴えは、当該処分についての審査請求に対する公害健康被害補償不服審査会の裁決を経た後でなければ、提起することができない（一〇八条）。

公害健康被害補償不服審査会は、環境大臣の所轄の下に、委員六人をもって組織され、うち三人は非常勤、両議院の同意を得て環境大臣が任命する。任期三年。会長は、委員の互選によって、常勤の委員のうちから定められる（一一一条以下）。

第六章　環境行政の組織

環境法はすべての行政分野に関連する横断的性格を有するが、行政組織の縦割構成は、環境法の基本的性格を制約しているということができる。環境行政の組織は、他の行政組織と同様に、国の行政組織と地方公共団体の行政組織に別けられる。

（1）　環境省の組織

環境省は、内閣の統括の下にある、環境行政に関する国の行政機関である。昭和四六年七月に環境庁が設立され、平成一三年一月に環境省に昇格した。

環境省の長は環境大臣であり（設置法四条）、副大臣一人、大臣政務官一人が置かれ（行組一六条、一七条、別表第三）、さらに事務次官一人、秘書官が置かれる（行組一八条、一九条）。また、審議会として、中央環境審議会と公害健康被害補償不服審査会が置かれ（設置法六条）、特別の機関として公害対策会議が置かれる（九条）。

環境省には、その所掌事務を遂行するため、内部部局が置かれる。内部部局は大臣官房、総合環境政策局、地球環境局、環境管理局および自然環境局の五つ別れている。

①　大臣官房（一五四人）　四人の審議官、秘書課、総務課、会計課で構成される。大臣官房内の別部署として、廃棄物・リサイクル対策部があり、これは企画課、廃棄物対策課、産業廃棄物課で構成されている。

②　総合環境政策局（一二五人）　環境省の筆頭局。別部署として環境保健部がある。局内は、総務課、環境計画課、環境経済課、環境影響評価課で構成され、環境保健部は企画課、環境安全課で構成されている。

③　地球環境局（六六人）　地球環境局は、総務課、環境保全対策課、地球温暖化対策課で構成されている。

④　環境管理局（一三〇人）　環境管理局の別部署として水環境部がある。局内は、総務課、大気環境課、自動車環境対策課で構成され、水環境部は、企画課、水環境管理課、土壌環境課で構成されている。

⑤　自然環境局（三五七人）　総務課、自然環境計画課、自然公園課、自然環境整備課、野生生物課で構成されている。なお、出先機関として全国一一地区に自然保護事務所が設置され、その下に、六五ヶ所の自然保護官（レンジャー）事務所がある。

⑥　付属機関等　付属機関として国立水俣病総合研究センター（二九人）があり、また、個別法に基づく審議会として自然環境保全審議会、瀬戸内海環境保全審議会、臨時水俣病認定審査会が置かれている。

（2）　所 掌 事 務

環境省は、良好な環境の創出および保全等を重要な任務とし、自然環境保全、地球環境保全、公害防止、廃棄物対策等を主要な行政機能とし（省庁改革基別表第二）、地球環境保全、公害の防止、自然環境の保護および整備その他の環境の保全（良好な環境の創出を含む）を図ることを任務とする（設置法三条）。

環境省は、その任務を達成するため、所掌事務が定められているが（設置法四条）、主なものを挙げれば次の通りである。

i　環境保全に関する基本的な政策の企画、立案ならびに推進をすること。

ii　関係行政機関の環境保全に関する事務の調整を行うこと。

iii　環境基本法に基づく内閣総理大臣の権限行使（公害防止計画の作成の指示と承認など）を補佐すること。

iv　環境基本法に規定する環境基準を設定すること。

v　公害の防止のための規制を行うこと。
vi　自然環境保全、自然公園、温泉、野生動植物の種の保存・保護その他自然環境の保護・整備に関する事務を行うこと。
vii　廃棄物の排出の抑制および適正な処理を行うこと。
viii　皇居外苑、京都御苑および新宿御苑ならびに千鳥ケ淵戦没者墓苑の維持・管理を行うこと。
ix　公害に係る健康被害の補償および予防を行うこと。
x　所掌事務に係る国際協力を行うこと。

(1)　部局別所掌事務

主なものを挙げれば次の通りである。

①　大臣官房　　秘書課＝職員の任免その他の人事など。総務課＝環境省の保有する情報の公開、環境省の所掌事務に関する総合調整（政策評価広報課に属するものを除く）など。会計課＝省の予算案の総合調整や会計監査など。政策評価広報課＝環境保全に関する政策の企画・立案に係る総合調整、環境省の政策の評価など。

②　廃棄物・リサイクル対策部　　企画課＝廃棄物・リサイクル対策部の所掌事務に関する総合調整、環境保全に関する基本的な政策の企画・立案・推進など。廃棄物対策課＝一般廃棄物の排出の抑制・適正な処理など。産業廃棄物課＝特定有害廃棄物等の輸出入・運搬・処分の規制、産業廃棄物の排出の抑制・適正な処理など。

③　総合環境政策局　　総務課＝総合政策局の所掌事務に関する総合調整、環境の保全に関する基本的な政策の企画・立案・推進（他の部局に属するものを除く）など。環境計画課＝環境基本計画、公害防止計画の策定の指示・同意、環境白書の発行など。環境経済課＝環境の保全に関する基本的な政策の企画・立案・推進（事業者等

が行う取組の推進に係るものに限る)、公害防止事業に要する費用の事業者負担に関する制度、環境教育・学習、環境事業団の監督など。環境影響評価課＝環境影響評価に関する基準等の策定・審査など。

④　環境保健部　　企画課＝環境保健部の所掌事務に関する総合調整、環境保全に関する基本的政策の企画・立案・推進（発生機構が未解明な化学物質汚染の防止のために行うもの）、関係行政機関の事務調整、公害健康被害補償および予防など。環境安全課＝有害化学物質の量の把握・管理の改善の促進に関する基準等の策定など。

⑤　地球環境局　　総務課＝地球環境局の所掌事務に関する総合調整、地球環境保全に関する基本的な政策の企画・立案・推進など。環境保全対策課＝南極地域の環境保護、オゾン層の保護、海洋汚染、酸性雨などに関する基準等の策定・規制など。地球温暖化対策課＝温室効果ガスの排出に関する基準等の策定および規制など。

⑥　環境管理局　　総務課＝環境管理局の所掌事務に関する総合調整、大気の汚染に係る環境基準・ダイオキシン類環境基準の設定、ダイオキシン類による環境汚染の防止、自動車排出ガス・自動車騒音の許容限度・自動車の燃料に関する許容限度の設定など。大気環境課＝騒音に係る環境基準の設定、騒音・振動・悪臭に係る公害防止のための規制など。自動車環境対策課＝自動車交通に起因して生ずる大気汚染・騒音・振動の防止のための規制など。

⑦　水環境部　　企画課＝水環境部の所掌事務に関する総合調整、環境保全に関する基本的な政策の企画・立案・推進（水・土壌・地盤に係るもの）、水質の汚濁に係る環境基準・水質の汚濁に係るダイオキシン類環境基準の設定など。水環境管理課＝水質の汚濁の防止のための規制、下水道その他の施設による排水の処理に関する基準等の策定および規制など。土壌管理課＝地下水の水質の汚濁・土壌の汚染に係る環境基準・ダイオキシン類環境基準の設定、地下水の水質の汚濁・土壌の汚染・地盤沈下の防止のための規制など。

図表VI—1　環境省機構図

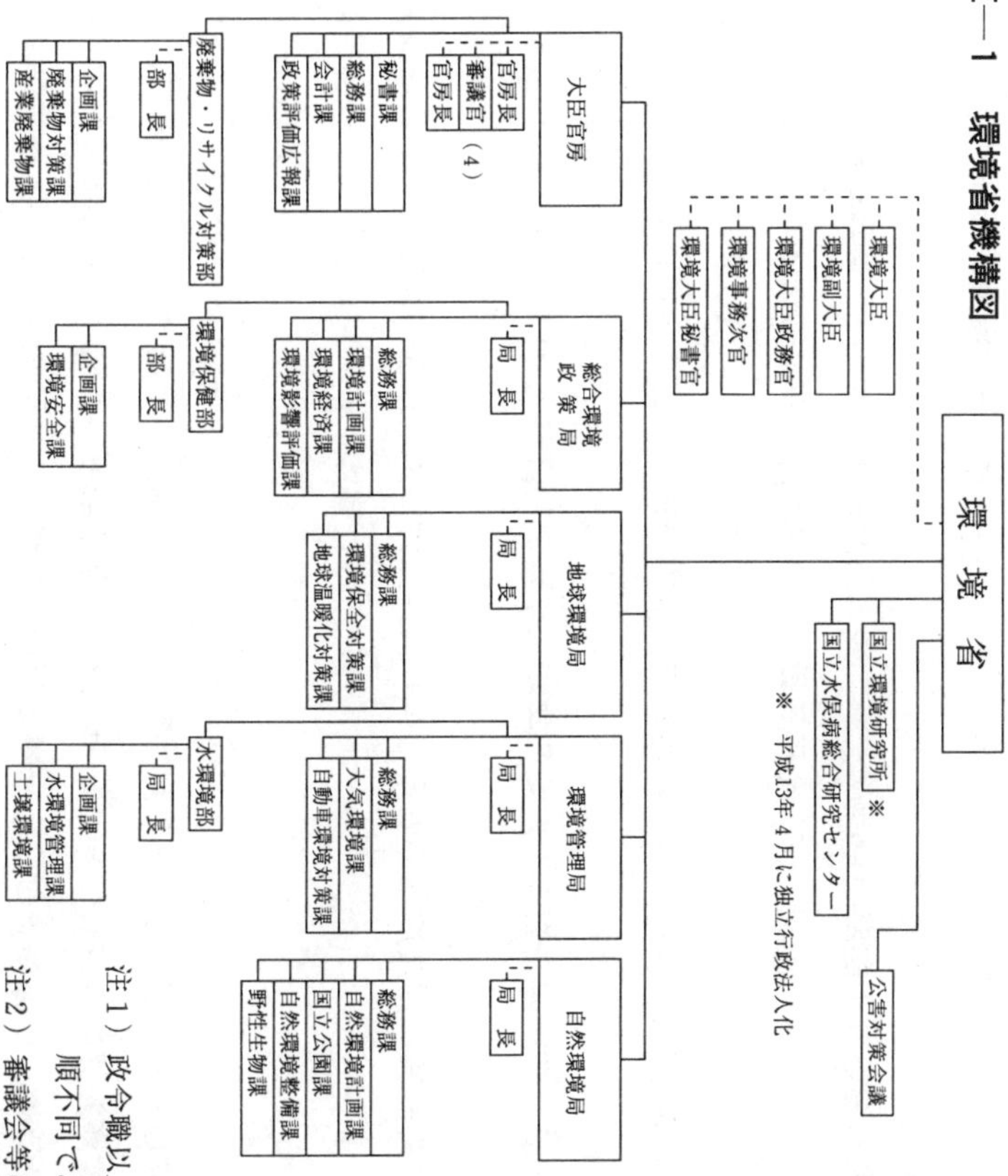

注1）政令職以上の主要組織のみを示しており、順不同である。
注2）審議会等は除いている。
第一法規『新中央省庁機構図』（平12）より

⑧　自然環境局　総務課＝自然環境局の所掌事務に関する総合調整、自然環境の保護・整備に関する基本的な政策の企画・立案・推進、皇居外苑・京都御苑・新宿御苑・千鳥ケ淵戦没者墓苑の維持管理など。自然環境計画課＝自然環境保全基本方針、景勝地・休養地・公園の整備、生物の多様性の確保、河川・湖沼の保全に関する基準等の策定および規制など。国立公園課＝国立公園の保護および整備。自然環境整備課＝自然公園に関する公園事業などに係る施設の整備に関する助成・指導・当該施設の工事の実施、温泉の保護・整備など。野生生物課＝野生動植物の種の保存、野生鳥獣の保護、狩猟の適正化など。

(2)　他省庁の権限

環境行政に関する権限は各省庁にも分散している。

公害等調整委員会　公害等調整委員会設置法により、公害紛争処理法と鉱業法の定める事件を扱う（三条、四条）。

総務省　調査官による環境問題に関する調査、資料の収集・整理、地方税、地方交付税、地方債による環境への配慮。

経済産業省　有害廃棄物の輸出入、希少野生動物の輸入、リサイクル、地球温暖化対策など。

厚生労働省　廃棄物など。

農林水産省　農林畜産水産関係・国有林などの環境保全。

国土交通省　都市計画、下水道、都市公園、飛行場、港湾など運輸関係の環境保全、国土利用対策による環境保全。

警察庁　公害罪その他環境関連犯罪。

防衛庁　防衛施設に関連する環境対策。
文部科学省　環境教育・環境学習、原子力、科学技術。
外務省　条約、国際会議。
財政省　財政、国税の観点から環境保護のための助成。

(3)　特殊法人・公益法人

環境行政に関連する特殊法人・公益法人として、次のものを挙げることができる。
① 環境省・農林水産省・経済産業省・国土交通省の監督＝特殊法人：環境事業団。
② 環境省の監督＝特殊法人：公害健康被害補償予防協会。
③ 大臣官房関係＝財団法人：水と緑の惑星保全機構
④ 企画調整関係＝社団法人：環境情報科学センター。財団法人：環境科学総合研究所、環境調査センター、日本環境協会、環境情報普及センター、地球・人間環境フォーラム。
⑤ 地球環境局関係＝社団法人：海外環境協力センター。財団法人：緑の地球防衛基金、イオングループ環境財団、地球環境センター。
⑥ 自然環境局関係＝社団法人：日本地熱調査会、日本庭園協会、日本温泉協会、富士自然動物園協会、十和田湖国立公園協会、ゴルファーの緑化促進協会、日本アルパイン・ガイド協会、日本歩け歩け協会、国民宿舎協会、全日本狩猟倶楽部、日本ナショナルトラスト協会。財団法人：国立公園協会、日本釣振興会、国民休暇村協会、日本野鳥の会、日本自然保護協会、東海財団、国民後援協会、尾瀬勤労者休暇センター、自然環境研究センター、地球環境財団、海中公園センター、自然公園美化管理財団、中央温泉研究所、世界自然保護基金日本委員

会、日本鳥類保護連盟、長尾自然環境財団、自然保護助成基金。
⑦　環境管理局関係＝社団法人：大気環境学会、日本環境測定分析協会、日本騒音制御工学会。財団法人：日本環境衛生センター。
⑧　水環境部関係＝社団法人：日本の水をきれいにする会、日本水環境学会、瀬戸内海環境保全協会、日本環境技術協会。財団法人：海洋生物環境研究所、国際湖沼環境委員会。

（3）　定員と経費

職員定数は、平成一三年一月環境省発足時で、一般職一、一三一人である。国立環境研究所（定員二七〇人）は平成一三年四月に独立行政法人となった。平成一一年度の環境保全経費の規模は、総額三兆二一三億円で、前年度の当初予算に比べ、二、九九一億円、一一パーセントの増となっている（**図表Ⅵ—2**を見よ。）。

（4）　地方公共団体の環境行政担当職員

都道府県・政令指定都市については、平成一一年三月末現在、公害等（廃棄物、下水道関係を除く。市町村についても同じ。）担当職員数は六、三九九人、自然保護担当職員数は二、一三七人となっている。また、市町村については、平成一一年三月末現在、公害等専門部局課（室）を有している市町村は五四〇団体であり、これらの市町村を合計すると全市町村の約二四パーセントとなる。

ちなみに、平成一〇年度において、地方公共団体が支出した公害対策経費（地方公営企業に係るものを含む。）は、六兆九七三億円（都道府県一兆三、四五五億円、市町村四兆七、五一八億円）となっている。公害対策費の内訳は、公害防止事業費が五兆七、〇六二億円、一般経費（人件費等）が一、七七三億円であり、さらに公害防止事業費の内訳は下水道整備事業費が四兆四、八五六億円（構成比七三、六パーセント）、廃棄物処理施設整備事業費が九、

図表 VI－2　省庁別環境保全経費（当初）

（単位：百万円）

省　庁　名	平成11年度予算額	平成12年度予算額	比 較 増 減 額
総　理　府	557,546	570,891	13,345
警　察　庁	365	787	422
公害等調整委員会	637	494	△143
北海道開発庁	105,851	107,631	1,780
防衛施設庁	95,234	90,295	△4,939
経済企画庁	133	109	△24
科学技術庁	207,905	212,424	4,519
環　境　庁	86,015	93,285	7,270
沖縄開発庁	36,302	36,794	492
国　土　庁	25,102	29,071	3,969
外　務　省	5,238	5,033	△205
大　蔵　省	1,980	1,771	△209
文　部　省	73,345	73,341	△ 4
厚　生　省	159,951	164,773	4,822
農林水産省	519,487	523,668	4,181
通商産業省	22,546	24,754	2,208
運　輸　省	68,168	69,586	1,418
郵　政　省	2,805	3,406	601
労　働　省	491	599	108
建　設　省	1,246,031	1,258,386	12,355
自　治　省	172	108	△64
内　閣　府	0	2,024	2,024
総　務　省	0	135	135
財　務　省	0	2	2
文部科学省	0	352	352
厚生労働省	0	30	30
経済産業省	0	1572	1,572
国土交通省	0	1352	1,352
環　境　省	0	4501	4,501
共　　　管	363,493	356,413	△7,080
合　　　計	3,021,254	3,062,696	41,442

注１：表中における計数には特別会計分が含まれる。

２：実施計画により配分される経費であって概算決定時に配分が決定しない経費は除いてある。

３：単位未満は四捨五入してあるので、合計と端数において一致しない場合がある。

４：共管の内訳は、平成11年度については科学技術庁分 122,043 百万円、通商産業省分 241,450 百万円、平成12年度については科学技術庁分 114,833 百万円、通商産業省分 241,580 百万円である。

資料：環境庁

七〇四億円（構成比一五、九パーセント）となっている。

第七章　外国の環境行政法

文献

環境調査センター編『各国の環境法』（昭五七・第一法規）、東京海上保険株式会社編『環境リスクと環境法（欧州・国際編）』（平八・有斐閣）、国際比較環境法センター）、国際比較環境法センター編『世界の環境法』（平八・国際比較環境法センター編『主要国における最新廃棄物法制』（平一〇・商事法務研究会）

M. Kloepfer/E. Mast, Das Umweltrecht des Auslandes (Schriften zum Umweltrecht, Bd. 55), 1955.

第一節　アメリカ

文献

畠山武道『アメリカの環境保護法』（平四・北海道大学図書刊行会）、東京海上保険株式会社編『環境リスクと環境法（米国編）』（平四・有斐閣）、畠山武道「アメリカ合衆国の環境保護法の動向」ジュリスト増刊『環境問題の行方』（平一一）

ロジャー・W・フレンドレー＝ダニエル・A・ファーバー（稲田仁士訳）『アメリカ環境法』（平四・木鐸社）

R.W. Findley/D.A. Farber, Environmental Law in a Nutshell, 5.

ed., 2000.; J.S. Kole/S. Nye (ed.), Environmental Litigation, 2. ed., 1999.

（1）基本的特色

(1) 国家環境政策に関する法律

アメリカの基本的な環境立法は一九六九年の国家環境政策に関する法律（National Enviromental Policy Act = NEPA）である。NEPAは、一方において、「人間とその環境との創造的かつ快適な調和」という環境政策の目標と原則を示し、他方において、環境保護の領域のための手続法として、連邦行政の権限と義務を定め、環境庁として環境質委員会（Council on Enviromental Quality = CEQ）を創設した。しかしNEPAは、ただ環境立法の枠組みのみを提供し、環境保護の手法は言明せず、唯一の執行手法として「環境影響分析」(Enviromental Impact Statement = EIS）を定めるにすぎない。

NEPAは、人間環境の質に影響を与える行為を行う主要な連邦政府の諸機関に対し当該行為の環境に対する影響を公開の場で審査分析することを義務づける。すなわち、すべての連邦政府の諸機関は、人間の環境の質に重大な影響を与える立法やその他の主要な連邦の行為のあらゆる勧告や報告の中に、次の事項の詳細な説明を記載しなければならない。

① 提案される行為の環境に及ぼす影響

② 提案が実施された場合、避けることができない環境上の悪影響

③ 提案される行為の代替案

④　人間環境の局部的、短期的な利用と長期的な生産性の維持、拡大との関係
⑤　提案される行為が実施された場合の不可逆的、復元不能な資源への侵害

NEPAは、連邦政府の諸機関にのみ妥当するが、そのほか多くの州については、州の法律による「環境影響分析」に関する規制がある。また、環境保護の手法として、NEPAは大統領が上院に対して環境の状況に関して年次報告をすべきことを義務づけている。また、NEPAには、例えば環境保護における協働、将来の世代に対する責任、環境目標の調和といった将来の環境立法が模範とすべき注目すべき言明が含まれており、あらゆる連邦行政庁がその計画立案および決定の際に生態的かつ学際的な問題に配慮すべきことが義務づけられ、環境に関連するあらゆる法律または連邦措置が環境に対する影響の説明を含まなければならないことが強調されている。

(2)　環境法の技術的性格と柔軟性

一般的にアメリカの環境法は、技術的な詳細度という点で、大きな特色がある。アメリカでは、非常に形式的な手続で成立するいろいろの基準があり、それらの技術的基準は、さまざまのユアンスの差がある抽象的な概念で示されており、しかも規範性が認められ、直接的な拘束力を有する。

技術的基準としては例えば、best conventional pollutant control technology（最善の通常汚染抑制技術）、best practicable control technology currently available（一般に利用できる最善の実行できる抑制技術）、best available technology（利用可能な最善の技術）、best available technology economically achievable（経済的に達成できる利用可能な最善の技術）、reasonable available control technology（合理的な利用可能な抑制技術）、best available demonstrated technology（利用可能な最善のものと証明された技術）などがある。

同時に、環境保護庁（Environmental Protection Agency＝EPA）が作成した排出基準ついては、施設経営者に選

択が認められ、環境法の規制に柔軟性がある点も大きな特色であるということができる。例えば、大気汚染排出権の取引（emissions trading）による通算のシステムがそれであり、原則として、四つのモデルが区別される。

①　ネッティング（netting）は、排出量の増減を合算して一定の範囲内に収まれば新規発生源審査の対象にならないとするもので、施設経営者に対し、発生源における認可の境界線を超える場合は、他の発生源における削減によって、ネットの増加を測り、認可境界線以下にすることを可能にするシステムである。

②　オフセット（offset）は、未達成地域（non-attainment-area）における新施設が排出限界値を超過していても、新た増加した排出量が既存の施設の操業停止等により相殺される場合は、新たな増加が認めれるというシステムである。

③　バンキング（banking）は、一定の基準値よりも排出を削減できれば、その権利を他人に売ったり、将来の使用のために貯蓄できるシステムである。

④　バブル（bubble）という考え方は、一定の地域内に複数の発生源がある場合に、区域全体がバブルで覆われていると仮定して、一つの基準の遵守を要求し、従って区域内の複数の発生源の間に、随意の排出限度を許容するというものである。

しかし他方において、手続面においては、命令—管理（command and control）という公法的方式、例えば認可、届出および報告義務が非常に重要な役割を果たしていることが注目されよう。

（2）　環境立法

代表的な法律としてNEPAがあるが、そのほか、いろいろの領域での個別的な環境法がある。

(1)　大気浄化法

大気浄化の領域では、一九五五年制定、一九七七年全面改正の大気浄化法（Clean Air Act）が最も重要である。大気浄化法は大気汚染を削減させるために制定された。その手法として、連邦大気環境基準（National Ambient Air Quality Standards＝NAAQS）と新しい施設および改変された旧施設についての新規発生源性能基準（New Souce Performance Standards＝NSPS）がある。

①　連邦大気環境基準は、環境保護庁（EPA）が国民の健康と福祉を守るために設定するものであり、各州は、環境基準を達成し、維持し、執行するために、州の実施計画（State Implementation Plan）を策定しなければならない。全アメリカは大気汚染状況を監視するための小地域（air quality control region）に区分され、各地域ごと各物質ごとにNAAQSの遵守状況が調査され、基準が達成されていれば達成地域（attainment area）、基準が達成されていなければ未達成地域（non-attainment area）と呼ばれる。

②　新規発生源性能基準は、環境保護庁が、新規に建設された固定発生源および改変された固定発生源に対して設定しなければならない性能基準であり、特定の発生源に対する直接的な排出限度を定めるものである。

以上のほか、この法律では、有害大気汚染物質に対する排出基準を設定することができる旨定め、自動車排出ガスに対する規制をすべきことを要求している。また、バブル政策が認められている。

(2)　騒音規制法

騒音規制に関する連邦法として一九七二年にNoise Control Actが制定されている。騒音規制法は全文一九条からなる短い法律であり、国民の健康または福祉を害する騒音から自由な環境を確保することを目的として、主として製造物（機械類）による騒音、航空機騒音、鉄道騒音、自動車騒音および輸入製造物による騒音の規制について規定を設けている。

⑶　放射線防止法

一九五四年のAtomic Energy Act および一九七四年の Energy Reorganization Act は放射線防止法の重要な規制である。これはアメリカの体系では環境法よりはエネルギー法を構成するものといえよう。一九六八年の Radiation Control Act および一九八二年の Nuclear Waste Policy Act は特別の法律の規制である。Nuclear Regulatory Commission（NRC）は連邦放射線防止行政庁であって、認可行政庁であるのみならず重要な規則制定権をもっている。

⑷　水汚染規制法

連邦水汚染規制法としては、連邦水質汚濁防止法（Federal Water Pollution Control Act＝FWPCA）がある。これは一九四八年制定の Clean Water Act が一九七二年に全面的に改正され、さらに一九七七年に大幅に改正されたものである。連邦水質汚濁防止法は、河川・湖および海浜の純粋保有という点で重要である。水汚染の規制の重点は、排出基準（effluent standards）と排出許可制度である。

排出基準では、個別排出源ごとの汚染物質の排出限度を定めているが、これは技術的基準に基づくものと水質基準に基づくものがある。技術的基準に基づく排出限度は全米統一の最低限の規制を行うための基準である。EPAは、汚染物質を通常の汚染物質（conventional pollutants）と有害物質（toxic pollutants）およびその他の汚染物質の三種類に分け、それぞれに適用される技術基準を定めている。技術基準による排出制限では、適切な水質の維持や汚染状況の改善ができない水域については、より厳格な水質基準が適用される。また、河川保護のための排出基準は年々段階的に強化され、汚染排出者のグループ毎に細分化されている。一九八七年以降、法律は違法な河川汚染について罰金（最高二五万ドルまで）を定めた。さらに、河川清浄化措置のための補助金の交付も定められ、六六年には総額三四億ドルの予算が組まれた。

規制の中心になっているのは、汚染物質の排出に関する全米汚染物質排出削減制度（National Pollutant Discharge Elimination System = NPDES）と呼ばれる許可制度である。これにより、アメリカの水域に汚染物質を排出する場合、EPAまたは州当局の許可が必要になった。航行可能な水域または海洋への排水についての許可制度は、産業の航行者については「利用可能な最善の技術」の遵守という要件を課し、特定の有害物質については「最善の通常技術」の適用という要件にランクが下げられた。

EPAに義務づけられている許可の付与の権限は原則として州に委託される。排水基準の作成はEPAによってなされ、いわゆる流出制限ガイドラインは年次段階的に強化され、五〇〇以上のグループに区別されている。

飲料水は一九七四年の安全飲料水法（Safe Drinking Water Act）の規制に服する。この法律は連邦統一的な飲料水基準を定め、公的水道システムについて規定する。EPAは、公的水道の浄化または処理技術についての基準を定める義務がある。かして例えば、一九八六年以降、配管に鉛を含んだ水道管は使用できなくなった。

海洋の汚染防止に関する主要な連邦法として、一九七二年の海洋の保護、調査および保護海域に関する法律（Marin Protection, Research and Sanctuaries Act）が制定されているが、この法律は、一般に海洋投棄規制法（Ocean Dumping Act）と呼ばれている。

さらに、一九九〇年の油濁法（Oil Pollution Act）は、生態的損害について、水浄化法（Clean Water Act）の責任規定を強化した。とくに法律は、原油一バレル当たり五セントの課税により、油流出責任信託基金が設立され、タンカーの事故について、加害者が不明または支払い能力のない場合に、一事故当たり最高五億ドルの損害除去費用の支出が認められる。さら法律は、新造のタンカーについて二重船殻を義務づけ、既存のタンカーについては二重船殻構造への改造実施期限を二〇〇〇年までとした。

その他、Port and Tanker Safety Act, Intervention on the High See Act, Marine Manmmel Protection Act, Wale-Whale Conservation and Protection Act, Antractic Conservation Act, Outer Continental Shelf Lands Act, Coastal Barrier Resources Act, Coastal Zone Management Act などの諸法がある。

(5)　廃棄物処理法

廃棄物処理については、一九七六年の資源保護回復法（Resource Conservation and Recovery Act＝RCRA）が、一九八四年に大幅に改正され、有害固形廃棄物修正法（Hazardous and Solid Waste Amendments of 1984）として成立している。資源保護回復法は、固形廃棄物、有害廃棄物、その取扱、再活用および除去に関して、廃棄物の発生者、輸送者ならびにそれらの廃棄物の処理、貯蔵および処分施設の所有者および管理者に対し、取扱および管理上の要件を課し、とくに有害廃棄物について、その発生から最終処分に至るまで（揺りかごから墓場までの原則：Cradle-to Grave-Prinzip）のあらゆる局面を捉えて、規制することを目的としている。この原則は特定の物質の全生産過程、使用過程および除去過程をコントロールすることを意味する。

(6)　有害化学物質規制法

一九七六年の有害化学物質規制法（Toxic Substances Control Act＝TOSCA）は、有害化学物質の規制を対象とする。調査を指示し、基準を定め、製造業者および加工業者に資料の公表を義務づけ、物資の輸入・輸出を規制する。さらに使用者に対して有害物資の廃棄または削減量ついて毎年報告する義務を定めている。

⑺　自然保護および土壌保護法

自然保護および土壌保護に関する連邦法としては、一九七六年のFederal Land Policy and Management Act, 一九九七年の Soil and Water Resources Conservation Act, Erodibel Land and Wetland Conservation Act, Surface Mining Control and Reclamation Act, Wilderness Act, National Park and Recreation Act などがあり、野生動物など種の保護については、Endangered Species Act, Fish and Wildlife Conservation Act, National Widlife Refuge Act などがある。

⑻　スーパーファンド法

一九八〇年に、包括的環境対処、補償および責任法（Comprehensive Enviromental Response, Compensation and Liability Act = CECLA）、通称スーパーファンド法が制定された。この法律は汚染物質の浄化に関連する問題の克服のために制定されたが、有害物質（hazardous substances）の排出の規制も対象にしている。その核心は、有害物質による汚染の浄化（Saniering）であり、有害物質の放出に責任ある者に対して汚染浄化および浄化費用の負担義務を課するとともに、税金に基づく巨額の有害物質信託基金（スーパーファンド）から資金を供給する点にある。基金は一九八六年の修正法により一六億ドルから八五億ドルに増額された。

（3）　環境行政

環境保護庁（Environmental Protection Agency）が一九七〇年に設立された。それは、大統領に所属する一〇の地方局をもつ中央省庁で、定員は一八、一〇〇人である。アメリカの環境政策を形成し、法律により広範な規則制定権が認められ、環境保護に関する連邦法の執行について権限を有する。また環境保護法の執行について行政罰を課し、民事および刑事裁判を提起する権限が与えられている。また、環境保護庁に認められている有効な手段として、環境アセスメントにおける他の行政庁の決定に対する拒否権がある。さらに、契約締結の禁止という間接的な指導的手法も認められている。

環境保護庁のほかに、環境質委員会（Council on Enviromental Quality＝CEQ）がある。環境質委員会は、環境問題に関する大統領の諮問機関であり、委員長と三人の委員から構成され、環境の質の改善を促進するための国家政策を立案し、大統領に勧告する勧告的機能を有する。

（4）裁　判

裁判はアメリカの環境法で重要な役割を演じている。とくにNEPAが、あらゆる個人に環境の質に対する責務を課したが、それは、個別領域の環境法において市民および団体に対し広範な訴訟可能性を認めるという点に現れている。この場合、原告は主観的な権利侵害を要求されないとされてきたが、近年、原告適格拡大に歯止めがかけられる傾向にある。

最高裁は、一九七三年六月一八日のUnited States v. Students Challenging Regulatory Agency Procedures事件の判決（412. U.S. 669（1973））において、「事実上の損害（injury in fact）の解釈に当たって、われわれは、原告適格は〝経済的な損害〟を証明することができる人に限定されないことを明らかにした。……また、われわれは、多くの人が同じ損害を分け合っているという事実は、実際に受けた損害を有する人を行政機関の行動の司法審査を求める資格がないとする十分な理由となることができないことを言明した。むしろわれわれは、審美的および環境上の利益は、経済的利益と同様に、われわれの社会における生活の質の重要な要素であり、そして特殊な環境上の利益は少数者よりも多数の者に配分されているという事実は司法プロセスを通して法的保護を受けることを認めないものではないことを明らかにした。」と判示した。

かくして市民は、環境保護法に違反したあらゆる人に対して訴訟を提起することができるのみならず、環境庁または他の行政庁がその義務を尽くさない場合には、環境庁または他の行政庁に対しても訴訟を提起することができる。これがいわゆる市民訴訟（citizen suits）である。一九八〇年代以降、法人に対する市民訴訟の数が著しく増加し、一九八八年には一、二〇〇件以上の市民訴訟が提起されたというレポートがある。一九七〇年の大気浄化法（Clean Air Act＝CAN）は、公衆の健康と環境を問題にした最初の広範な連邦規制プログラムであったが、それは、法人の排出基準または命令違反および環境保護庁の非裁量的義務の不履行に対し市民の訴訟の提起を認める規定を含んでいた。大気浄化法に続いて、Clean Water Act（CWA）, Toxic Substances Control Act（TSCA）, Resource Conservative and Recovery Act（RCRA）, Comprehensive Environmental Response, Compensation and Liability Act（CERLA）など、ほとんどあらゆる連邦環境法に同様の市民訴訟に関する規定が置かれた。

⑴　市民訴訟の類型

市民訴訟には二つの基本的な類型がある。一つは制定法の要件に違反する法人に対する訴訟であり、第二のタイプは非裁量的義務を履行しない政府に対する訴訟である。市民訴訟の規定は裁判権の限定的付与であるから、市民訴訟は明確な法違反の場合に認められる。例えば、水質浄化法では、排水基準または制限規定の違反に関してのみ市民訴訟が認められている。また政府に対する市民訴訟も特別で明白な法律要件の履行を求める訴訟に限定される。

⑵　原告適格

原告適格が認められるためには、伝統的に、具体的事件（concrete case）または争訟（contoroversy）の要件を具備する十分な利益または個人的な利害関係を有しなければならない、とされる。一般的に、原告の利益が、被告の行為によつて、明確な侵害を受けていなければならない。

一九七二年四月一九日の Sierra Club v. Morton 事件の判決（405 U.S. 727, 1972）において、最高裁は、Sierra Club は Sequoia National Forest 近くにおけるスキー・リゾート開発のための許可の発布に対して異議を申立てる原告適格を欠くと判示した。すなわち、「下級審の裁判所は環境保護または消費者保護の問題に組織的な利益があることを論証した団体に原告適格を与えたが、その構成員が損害を受けた環境保護団体は、その構成員を代表して司法審査のための訴訟を提起することができることは明らかである。しかし、たとい（リクレーションおよび環境の）利益が長年の利益であっても、また環境団体が問題を評価する資格があるとしても、単に〝問題に関心があるという利益〟は、APAの意味にいう環境保護団体に〝有害な影響を与え、または侵害をする〟というには十分でない。」と判示した。

一九七二年水質浄化法の市民訴訟に関する五〇五(g)条は、市民訴訟が認められる「市民」を、「有害な影響を受け、または受けるおそれのある利益を有する人または人々」と定義している。

一九七六年の Simon v. Eastern Kentucky Welfare Rights Org. 事件の判決（426 U.S. 26, S. Ct 1917）において、最高裁は、「原告の利益は、その絶対的な性質にかかわりなく、少なくとも、その請求が生ずる制定法上の枠組みによって保護されまたは規制される利益の範囲内にあることが論証できなければならない。」と判示した。

一九七九年四月一七日の Gladstone, Realtors et al. v. Village of Bellwood et al. 事件の判決（441 U.S. 91 S Ct 1601）において、最高裁は、「本質において、原告適格の問題は、訴訟当事者が裁判所をして訴訟または特殊な争点の本案を裁断せしめる資格を有するかどうかである。この審理は連邦裁判所の管轄権に関する憲法上の制約

および その行使に関する慎重な制約（prudential limitations）を含む。両者の局面において、それは、民主社会における裁判所の本来の―そして適切に制限された―役割についての重要性に基づくものである。」、「あるケースがこれらの憲法上の制限内にある場合すら、原告は慎重という原則のもとに原告適格を欠くことがある。この慎重という原則によって、司法は、いかなる個人的権利も保護されない広い社会的意義のある問題の裁断を避けることを求め、かつ特殊な請求を主張するに最も適している訴訟当事者に対し連邦裁判所へのアクセスを制限することを求めるのである。例えば、訴訟当事者は通常、あらゆる市民または大部分の市民に配分されている実質的に平等な手段よりもむしろ、彼自身に特有の、または彼がその一部である明確なグループに特有の損害を主張しなければならない。要するに訴訟当事者は第三者の利益よりも、自己自身の法的利益を主張しなければならないのである。」と判示した。

一九八二年一月一二日のVally Forge Christian College v. Americans United for Separation of Church and State 事件の判決（454 U.S. 464, S Ct 752）において、最高裁は、「当裁判所は、原告の申立が〝問題の制定法または憲法の保障によって保護され、または規制されている利益の範囲〟内にあることを要求する。」と判示した。

一九八八年一月一二日の Hazardous Waste Treatment Council v. EPA 事件の判決（861 F. 2d 277（D.C. Cir 1988））において、「普通、原告適格は二つの構成要素、すなわち憲法上のものと裁量によるものを含む。憲法上の原告適格については、原告は、申立てによる被告の違法な行為にまで十分さかのぼることができ、かつ、求められた救済によって償われる個人的な損害を主張しなければならない。裁量による原告適格については、原告は、普通、さらに、原告によって保護されるべきことを求められた利益は、問題の……制定法によって保護され、あるいは規制されている利益の範囲内にあることを証明しなければならない。」と判示した。

最高裁は、一九九二年六月一二日のLujan v. Defenders of Wildlife事件の判決（504 U.S. 555, 2130）において、原告適格のための三要件を示した。すなわち、「原告適格の憲法上の最小限は三要件を含む。第一は、原告は、事実上の損害（injury in fact）——ⓐ具体的かつ個別的な、ⓑ現実的または差し迫った、推測的または仮定的でないところの、法的に保護された利益の侵害——を受けなければならない。第二に、侵害と問題とされた行為の間に因果関係がなければならない。侵害は被告の問題の行動にまで十分さかのぼることができなければならず、裁判所に出廷しない第三者の独立の行動の結果であってはならない。第三に、単なる思弁的なものに対立するものとして、侵害は、有利な判決によって救済される見込みがなければならない。」と判示した。また、Friends of the Earth v. Laidlaw Enviromental Service（IOC), Inc.事件における二〇〇〇年一月一二日の最高裁判決は「憲法三条の原告適格要件を充足するためには、原告は、⒜具体的かつ特殊な、⒝現実的または差し迫った、推測的または仮定的でないところの、事実上の損害を受けたこと、⑵損害は被告の問題の行動にまで十分さかのぼることができること、⑶単なる思弁的なものに対立するものとして、損害は、有利な判決によって償われる見込みがあることを証明しなければならない。」と判示した。

最近のアメリカの最高裁判例は、わが国の「法律上保護された利益」説と同様に原告適格について厳格な解釈を示し、原告適格拡大に歯止めをかける傾向を示しているといえよう。

⑶　通　知　要　件

制定法の多くは、市民訴訟を提起する者は訴え提起の少なくとも六〇日前に、EPA、違反が生じた州の当局および違反者に対し、訴訟を提起する意向であることを通知しなければならない旨を規定する。この通知要件の趣旨は、行政による法実現の促進にあるといわれる。しかし、若干の制定法では、訴訟は通知後直ちに提起できるという例外的規定を置くものもある。

市民訴訟の通知規定が、裁判権の要件として機能するか、単なる手続規定であって治癒できるものであるか、については議論が分かれている。最高裁は、Hallstrom v. Tillamook County 事件において裁判権アプローチを支持した。裁判所は資源保護回復法の市民訴訟で通知を怠った場合は法律の文言に従って訴訟は却下されなければならないという厳格な解釈を示した。

第二節　イギリス

文献　磯野弥生「イギリスにおける環境保護法」国際比較環境法センター編『世界の環境法』(平八・国際比較環境法センター)

(1)　環境行政

制度的レベルでは、一九七〇年に、国民の快適な生活環境の維持、創出を目的として、環境省(Department of the Environment = DoE)が設置された。定員は三、七〇〇。環境省は、環境法の中心的領域、すなわち大気清浄、廃棄物および汚水の除去、水管理ならびに空間計画について権限を有する。ウエールズについては "Welsh Office" がこの責任を負う。イギリスは中央集権的な行政機構になっているが、環境省は、限定的な固有の権限しか有しない。しかし、下級行政庁の決定に対する異議申立てについて決定をし、さらに自ら手続を行う権限を有する(いわゆるcall-in)。

環境省は、一九七〇年以来、Royal Commission Environmental Pollution による科学的な勧告を受ける。さらに環境省のもとに、一九八七年に設立された大気、水および土壌の領域について権限を有する国家汚染検査局（Her Majesty's Inspectorate of Pollution＝HMIP）がある。これは、既設の産業大気汚染検査局、放射性化学検査局および有害廃棄物検査局の三局を合体したもので、他の中央専門官庁とくにHealth and Safety Executive ならびにWaste Regulatory Authority と密接に協働する。自治体レベルでは、地方当局（local authorities）が各環境保護法の執行の責務を委託されていることが多い。なお、一九九五年に、環境省とは別個の新たに独立した環境庁（Environment Agency）が設立された。定員は一〇、〇〇〇人である。

（2）　環境保護の原則

イギリス法の特色は、一般に、法原理・原則よりは裁判実務にある。しかし、この点について、一九九〇年の環境保護法（Environmental Protection Act＝EPA）は二つの特色を有しているということができる。

第一は、環境保護法が予防的環境保護という原則を明確に強調したことである。

第二は、イギリスの環境政策の長年の特色であった行政と事業者との協働の原則が変化したということである。すなわち、以前は施設の許可および監督について誘導的協働的な行為形式がとられていたが、近年、新しい執行の哲学が arms-length-approach という表現で描かれ、行政実務の高権的―命令的性格が前面に押し出されるようになった。これとパラレルに、住民の認可手続への参加可能性が改善され、それがとくに一九八九年のElecticty Act によるいわゆる public inquity となった。また、一九九二年の Environmental Information Regulationsによる環境行政庁に対する情報請求権の承認も注目される。

（3） 権利保護

行政部の違法な措置に対する個人の利益の保護は、三つの状況に限定されている。High Court は、行政措置が権限を有しない行政庁によって行われていないか、行政庁の裁量の限界が超えられていないか、または公正な手続の原則に反していないか、を審査する。

原告適格は原則として一九八一年の Supreme Court Act 三一条により判断されるが、これは原告の十分な利益（sufficient interrest）という厳格な要件を要求している。また第三者が原告である場合、原告がその違反を主張する規範は個人の保護をも目的として規定している場合でなければならない。

総じて裁判所のコントロール密度は浅い。というのは、とくに事実審査が行われないからである。原則として裁判所は行政庁の代わりに自己の決定を置いてはならないとされている。とくに行政庁の措置の取消は原告が自己の権利を侵害された場合にのみ可能である。しかし裁判所は原告に対しコモンローの法的救済の主張を指示することができる。

イギリスの裁判所は環境盲目であるといわれる（Lord Justice Woolf, Are the Judiciary environmentally myopic ?, Environmental Law（Bulletion of the UKELA）1991, 74pp.）。また、第三者は、行政手続、例えば認可手続においても、何ら異議申立権も認められない。裁判所の権利保護の狭さについての修正は、Parliamentary Commissioner for Adminisiration というオンブズマン制によつてなされるが、市町村の場合は、市町村の決定についての訴願を決定する Commisioner for Local Administration がある。

（4） 環境立法

(1)　環境保護法

イギリス環境法の最も重要な部分をなしているのは、一九九〇年の環境保護法（Environmental Protection Act）である。環境保護法は、大気、水質、土壌を問わず、あらゆる環境媒体に対する汚染規制を目的とするもので、統合的汚染規制と特定工程に関する認可制を導入し、汚染物質排出の抑制を図った。環境大臣は、認可についての規制基準（regulations）を制定する権限が与えられ、その実質的な要件を規定しなければならない。認可については、いわゆる統合的汚染規制のシステムがとられる。

①　統合的汚染規制　統合的汚染規制（Integrated Pollution Control＝IPC）とは、最大の汚染源である産業施設から排出される汚染物質のすべてを一括して審査し、汚染の全体量の抑制を図るシステムである。統合的汚染規制が適用されるのは、環境に有害な危険のある産業施設であって、一九九一年のEnvironmental Protection (Applications, Appeals and Registers) Regulations の付録にそのリストが登載されている。すなわち、規制対象となる具体的産業は、i燃料および電力産業、ii金属産業、iii鉱業、iv化学産業、v廃棄物処理・リサイクル産業、viその他（パルプ・製紙業、塗装業、製材業、ゴム製造業等）であって、それはさらに、AクラスとBクラスとに区分され、Aクラスは総合的汚染規制のもとに国家汚染検査局が認可手続の実施の責任を負う。Bクラスの施設については、地方当局が権限を有し、自己の権限で大気汚染に関する規定についてのみ審査をする。

②　認可の基準　環境法上の認可の付与についての最も重要な要件として、技術条項の考慮がある。それは、いわゆる過大なコスト負担を含まない最大限の技術（best available techniques not entailing excessive costs＝BATNEEC）という基準である。この場合、全体的視点として、とくに最も実践的な環境選択（best practicable environmental option）の原則が重要である。また実務では、国家汚染検査局による指針（guidance note）が、法的拘束

力はないが、法律の解釈の補助として考慮される。

⑵　一九七四年の公害規制法

環境法では、一九七四年の公害規制法（Cntrol of Pollution Act＝CoPA）も重要である。それは包括的に産業施設に関連する環境保護を目指す法律である。一九九〇年の環境保護法（EPA）の発効によって、公害規制法は、重要性を失ったけれども、例えば騒音防止については依然として規制をしている。

⑶　廃 棄 物 法

廃棄物は、一九九〇年の環境保護法によって規制される。規制の重点は、環境に調和する廃棄物の処理の確保にある。公害規制法第一部では、廃棄物除去施設の認可手続が規制され、その実施は地域のカウンテイに委ねられる。最近、廃棄物除去施設の経営の民営化が行われ、廃棄物排出者または処理者について注意義務（duty of care）が課せられた。また公害規制法第二部では、地方当局が、古い廃棄物処理場の土壌の汚染を検査し、必要な場合、土地占有者は改善（Sanierung）をする義務を課せられる。土地占有者は、個人的に土壌汚染の原因者でない場合でも、原則として、費用負担者となる。

⑷　放射線防止法

放射線に関する新しい施設の承認およびその際必要な予防的配慮については、一九六五年の Nuclear Installation Act による規制を受ける。認可行政庁としては、Health and Safty Executive（HSE）がある。

⑸　水質汚濁防止法

水質汚濁防止法も全面的に改革された。第一段階は、一九八九年のWater Actであり、これは従来地方当局が行っていた水質の管理と運営を分け、管理については国立河川局（National River Authority＝NRA）に委ね、運営については民営化され、水会社に実施させることにした。その後、水に関する各種の法律を統合して、一九九一年水資源法、水産業法、水会社法、下水法、水統合法が制定された。第二段階は、五つの水の保護に関する法律の制定によって、一九九一年の水資源法（Water Resource Act）における統合が行われた。イギリスの場合、海洋汚染のコントロールも重要である。この規制は、海洋汚染の領域における多くの国際法上の協定によって、行われている。

(6)　自然保護法

自然保護は、一九八一年の Wildlife and Countryside Act の規制に従う。いわゆる Nature Counserancy Council はこの領域の行政機関であり、いわゆる Site of Special Sciantific Interrest（SSSI）の地域保護および指定について権限を有する。これが農業または林業に利用される場合は、占有者は利用の変更について行政庁に対する届出義務がある。行政庁は、企画が自然保護の利益を害するかどうかを審査するため、四か月の期間を必要とする。肯定される場合には、行政庁は占有者との和解に達することを試み、場合によっては補償の支払いによって利用を放棄することを勧告する。環境保護措置が土地利用の制限となる場合には、原則として補償を必要としない regulation と補償を必要とする expropriation との区別の問題が生じる。

(7)　全 体 評 価

イギリス環境法は、完結した法体系になっていないが、イギリスは過去五年間で少なくとも法律レベルでは著しい進歩を遂げ、今や、部分的には、ヨーロッパで先駆的地位を占めているということができる。

第三節　フランス

文献　金山直樹「フランスにおける大気汚染と悪臭防止法」、大塚　直「フランスにおける包装廃棄物の抑制・リサイクル政策」以上、国際比較環境法センター編『世界の環境法』（平八・国際比較環境法センター）

J-M. Woehrling, Umweltschutz und Umweltrecht in Frankreich, in: C. Welz/E. Eisenberg (Hrsg.), Aspekte des Umweltschutzes in Deutschland und Frankreich ――Ein Vergleich, 1996, S. 13ff.

（1）　一般的性格

フランス環境行政法は非常に技術的な性格をもった特殊な規律の集積である。この規律は分散して存在し、統一的な環境法の形にはなっていない。環境法に関する法律は一四〇、命令は八一七あるが、それでも環境法は存在しないといわれている。しかし、分散している環境法を統一的な基本原則に基づいて整序し説明する試みがなされている。環境法の原則としては、原因者原則、予防の原則、協定の原則、参加および情報の透明性の原則、公益性の原則を挙げることができる。

①原因者原則（Principle pollueur payeur）は環境法の最も重要な原則であり、その転換として多くの租税が導入され、管理機能よりは財政的機能を果たしているといわれる。②予防の原則は、環境の侵害はそれを事後に

除去する代わりに予防すべきであるという基本思想に基づくが、フランス環境法では予防の原則について明言していない。むしろ、③協定の原則が重要であって、行政庁と環境汚染者との協定、すなわち合意の形成が求められる。環境行政庁の弱さが、法的義務を貫徹させるためには、強制より説得が適しており、国家の補助金が刺激となると考えられている。④参加および情報の透明性の原則は、環境法手続の公開性に基づく。公開審査や環境保護団体の役割はここに法的根拠を有する。さらに文書閲覧を保障する一九七八年七月一七日の法律（Loi du 17 juillet 1987 sur la liberté d'accès aux documents administratifs）が重要である。公益上の理由または私的秘密の保護による一定の制限があるが、通常、情報請求権は誰にでも認められている。参加および情報の透明性は、国民の環境意識を強化し、環境保護に当たる行政庁の弱さを公衆の圧力によって埋め合わせる意義がある。さらに、⑤環境法の原則として、環境は共同の相続財産（patrimone commun）であるという理念がある。この理念は、市町村や土地所有権者に対する国家行政庁の侵害の正当化に資するし、水、森林、自然的空間などの自然資源の一定の社会化や自然保護のための公用制限を促進するといえよう。

（2）　手続的手法

フランスでは、環境法の統一のために、環境法の一般手続が展開されている。

①　環境保護のための公開審査　　公開審査（enquête publique）は手続的手法の最も重要なものである。それは、公法的であれ私法的であれ、環境を侵害するすべての施設の許可のための一般的手続である。公開審査の適用範囲は、あらゆる種類の労働、施設、何らかの設備または企業である。毎年数千の手続が実施される。手続の本来の対象は公開聴聞である。この聴聞の主宰者（commissasaire　enquêteur）は独立の審査官で、その独立性を確保するために、行政裁判所の長官によって任命される。公開聴聞を実施するために、当該書類は、複数の行政

庁において縦覧され、そこで何人も閲覧できる。縦覧される書類は、申請、その付録、関連行政庁の意見、ならびに環境影響評価および危険報告を含む一切の手続資料である。誰でも、文書または口頭で一般的利益および私的利益に関して異議を申立てることができる。あらゆる意見および異議申立てを集約した後、聴聞主宰者は、報告書を作成し判断を述べる。

公開聴聞の手続は、土地収用手続から発展したもので、一九八三年七月一二日の公開聴聞の民主化に関する法律によって改善された。しかしまだ十分でないとされている。主宰者が専門知識を有することが保障されていない、主宰者はその職務を消極的にしか行使しない、縦覧される書類は余りに技術的で理解しがたい、審理や討議はまれにしか行われない、聴聞主宰者の報告や意見には概要の理由が付されるにすぎない、この審査手続は決定手続にとってしばしば遅すぎる、ということが指摘されている。

以上の問題点は、フランス行政手続法の一般的性格でもある。フランス行政手続法は、主として、特定の国民の権利を保障することではなく、最も合目的的な決定をすることを目標とし、したがって手続の重点は、可能な限り広く利害関係者を手続に参加させることに置かれているのである。

② 環境影響調査　フランス環境法の第二の一般的手続は環境影響調査である。アメリカの模範に従い、一九七六年七月一〇日の自然保護法（Loi sur la protection de la nature）によって導入された。

環境影響調査は、環境に著しい影響を与えるプロジェクトについて、申請者が、プロジェクトの申請と同時に、行政庁に提出しなければならない正式の文書である。一九七七年の政令は、いかなるプロジェクトが環境影響評価を必要とするかを定めた。プロジェクトの環境影響調査義務の主たる基準は、建設費の限界（現在六〇〇万フラン＝一億五千万円）超過である。政令の付則にリストされている一定のプロジェクトは建設費にかかわりなく環境影響調査を必要とする。原則として、次の三つの事業は環境影響調査が義務づけられている。i公共事業、ii公的機関の許認可を必要とする民間事業、iii都市計画決定。

環境影響調査は少なくとも四つの点について調査しなければならない。

i当初の状態の調査、ii環境（大気、水、騒音、景観など）への影響の調査、iii具体的プロジェクトが意図された理由および代替案の間で選択が行われた方法、iv環境への影響を軽減するために予定される措置。

以上の調査は申請者（事業主体）自身が実施し、その費用も負担する。調査の妥当性については、県知事が最終的な決定を下す。環境影響調査が不十分な場合は、許可が拒否される。

③　特定施設の届出および許可　　フランス環境法の中で最も重要なものとして、一九七六年七月一九日の環境保護のための特定施設に関する法律（loi relation aux installations classées pour la protection de l' environnement）がある。この法律は、環境に有害なあらゆる施設についての規制を定めている。事業の危険性・有害性の程度によって、事業をクラスAとクラスDとに分け、そのリストは命令によって定められている。例えば、自動車、化学、鉄鋼、石油精製、廃棄物処理、医薬品、ガラスなどの事業で約六万ヵ所の施設がAの指定を受けており、紙・パルプ、印刷、木工、製菓、化粧品などの事業で約五〇〇万ヵ所がDに指定されている。特定施設に関する法律は、行政庁に対し非常に広い権限を与えている。クラスAの施設については県知事の許可なしに操業を開始することができない。許可を得るためには、県の審査や公開審査、環境影響調査の報告書などの手続を必要とする。許可申請について、県知事がアレテ（arreétés）により決定を行う。その場合、当該施設は、許可の際に環境省が定めた技術的基準に基づき特別の負担に服する。クラスDの施設については事前に書面で県知事に届出をしなければならない。これにより、当該施設は遵守しなければならない一般的規定に服する。

特定施設に関する法律が適用されない最も重要な例外は、原子力発電所である。フランスには原子力法は存在しない。原子力発電所の許可手続は命令で定められ、技術的指針および実体法的規定は主として行政規則またはその他の行政内部指針に定められている。フランスでは、法律よりも、権限ある監督行政庁の能力を重要視しているといえよう。

（3）　環境・生活基盤省

フランス環境法は、その適用と執行の点で必ずしも十分ではなく、そのための適切な行政機構が存在していないといわれる。一九七一年に環境省が創設され、一九七八年に環境・生活基盤省（Ministére de l'Environment et du Care de vie）という巨大省となった。しかし環境行政に当てられる部分には著しい変化はなく、その部分（以下、環境省という。）は最も小さく弱い省で、約五〇〇人の官吏と職員からなり、環境省の予算は、一九八〇年五二億フランで国家予算の〇・〇九パーセント、一九九〇年は八五億フランで国家予算の〇・〇五パーセントにすぎなかった。また、環境省には限定的な権限しか与えられていない。一九八九年まで、環境省は、核エネルギー安全の領域では権限を有せず、農業の領域でもほとんど権限がなかった。環境省の重要な権限は国立公園、自然資源などの自然保護および環境汚染に対する予防である。一九八九年には、環境省の権限が強化され、技術的リスクに対する安全の領域で権限をもち、限定的であるが原子力発電所の監督に参加している。さらに水管理の領域について一般的権限をもつにいたった。

環境省は多くの点で他の省庁に依存している。環境省の多くの官吏は他の省に属し、期限付きで環境省に出向している。官吏の昇進は原行政庁に依存していたが、最近一部は形式的に環境省に属することになった。このような改善にかかわらず、伝統的な省が大きな影響力を有し、各省は、その省の精神と伝統を受け継ぎ、特別の威信、名声、尊敬を受け、grands corps de l'Etat と呼ばれているが、新しい環境省にはそのようなものは形成されていない。

（4）　裁判所の権利保護

フランス法では、環境保護を求める原告適格を広く認めるが、環境汚染による被害者が裁判所で要求することができる権利保護の密度は不十分であるという点に、フランス環境法の特色があるといえよう。

(1)　民事裁判所

環境行政法上の許可は常に第三者の私法上の権利を留保して与えられている。したがって、許可条件を遵守していることは施設事業者を民事上の請求権から免責するものではない。フランス民事責任法は施設事業者の危険責任をかなり広く認めているといわれるが、次のような難点がある。損害と被告の行為または施設との直接的な因果関係の証明はしばしば困難を伴う。また環境侵害の金銭的評価も問題で、民事裁判所の環境損害の賠償額はかなり低いとされている。損害賠償請求訴訟は被害者が提起できるほか、環境保護団体も定款の目的を侵害された場合には損害賠償を請求することができる。

(2)　行政裁判所

フランス行政訴訟には環境訴訟に有利な多くの積極的な要素がある。

①　原告適格の範囲が広い。原告は権利の侵害を証明する必要がない。利害関係人はすべて行政決定を攻撃することができる。利害関係人は事実上の利益または法律上の利益を有することだけを証明すれば良い。この場合、ある程度特定できる利益で十分で、行政裁判所は、この利益の厳格な個別化または直接性を求めない。

②　団体訴訟も一般に承認されている。団体訴訟は濫訴とはならない。被害者が存在せず行政庁も何ら行動し

ない場合、訴訟を提起し法の貫徹を求めるのは環境保護団体である。
③　行政訴訟には訴訟費用が必要ないし、弁護士強制も制限されている。
④　行政訴訟では取消訴訟と行政責任訴訟を併合することができる。
⑤　原告は自己の権利または利益に関係のない違法も主張することができる。
⑥　特定施設に関する法律では、行政裁判所は、特定施設の許可を取消すことができるだけでなく、許可に条件（負担）を付し、または条件（負担）を緩和するなど許可を変更することができる。この法律の適用においては、裁判所の裁量は、とくに広く認められている。

環境訴訟の消極的な点としては次のことを挙げることができる。
①　環境訴訟の数は非常に少なく、全訴訟の四パーセントにすぎない。訴訟は長期化しており、第一審の判決まで平均三年を要するといわれる。訴え提起には処分執行の停止効はない。
②　フランス行政訴訟の特色は、手続法的コントロールを重要視し、実体法的争点すなわち行政決定の適法性の問題に解決を与えないことが多い、という点にある。例えば、許可が手続法的理由で取消されても、ただちに新しい許可に代えることができるし、複雑な環境法の手続では、判決は、全プロジェクトの小さな部分にしか関連せず、許可が取消されても事業は続行される。
③　裁判所のコントロール密度は十分厳格とはいえない。審査は大抵書面審査に限定されるし、専門技術的判断が問題になる場合は審査権の行使は消極的である。

フランス環境法は、本来、環境保護の法ではなく、環境汚染をコントロールする法である。その基本的な傾向は、自然資源の搾取を許し促進する法秩序を修正することである。しかし、このようなフランス法の基本的原則は、近年、修正される傾向にあるということができる。すなわち、環境に危険をもたらす特定施設に関する法律においては、客観的であるが結果的には形式的な適法性コントロール（広いが浅い権利保護）の原則は制限され、全面的な裁判所のコントロールが行われる傾向を示してきているといえよう。

（5）　環境立法

公害規制法の領域では、次の二つの法律が中心的地位を占めている。一つは、一九七六年の環境保護のための特定施設に関する法律（Loi relative aux installations classées pour la protection de l'environnement）と他は、一九六一年の大気汚染及び臭気の克服に関する法律（Loi cadre relative à la lutte contre les pollutions atomosphériques et les odeurs）である。

自然保護に関する包括的規制を含むものとして、一九七六年の自然保護に関する法律（Loi relative à la protection de la nature）があり、水資源保護については、一九六四年の水の管理及び配給、及び汚染の克服に関する法律（Loi relative au régime et à la réparation des eaux et à la lutte contre la pollution）、廃棄物処理法として、一九七五年（一九九五年改正）の廃棄物処理及び物資の再生に関する法律（Loi relative a l' elimination des déchetsetà la récupération desmatériaux）、危険物資の中心的な規制として、一九七七年の化学製品のコントロールに関する法律（Loi sur le contrôle des produits chimiques）がある。

第四節　ドイツ

文献　山下竜一「西ドイツ環境法に於ける事前配慮原則（1）（2）完」

法学論叢一二九巻四、六号（平三）、藤田宙靖「ドイツ環境法典草案について」自治研究六八巻一〇号（平四）、春日偉知郎ほか「ドイツ環境責任法」判例タイムズ七九二号（平四）、井坂正宏「環境親和性審査とドイツ行政法」自治研究七〇巻二号（平六）、松村弓彦「ドイツ新循環型経済・廃棄物法」ジュリスト一〇六二号（平六）、山田　洋「ドイツに於ける『産業廃棄物』処理制度」西南法学二七巻四号（平六）、勢一智子「ドイツ環境行政手法の分析」法政六二巻三・四号（平八）、ミヒアエル・クレプアー／神橋一彦訳「ドイツ環境法の法典化について」金沢法学三九巻一号（平八）、藤原静雄「ドイツ環境情報法（一）～（七・完）」自治研究七二巻三号～七四巻六号（平八～一〇）、ライナーピッチャス／藤原静雄訳「ドイツにおける環境情報法の成立、その大要及び適用」自治研究七四巻一一号（平一〇）、松村弓彦「ドイツ環境法の動向」ジュリスト増刊『環境問題の行方』（平一一）、鎌野邦樹「ドイツ水環境法と生態環境」千葉大法学論集一五巻一号（平一二）

　W. Erbguth, Rechtssystematische Grundfragen des Umweltrechts, 1987; W. Hoppe/M. Beckmann, Umweltrecht, 1988; M. Kloepfer, Umweltrecht, 2.Aufl., 1998; R. Breuer, Umweltshutzrecht, in: Schmidt-Aßmann, BesVerwR, 11. Aufl., 1999.

(1) 目的

ドイツでは、とくに一九七〇年代から、市民の環境意識が非常に高揚し、環境汚染の克服が国家の中心的課題となった。現在、ドイツにおける環境損害は毎年二〇〇〇億マルク以上に達するといわれている。したがって、社会的、経済的、政治的領域で環境保護の努力がなされ、環境法にも重要な役割が期待されている。

環境法は、一九七一年の連邦政府の環境プログラムに基づき、環境の保護を目的とするものでなければならないが、環境の保護とは、環境リスクの削減および環境危険の防止、環境損害の除去および自然の機能能力と給付能力の回復ならびに環境のために必要な保護および形成の措置の実施である。

(2)　基本原則

環境法の基本原則は環境法の目的を実現するための法政策的原則である。それは、立法者によって導入されて、法原則となる。主たる原則として次のものが承認されている。

(1)　事前予防の原則

事前予防の原則（Vorsorgeprinzip）は現代環境法政策の実質的典型と見られている。それは直接的に環境の質の改善を目標とする。すなわち、先見的行為によって環境負荷の発生を予防し、資源との思い遣りのある付き合いによって生態的基礎を長期に亙って確保することを目標とする。実務的には、事前予防の原則は、次の基本テーゼに帰着する。

① 環境負荷は、原則として、増加させるべきでない。増加の疑いがある場合には、削減措置をとらなければならない。

② 許容されるインミッシオン値の確定は最新の科学技術を基準とすべきである。

③ 行政庁の措置は、有害性の確実な立証によるのではなく、有害性の蓋然性によるべきである。

④　環境利害は、あらゆる計画決定の際に、考慮されなければならない。予防的配慮の原則についての法律の規定は、とくに、環境影響評価法、インミッシオン防止法、水法、原子力法、化学物質法、計画法など、殆どあらゆる環境法の領域で見られる。

⑵　原因者原則

原因者原則（Verursacherprinzip）は伝統的な警察法にその起源を有する。それは、個別的な環境障害が誰の責任であるか、その除去または削減のために誰が義務を負うべきかについて定める。原因者原則は、環境負担の回避、除去および補償のための費用帰属の原則（Kostenzurechnungsprinzip）としても機能する。さらに、原因者原則は、命令・強制、環境税、民事上の差止め・損害賠償請求についても妥当するとされる。

⑶　協働の原則

協働の原則（Kooperationsprinzip）は、国家と社会（事業者、経済界、環境保護団体など）の協働、主として環境政策の意思形成および決定のプロセスへの社会の諸勢力の早期の参加によって、環境問題の解決に寄与しようとする。協働主義は、最近、次第に重要視されてきている。

（3）手　法

環境政策の目標および環境法の原則は、これを具体的な措置ないし数値に変換する必要があるが、そのために、いろいろの法的手法がとられる。

⑴　計画的手法

事前予防政策の手段としての環境計画は複雑な問題点の理解および環境利害と競合する目標や利害との調整を可能にする。専門計画と空間に関連する総合計画がある。専門計画は、大気、水または土壌の質の改善あるいは空港、道路、鉄道などのプロジェクトの実現に資する。それに対し、総合計画の任務は、具体的なプロジェクトと関係なく、したがって専門領域を越えて、先見的に、かつ、住宅、経済およびレクレーションなどの目的のための空間要求と調整して、一定地域の土地の利用を定めることである。空間関連の総合計画の策定は環境保護にとって非常に重要である。

(2)　秩序法的手法

秩序法的手法は一般行政法に基礎がある。これは、環境危険の直接の防止または環境障害の回避、削減または防止を対象とする。届出および通知義務、報告義務、安全確保義務、許・認可、改善命令、許・認可の取消処分その他の処分などがある。

(3)　環境影響評価

環境影響評価は環境法における事前予防の原則を実現する手続的手法である。環境影響評価は、アメリカの一九六九年の国家環境政策法に倣い、一九八五年のEUの環境影響評価に関する指令を受けて、一九九〇年に環境親和性審査に関する法律（Gesetz über die Umweltverträglichkeitsprüfung＝UVPG）として制定された。

環境親和性審査の目標は、できるだけ早期に住民と当該行政庁の参加のもとに、プロジェクトの許容性についての行政庁の結論を考慮するために、プロジェクトの環境に対する影響を調査し、記述し、評価することである。環境親和性審査法が適用されるプロジェクトは、例えば発電所、化学工場、金属工業、ごみ処理施設、長距離道路、空港建設など、法律の付録に掲げられている四二事業である。環境親和性審査は、許認可・計画確定手続など行政手続の一部であって、独立した手続ではない。環境親和性審査の進行は、プロジェクトの許容性について決定をする行政庁よって行われるが、調査、記述、評価の三段階に分かれる。

① 行政庁による予定調査枠についての通知。環境親和性審査の対象、範囲および方法を事業者とともに確定する（いわゆる scoping 手続）。この手続は環境親和性審査および手続の結論を受け入れるかどうかにとって重要である。

② 事業者は認可の申請と同時に環境親和性審査に必要な資料を提出する。プロジェクトの立地、種類および範囲、予想されるエミシオンと廃棄物の種類と量、それらの回避措置の記述ならびに予想される環境に対する重大な影響についての情報の提供。

③ その所管事項が当該プロジェクトと関連する行政庁の意見聴取。

④ 公衆の参加（公聴会など）。

⑤ 申請者の情報提供、行政庁の意見聴取および公衆の参加の結果に基づく環境に及ぼす影響の包括的記述。これが環境親和性審査の核心である。

⑥ 許認可行政庁による、包括的記述に基づくプロジェクトの環境への影響の評価。

⑦ 許認可の決定における評価結果の考慮。しかし環境影響評価の消極的結論は、常にプロジェクトの拒否となるわけではない。

(4)　間接的な手法

環境保護の目標を達成するためには、直接的な手法のほか、当事者の行動に誘導的な影響を与える間接的な手法も多用される。環境情報政策、補助金、環境税、環境証、バブル政策などの代償モデル、非公式の行政行動などがある。

（4）　環境情報法

ＥＵの指令に基づいて、一九九四年に環境情報法（Umweltinformationsgesetz）が制定された。この法律の目的は、行政庁にある環境に関する情報へのアプローチならびにこの情報の普及を保障し、情報を入手できる要件を定めることである。市民は、環境法の決定プロセスに積極的に参加する可能性を認められ、同時に、環境保護団体とともに、環境法上の規制の遵守に関するコントロール機能も認められる。

環境情報法は、従来の情報公開と違って、何らかの利益を有するか否かに係りなく、何人にも、求める情報が存在するあらゆる行政庁に対する情報請求権を認める。この請求権は、原則として、環境の状態ならびに障害を発する行動および環境の保護のための行動と措置に関する、あらゆる文書、図面またはその他情報所持者にあるデータを包括する。しかし環境情報請求権は公益上の理由から重大な制限を受ける。例えば、外交、国土防衛、行政庁の秘密事項に関するものや公共の安全に対する重大な危険となるものである。また企業秘密やプライバシーに関する情報についても制限を受ける。

（5）　権利保護

⑴　原告適格

環境法における権利保護の中心的問題は原告適格の問題である。権利保護は環境法においても個人の権利ないし法律上の利益を侵害されたと主張する者に限定されている。しかし原告適格は次第に拡大されて行く傾向にあり、それは従来、建築法から建築詳細計画の計画区域さらに原子力法の領域へと量的に拡大したが、いまやＥＵ法の影響の下で質的飛躍―保護規範理論の克服を目指している。

(2)　団体訴訟

個人的権利保護システムを補充するものとして団体訴訟がある。自然保護の規制は通常もっぱら一般的利益の保護のためになされているから、自然保護の利益は個人的権利保護のシステムには乗りにくい。そこで、多くのラントでは、行政の信頼できるパートナーとして承認されている伝統的な自然保護団体を、いわば自然の受託者として、自然保護の利益を裁判所で主張し、環境法の客観的な法コントロールを追求することのできる権限を認めている。これが利他的または理念的団体訴訟である。

団体訴訟は連邦レベルでは認められていないが、ベルリン、ブランデンブルク、ブレーメン、ハンブルク、ヘッセン、ニーダーザクセン、ラインラント―プファルツ、ザールラント、ザクセン―アンハルト、シュレースヴィヒ―ホルシュタイン、チューリンゲンの各ラントの自然保護法がこれを認めている。

(6)　環境立法

(1)　連邦インミッシオン防止法

一九七四年の連邦インミッシオン防止法（Bundes-Immissionsschutzgesetz）は、しばしば改正されているが、環境法の中で最も重要な法律であるということができる。インミッシオンとは、人ならびに動物、植物またはその他の物に影響を及ぼす大気汚染、騒音、震動、光、熱、放射線およびこれらに類する環境影響の効果をいう。これに対し、エミッシオンとは、施設から発生する大気汚染、騒音、震動、光、熱、放射線およびこれらに類する現象をいう。インミッシオンとエミシオンとは、同じ環境侵害に関するもので、考察方法において区別される。インミッシオンについては、環境影響の効果の発生場所ないし地点が重要であるが、エミシオンについては、環境影響を排出した場所が決定的である。したがって、特定の施設から排出されたエミシオンは、それが一定の地点で環境影響を与える場合に、インミッシオンとなる。

インミッシオン防止法の目的は、人およびその自然的環境（動物、植物その他の物）を、大気汚染、騒音、震動、光、熱、放射線およびこれに類する現象による有害な環境影響から保護し、そのような有害な環境影響の発生を予防することである。事前予防の原則は、危険防止という目標をもった単なる反作用的なインミッシオン防止から積極的形成的予防的インミッシオン防止への移行を示すものである。連邦インミッシオン防止法には、施設に関連する規定、生産物に関連する規定および地域に関連する規定があるが、以下には、施設に関連する環境保護について述べよう。

① 施設に関するインミッシオン防止

施設とは、事業所、固定施設、例えば輸送設備および倉庫設備などの付属設備を含む移動施設、ならびに環境侵害が発生し得る土地を含む。連邦インミッシオン防止法は、施設および施設の操業には、通常、行政庁による事前のコントロールを必要としないが、特別に危険を内蔵している施設については許可手続による事前審査を経なければならないという原則に立っている。許可を要する施設の範囲は、「連邦インミッシオン防止法の実施に関する第四命令」に、一二〇以上の施設の種類が掲げられている。

② 許可要件

ラントの法律により権限を有するインミッシオン防止庁は、施設操業者が操業者義務、命令による義務その他公法上の規定を具備することが保証される場合に、許可を付与しなければならない。許可の付与は行政庁の裁量ではない。

連邦インミッシオン防止法は、許可を要する施設を設置しまたは操業しようとする者について、直接的な義務を課している。この操業者義務とは、ⅰ危険防止義務＝許可を要する施設は、有害な環境影響ならびに公衆および近隣に対するその他の危険、著しい不利益および著しい苦痛を惹き起こさないように設置し操業すべきこと、ⅱ事前予防的義務＝施設操業者は、とくに技術の水準に対応したエミシオン削減に関する措置により、有害な環境影響に対する予防的配慮措置をとるべきこと、ⅲ廃棄物処理義務＝施設の操業に際して発生する残余物質が、秩序正しくかつ損害を発生することなく使用され、またはそれが技術的に可能でなく、もしくは期待できないときは、公共の福祉を侵害することなく廃棄物として除去されるべきこと、ⅳ廃熱利用義務＝施設の操業に際して発生する廃熱は操業者の施設のために利用され、または、これが可能でない場合には、第三者に譲渡されるべきこと、である。これに対し、許可を要しない施設については、あまり厳格ではないが、操業者の基本義務として、技術の水準により回避できる有害な環境影響は阻止し、回避できない影響は少なくとも最小限に抑えるべきことを要請する。

連邦政府は、以上の義務を履行するために、関係各方面の聴聞の後、連邦参議院の同意を得て、施設が例えば技術的な一定の要件に従い、一定のエミシオン値を超えてはならず、エミシオンおよびインミッシオンの測定をなすべきことを定める権限を有する。現在、以上の実体法の要件は、大気清浄維持技術指針（＝TA Luft）や騒音防止技術指針（＝TA Lärm）などの行政規則によつて具体化されている。TA Luft や TA Lärm などの行政規則はその法的性格上、直接の操業者義務を課するものではなく、行政庁を対象とするものであるが、実際上は、関係各方面の聴聞および連邦参議院の同意という正当性を得て、「規範を具体化する行政規則」として、その外部的効果が承認されている。

連邦インミッシオン防止法では、施設の許可制度、それに続く拒否、停止、除去および許可の取消、撤回などの監督処分を中核とする実体法的規制が環境保護の中心的手法になっているということができる。

(2) 水管理法

ドイツの水法は水管理法と水路法に分けられるが、環境法上重要なのは、水管理法である。水管理については、一九五七年に水管理の秩序に関する法律（Wasserhaushaltsgesetz）が制定され、一九九六年に改正された。水管理法は、基本原則として、ⅰ行政は、河川・湖沼・地下水・海岸を含む水域を自然生態系の構成要素として、公共の福祉および個人の利益にも資するよう管理しなければならないこと、ⅱ何人も、水の汚染その他水質の有害な変化を予防し、水の節約的利用を実現するために必要な配慮をする特別の義務を負うことを定めている。この基本原則は、水管理法の解釈・適用に際して、解釈基準となる。

(3) 自然保護法

従来の自然保護の法は、保護地域の指定および鳥獣の捕獲禁止・花樹の摘取り禁止に尽きていた。これに対し一九九八年最終改正の連邦自然保護法（Bundesnaturschutzgesetz）は、自然・景観の保護を包括的・形成的な課題としている。すなわち、連邦自然保護法は、生態系の生産能力、自然資源の利用可能性、動植物界ならびに自然と風景の多様性・固有性・美しさが、人間の生存基盤として、かつ、保養のための不可欠の前提として、持続的に確保されるように保護され、発展されなければならない、としている。

(4) 循環経済および廃棄物法

一九九六年施行の循環経済および廃棄物法（Kreislaufwirtschafts- und Abfallgesetz）は、経済社会生活の構造をいわゆる使い捨て型から循環型に転換すること、それによって廃棄物の適正な処理および廃棄物に伴う環境汚染を防止するとともに、資源の保全、土地の有効利用、エネルギーの効率化等の要請に応えようとするものである。

そのため法律は、目標の優先順位をⅰ廃棄物発生抑制、ⅱ廃棄物の利用、ⅲごみ処理場への適正な処理と定めている。循環経済および廃棄物法によれば、「廃棄物とは、別表Ⅰに掲げるグループに該当し、所持者が廃棄する、廃棄しようとしまたは廃棄しなければならないすべての動産である」と定義し、廃棄物をリサイクル向け廃棄物と処分向け廃棄物に分類する。したがってリサイクルされない廃棄物は自動的に処分向け廃棄物となるという考え方で、廃棄物の処理が行われる。

(5)　危険物質法

従来は、有害物質に対する保護は、洗剤法、ガソリン鉛法、廃棄物処理法などのような特別法で規制され、人の健康を直接保護することを目的としたが、現在は、人および動植物、財物ならびに生態系の生産能力の維持についての直接的および長期的損害の回避も危険物質法の対象となっている。また狭義の有害物質法として化学製品法がある。

一九八二年（一九九〇、一九九四年改正）の化学製品法（Chemikaliengesetz）は、有害物質の製造、取引きについて包括的な規制を定め、有害物質が市場に出る前に、危険物質と調合の有害な影響から人と環境を保護し、特にこの有害な影響を認識し、回避し、その発生を予防することを目的とする。化学製品法では、次のようなものが危険性のあるものとされている。爆発の危険性、発火性、毒性、健康に有害、腐食性、刺激性、敏感性、発ガン性、伝播性、遺伝質変化性、環境危険性のあるものである。

(6)　土壌保護法

一九九九年の土壌保護法（Bundes-Bodenschutzgesetz）は、土壌の生態的特性ならびにその居住、農業およびその他の経済的利用のための立地としての機能を持続的に確保し、または回復することを目的とする。連邦土壌保護法は具体的に存在する危険の防止のためにのみ直接的な義務づけを規定している。予防的措置は、連邦政府が土地利用者について事前予防原則を具体化したときに、はじめて要求されるものとしている。

(7)　その他の個別的な環境法

その他、一九八五年（一九九八年最終改正）の原子力法（Gesetz über die fiedliche Nutzung der Kernenergie und den Schutz gegen ihre Gefahren = Atomgesetz）、一九八六年（一九九四年最終改正）の放射線防護法（Gesetz zum vorsorgenden Schutz der Bevölkerung gegen Strahlenbelastung = Strahlenschutzvorsorgegesetz）、一九九〇年の遺伝子工学法（Gentechnikgesetz）、一九九五年の環境検査法（Umweltauditgesetz）などがある。

(8)　環境責任法

一九九一年の環境責任法（Gesetz über die Umwelthaftung）は、施設について危険責任（Gefärdungshaftung）を導入し、責任の要件、因果関係の証明、生態的損害の賠償について規定し、責任担保の配慮について定めている。

①　責任要件　責任要件としては、環境影響による死亡、健康障害および物的損害により当事者が損害を受けたことである。物質、震動、騒音、圧力または土壌、大気、もしくは水の環境媒体に拡散したその他の現象により発生した損害が問題となる。この場合、施設の所有者が損害を賠償しなければならない。法律の付録Ⅰに、いかなる施設が環境責任法の対象になるかを列挙している。危険責任は違法性も過失も前提としないが、不可抗力については責任が排除される。

②　因果関係の立証　環境責任法の核心は因果関係の推定を定めたことである。因果関係は施設が損害を惹起するに適している場合に推定される。要するに、被害者は損害適性（Schadenseignung）を証明しなければな

らない。しかし、施設が公法上の規制通り操業されている場合、さらに施設以外の状況、例えば自然の原因または環境責任法が適用されない操業が損害を惹起している場合には、因果関係の推定は排除される。したがって、因果関係の推定規定は、被害者にとって立証責任の軽減とならないといわれる。

なお、法律は、被害者の立証責任を軽減するために、施設が損害を惹起した疑いがある場合に、被害者に対し、施設の所有者および施設を許可し監督する行政庁に対する情報請求権を認めた。

③　責任担保の配慮　法律の付録Ⅱに挙げられている特別に危険な施設の所有者は、その責任を保証するため、責任担保の配慮をすべき義務がある。責任保険の締結がそれである。

（7）　環　境　行　政

一九八六年に環境・自然保護および原子力安全省が設立された。定員七〇〇人である。そのほか、独立の特別庁として環境庁があり、定員は一、〇〇〇人である。

第二篇　個別的環境行政法

第八章　自然保護法

文献

環境庁自然保護局企画調整課編『自然環境保全法の解説』(昭四九・中央法規出版)、環境庁自然保護局企画調整課編『自然公園法の解説』(昭和五二・中央法規出版)、環境庁野生生物保護行政研究会編『絶滅のおそれある野生動植物の種の保存に関する法律』(平五・中央法規出版)、阿部泰隆「自然環境保全の法的手法」ジュリスト一〇一五号(平五)、山村恒年『自然保護の法と戦略「第2版」』(平六・有斐閣)、山村恒年「自然環境保全の法と課題」、亘理 格「景観保護の法と課題——アメニティ保障の視点から」(以上、ジュリスト増刊『環境問題の行方』平一一)、環境法政策学会編『自然は守れるか』(平一二・商事法務研究会)

自然は、急速な産業化および強力な農林業の進展以来、人間の侵害によって生態的なバランスが破壊され、天然資源が不可逆的に失われて行く危険にさらされている。自然保護についての危険は、とくに住宅・商業用ビル・工場の建設や交通道路・飛行場の建設などによる自然の持続的損失および土地の自然に反する利用によるものであるということができる。さらに自然破壊は動植物の種の絶滅の危険をもたらしている。

自然保護は、長年、保護地域の指定・保護地域内の一定行為の禁止・制限と動植物の摘取・伐採・捕獲禁止に尽きていた。しかし最近は、自然は相互に独立した部分領域に分解することができず、それは生物および植物の構成要素から成る相互に依存する作用連関であり、生態空間が機能的に作用する生態圏であることが明らかになった。したがって現代的な自然保護の法は、大気、水または土壌のような特定の環境媒体についての侵害の規制だけを目標とするものではなく、自然の形態・景観を含む自然的な生態圏全体の維持および改善を目標にしなければならない。

第一節　狭義の自然保護法

(1)　法律の構成

自然保護法は自然保護を目的とする法規の総体である。狭義の自然保護法は、自然保護および景観に関する法律であって、自然環境保全法、自然公園法、絶滅のおそれのある野生動植物の保存に関する法律などである。森林法、鳥獣保護及狩猟ニ関スル法律などは、部分的に自然保護および景観に関連し、広義の自然保護法に属する。

(1)　自然環境保全法（昭和四七・六・二二）は、八つの部分により構成されている。第一章は総則、第二章は自然環境保全基本方針、第三章は原生自然環境保全地域、第四章は自然環境保全地域、第五章は雑則、第六章は都道府県自然環境保全地域及び都道府県における自然環境の保全に関する審議会その他の合議制の機関、第八章は罰則について規定している。

付属法令

自然環境保全法施行令（昭和四八・三・三一）

自然環境保全法施行規則（昭和四八・一一・九）

自然環境保全基本方針（昭和四八・一一・六）

(2)　自然公園法（昭和三二・六・一）は、四つの部分により構成されている。第一章は総則、第二章は国立公園及び国定公園、第三章は都道府県立自然公園、第四章は罰則について規定している。

付属法令

自然公園法施行令（昭和三二・九・三〇）

自然公園法施行規則（昭和三二・一〇・一一）

(3)　絶滅のおそれのある野生動植物の保存に関する法律（平成四・六・五）は、六つの部分により構成されている。第一章は総則、第二章は個体等の取扱いに関する規制、第三章は生息地等の保護に関する規制、第四章は保護増殖事業、第五章は雑則、第六章は罰則について規定している。

付属法令

絶滅のおそれのある野生動植物の保存に関する法律施行令（平成五・二・一〇）

絶滅のおそれのある野生動植物の保存に関する法律施行規則（平成五・三・二九）

特定国内種事業に係る捕獲等の許可の手続等に関する命令（平成五・三・二九）

特定国際種事業に係る届出等に関する命令（平成七・六・一四）

希少野生動植物種保存基本方針（平成四・一二・一一）

（2）　法律の目的

自然環境保全法は、「自然環境を保全することが特に必要な区域等の自然環境の適正な保全を総合的に推進することにより、広く国民が自然環境の恵沢を享受するとともに、将来の国民にこれを継承できるようにし、もって現在及び将来の国民の健康で文化的な生活の確保に寄与することを目的とする」（一条）。

自然公園法は、「すぐれた自然の風景地を保護するとともに、その利用の増進を図り、もって国民の保健、休養及び教化に資することを目的とする」（一条）。

絶滅のおそれのある野生動植物の保存に関する法律（以下、種の保存法と略す）は、「絶滅のおそれのある野生動植物の保存を図ることにより、良好な自然環境を保全し、もって現在及び将来の国民の健康で文化的な生活の確保に寄与することを目的とする。」（一条）。

（3）　原　則

自然保護の目標実現は、しばしば他の利害と衝突する。この場合、現代産業社会においては、自然保護が絶対的に優位するものと考えられているわけではない。自然環境保全法は、「自然環境の保全に当たっては、関係者の所有権その他の財産権を尊重するとともに、国土の保全その他の公益との調整に留意しなければならない。」と規定し（三条）、自然公園法は、「この法律の適用に当たっては、自然環境保全法第三条で定めるところによるほか、関係者の所有権、鉱業権その他の財産権を尊重するとともに、国土の開発その他の公益との調整に留意しなければならない。」（三条）、種の保存法は、「この法律の適用に当たっては、関係者の所有権その他の財産権を尊重し、住民の生活の安定及び福祉の維持向上に配慮し、並びに国土の保全その他の公益との調整に留意しなければならない。」（三条）と規定している。

第二節　狭義の自然保護法の手法

第一款　計画的手法

(1)　基本方針または計画

⑴　自然環境保全基本方針

国は、自然環境の保全を図るための基本方針を定めなければならない（自然環境一二条一項）。自然環境保全基本方針には、次の事項を定めるものとする。ⅰ自然環境の保全に関する基本構想、ⅱ原生自然環境保全地域および自然環境保全地域の指定その他これらの地域に係る自然環境の保全に関する施策に関する基本的な事項、ⅲ都道府県自然環境保全地域の指定の基準その他その地域に係る自然環境の保全に関する施策の基準に関する基本的な事項、ⅳⅱⅲに掲げる地域と自然公園法その他の自然環境の保全を目的とする法律に基づく地域との調整に関する基本方針その他自然環境の保全に関する重要事項（自然環境一二条二項）。

環境大臣は、自然環境保全基本方針の案を作成して、閣議の決定を求めなければならず、また、あらかじめ自然環境保全審議会の意見をきかなければならない（自然環境一二条三項、四項）。

(2)　原生自然環境保全地域に関する保全計画

原生自然環境保全地域に関する保全計画は、環境大臣が関係都道府県知事および自然環境保全審議会の意見をきいて決定し、その概要を公示しなければならない（自然環境一五条）。

(3)　自然環境保全地域に関する保全計画

自然環境保全地域に関する保全計画は、環境大臣が決定する。自然環境保全地域に関する保全計画には、次の事項を定めるものとする。ⅰ保全すべき自然環境の特質その他当該地域における自然環境の保全に関する基本事項、ⅱ当該地域における自然環境の特質に即して、特に保全を図るべき土地の区域（＝特別地区）または特に保全を図るべき海域（＝海中特別地区）の指定に関する事項、ⅲ当該地域における自然環境の保全のための規制に関する事項、ⅳ当該地域における自然環境の保全のための施設に関する事項。自然環境保全地域に関する保全計画は、その概要を公示しなければならない（自然環境二三条）。

(4)　公 園 計 画

①　国立公園に関する公園計画は、環境大臣が、関係都道府県および審議会の意見を聴いて決定する（自園一二条一項）。公園計画を決定したときは、その概要を公示しなければならない（自園一二条五一項）。廃止、変更も同様（自園一三条一項）。

②　国定公園に関する公園計画は、環境大臣が、関係都道府県の申出により、審議会の意見を聴いて決定する（自園一二条三項）。廃止、変更は、関係都道府県および審議会の意見を聞かなければならない。公園計画を決定したときは、その概要を公示しなければならない（自園一三条）。

③　公園計画は保護計画と利用計画に大別され、それぞれが、規制計画と施設計画に分けられる。保護のため

の規制計画は自然環境の保護の度合いに応じて公園地区内を区分すること（ゾーニング）であり、保護のための施設計画は植生復元、修景、防火、病虫害防除施設等、風景の保護のために必要な施設に関する計画である。また、利用のための規制計画は利用に際しての一定の行為の禁止・制限する措置を定める等、公園利用の態様の調整を行う。利用のための施設計画は道路、宿泊、休養施設等、自然公園にふさわしい利用施設を計画的に整備するものである。

(5)　希少野生動植物種保存基本方針

環境大臣は、自然環境保全審議会の意見を聴いて希少野生動植物種の保存のための基本方針を作成し、これについて閣議の決定を求めるものとする（種の保存六条一項）。環境大臣は、希少野生動植物種保存基本方針について閣議の決定があったときは、遅滞なくこれを公表しなければならない（種の保存六条三項）。

(6)　保護増殖事業計画

国内希少野生動植物種について、環境大臣および保護増殖事業を行おうとする国の行政機関の長は、保護増殖事業の適正かつ効果的な実施に資するため、自然環境保全審議会の意見を聴いて保護増殖事業計画を定めるものとする（種の保存四五条）。保護増殖事業計画の対象とされている生物種は、アホウドリ、ベッコウトンボ、トキ、アマミヤマシギ等の一九種類である。

なお、国有林野事業においても、平成五年度より希少野生動植物保護管理事業が創設され、シマフクロウ、タンチョウ、レブンアツモリソウ、イリオモテヤマネコ等、緊急性の高い種を対象に巡視や調査が行われ、その結果に基づいた環境管理が実施されている。

（2）　保護地域指定

保護地域指定は自然保護法の典型的な手法である。自然環境保全法は、保護地域を、原生自然環境保全地域、自然環境保全地域、都道府県自然環境保全地域に区分し、それぞれ必要な規制を実施することによって、自然環境の適正な保全を総合的に推進するものとする。

(1)　原生自然環境保全地域

環境大臣は、その区域における自然環境が人の活動によって影響を受けることなく原生の状態を維持しており、かつ、政令で定める面積以上の面積を有する土地の区域であって（面積は一、〇〇〇ヘクタール以上、全域が原生状態の島に限り三〇〇ヘクタール以上）、国または地方公共団体が所有するもの（森林法の規定により指定された保安林の区域を除く）のうち、当該自然環境を保全することが特に必要なものを原生自然環境保全地域として指定することができる（自然環境一四条一項）。

環境大臣は、原生自然環境保全地域の指定をしようとするときは、あらかじめ、関係都道府県知事および自然環境保全審議会の意見をきかなければならないし、また、あらかじめ、当該区域内の土地を、国が所有する場合には当該土地を所管する行政機関の長の、地方公共団体が所有する場合には当該地方公共団体の同意を得なければならない（自然環境一四条二項、三項）。

指定については、自然環境保全基本方針（昭四八）および自然環境保全地域等選定要領（昭四九）に詳しい定めがある。平成一二年三月末現在、南硫黄島、屋久島、大井川源流部、十勝川源流部、遠音別岳の五つの地域が指定されているが、民有地や保安林は指定しない。原生自然環境保全地域の総面積は五、六三一ヘクタールである（**図表Ⅷ―1**を見よ。）。

立入制限地区　環境大臣は、原生自然環境保全地域における自然環境の保全のために特に必要があると認めるときは、原生自然環境保全地域に関する保全計画に基づいて、その区域内に、立入制限地区を指定することができる（自然環境一九条）。

(2)　自然環境保全地域

環境大臣は、原生自然環境保全地域以外の区域で次の何れかに該当するもののうち、自然的社会的条件からみてその区域における自然環境を保全することが特に必要なものを自然環境保全区域として指定することができる。いずれも、その面積が政令で定める面積以上のものでなければならない。ⅰ高山性植生または亜高山性植生が相当部分を占める森林または草原の区域（一〇〇ヘクタール以上）、ⅱすぐれた天然林が相当部分を占める森林区域（一〇〇ヘクタール以上）、ⅲ地形もしくは地質が特異であり、または特異な自然の現象が生じている土地の区域およびこれと一体となって自然環境を形成している土地の区域、ⅳその区域内に存する動植物を含む自然環境がすぐれた状態を維持している海岸、湖沼、湿原または河川の区域、ⅴその海域内に生存する熱帯魚、さんご、海そうその他これらに類する動植物を含む自然環境がすぐれた状態を維持している海域、ⅵ植物の自生地、野生動物の生息地その他の政令で定める土地の区域でその区域における自然環境がⅴの区域における自然環境に相当する程度を維持しているもの、とくに高樹齢（一〇〇年程度）の人工林（一〇ヘクタール以上）（自然環境二二条一項）。

自然環境保全地域は、一〇地域二万一、五九三ヘクタール（平成一二年三月末現在）が指定され、民有地の指定は笹ヶ峰（愛媛県）一ヵ所だけである（**図表Ⅷ―2を見よ。**）。

①　特別地区　環境大臣は、自然環境保全地域に関する保全計画に基づいて、その区域内に、特別地区を指定することができる（自然環境二五条）。

図表 Ⅷ—1　原生自然環境保全地域

（5 地域5,631ha、平成12年 3 月末現在）

保全地域	自然環境の特色等
遠音別岳	北海道、知床半島基部、1,895ha、原生状態の高山性植生
十勝川源流部	北海道、大雪山の十勝川源流部、1,035ha、針葉樹の大規模原生林
南硫黄島	東京都、小笠原列島の南硫黄島全域、367ha、人間活動の影響からの隔絶性と豊富な固有種、全域立入制限
大井川源流部	静岡県、南アルプスの大井川源流、1,115ha、温帯性針葉樹林、広葉樹林および亜高山性植生
屋久島	鹿児島県、屋久島の中心部、1,219ha、高樹齢のヤクスギの原生林、1993年12月より世界遺産条約の登録地域

図表 Ⅷ—2　自然環境保全地域

（10地域21,593ha、平成12年 3 月末現在）

保全地域	自然環境の特色等
大平山	北海道、渡島半島基部、674ha、北限に近いブナ林と高山性、亜高山性植生
白神山地	青森・秋田の県境部、14,043ha、大面積のブナ天然林、1993年12月より世界遺産条約の登録地域
早池峰	岩手県、奥羽山脈通奥部、1,451ha、1,370ha、典型的な天然林と高山・亜高山性植生、代表的な蛇紋岩山地の自然と豊富な固有植物
和賀岳	岩手県、北上山地の中央部、ブナの巨木林と高山植物群落
大佐飛山	栃木県、関東地方北縁の那珂川源流部、545ha、関東地方に残存する数少ない天然林
利根川源流部	群馬県、利根川源流域、2,318ha、日本有数の多雪地帯で、侵食が進んだ急峻で複雑な地形の自然
笹ケ峰	愛媛県、四国山脈の中央部、537ha、日本の亜寒帯林の南限
白髪岳	熊本県、九州脊梁山脈の南端、150ha、九州地方では数少ない天然林
稲尾岳	鹿児島県、大隈半島南部、377ha、西南日本低地の極林相である照葉樹林の極相林
崎山湾	沖縄県、八重山列島西表島西端、128ha（海域）、発達した珊瑚礁と豊富な亜熱帯海中生物相

②　野生動植物保護地区　　環境大臣は、特別地区内における特定の野生動植物の保護のため特に必要があると認めるときは、自然環境保全地域に関する保全計画に基づいて、その区域内に、当該保護すべき野生動植物の種類ごとに、野生動植物保護地区を指定することができる（自然環境二五条）。

③　海中特別地区　　環境大臣は、自然環境保全地域に関する保全計画に基づいて、その区域区内に、海中特別地区を指定することができる（自然環境二七条）。

④　普通地区　　自然環境保全地域の区域のうち特別地区および海中特別地区に含まれない区域を普通地区という（自然環境二八条）。

(3)　都道府県自然環境保全地域

都道府県は、条例の定めるところにより、その区域における自然環境が自然環境保全地域に準ずる土地の区域で、その区域の周辺の自然的社会的条件からみて当該自然環境を保全することが特に必要なものを都道府県自然環境保全地域として指定することができる。自然公園の区域は、都道府県自然環境保全地域の区域に含まれないものとする（自然環境四五条）。全国で五二四地域七万三、七三九ヘクタールが指定されている（平成一二年三月末現在）。

(4)　自然公園（国立公園、国定公園、都道府県立公園）

①　自 然 公 園　　国立公園、国定公園および都道府県立公園をいう（自園二条一号）。わが国の自然公園は、地域性の公園であって、営造物公園ではない(1)。

i　国立公園は、わが国の風景を代表するに足りる傑出した自然の風景地（海中の景観地を含む。）であって、環境大臣が、関係都道府県および自然環境保全審議会の意見を聴き、区域を定めて指定するものをいう（自園二条二号、一〇条一項)。

具体的な指定基準は「自然公園選定要領」(昭二七、昭四六改正)に定められている。それによれば、指定の要件は、[景観の規模]広大な地域で景観が雄大性に富み、その面積は原則として約三万ヘクタール以上のもの、[自然度]面積二〇〇〇ヘクタール以上の原始的な景観核心地域を有し、生態計画の著しい改変がないこと、動植物種や地形地質等に特別な科学的・教育的・レクリェーション的重要さのあること、[変化度]二つ以上の景観要素から構成され、景観が変化に富んでいることなどである。二八カ所、約二〇五万ヘクタールが指定されている(平成一二年三月末現在)。

ii　国定公園は、国立公園に準ずるすぐれた自然の風景地であって、環境大臣が関係都道府県の申出により、審議会の意見を聞き、区域を定めて指定するものをいう(自園二条三号、一〇条二項)。五五カ所、約一三四万ヘクタールが指定されている。

iii　都道府県立公園は、すぐれた自然の風景地であって、都道府県が条例の定めるところにより、区域を定めて指定するものをいう(自園二条四号、四一条)。その場合、国立公園、国定公園または原生自然環境保全地域の区域は、都道府県立自然公園の区域に含まれないものとする(自然環境四八条)。都道府県立公園は、三〇七カ所、約一九六万ヘクタールが指定されている。自然公園全体で、五三四万七千ヘクタール、国土面積の約一四、一パーセントを占め、年間約一〇億人の利用者がある。

②　特別地域、特別保護地域、海中公園地区、普通地域、集団施設地区　i　特別地域　環境大臣は国立公園について、都道府県知事は国定公園について、当該公園の風致を維持するため、公園計画に基づいて、その区域(海面を除く)内に特別地域を指定することができる(自園一七条)。

ii　特別保護地域　環境大臣は国立公園について、都道府県知事は国定公園について、当該公園の景観を維持するため、公園計画に基づいて、特別地域内に特別保護地域を指定することができる（自園一八条）。

iii　海中公園地区　環境大臣は国立公園について、都道府県知事は国定公園について、当該公園の海中の景観を維持するため、公園計画に基づいて、その区域内の海面内に、海中公園地区を指定することができる（自園一八条の二）。平成一一年末までに、国立公園に三二地区、国定公園に三一地区、合計六三地区二、五四九・八ヘクタールの海中公園地区が指定されている。

iv　普通地域　国立公園または国定公園の区域のうち特別地域および海中公園地域に含まれない区域を普通地域という（自園二〇条）。

v　集団施設地区　環境大臣は国立公園について、都道府県知事は国定公園について、当該公園の利用のための施設を集団的に整備するため、公園計画に基づいて、その区域内に集団施設地区を指定するものとする（自園二三条）。

(5)　史跡・名勝・天然記念物

文化財保護法（昭和五・五・三〇）により、峡谷、海浜、山岳その他の名勝地で芸術上または鑑賞上価値の高いもの、動物（生息地、繁殖地および飛来地を含む。）・植物（自生地を含む。）で学術上価値の高いもの（文化財保護二条一項四号）、周囲の環境と一体をなして歴史的風致を形成している伝統的な建造物群で価値の高いもの（文化財保護二条一項五号）が保護の対象とされている。平成一二年一月一日現在の指定件数は、史跡一、四〇四件（うち特別史跡五七件）、名勝二六五件（うち特別名勝二八件）、天然記念物九一九件（うち特別記念物七二件）である。

（3）　保護地域指定の法的性格

法律は保護地域（公園）指定の法的性格について何ら規定していない。法的拘束力についても何らの規定もない。法律は、環境保護地域指定について、その公示についてのみ規定するにすぎないが、指定に法的拘束力があることを前提しているといえる。この拘束力は、関係者の具体的な権利に直接変動を与えるものではなく、法令が制定された場合と同様の一般抽象的な効果をもつ命令たる性格をもつということができよう。(2)

自然環境保全法上の特別地区・野生動植物保護地区・海中特別地区の指定および自然公園法上の特別地域・特別保護地区・海中公園地区の指定は、それぞれ、自然環境保全地域に関する保全計画または公園計画に「基づいて」指定することができる。もともと、行政計画は単に行政機関を内部的に拘束する行政指針たる性格をもつにすぎないから、規範相互間の適合性の場合と異なり、保護地域指定について保全計画ないし公園計画への直接的な適合義務を課することができず、「基づいて」という規定によって、計画と指定との整合性を担保しているといえよう。

環境保護地域指定は行政庁の計画裁量に属する。その場合、自然および景観の保護と土地所有権者の利益とを比較衡量しなければならない（自然環境三条、自園三条）。環境保護地域指定は、それが合理的に必要な場合、すなわち自然保護法の一般的目的と原則を考慮して保護対象となる地域が保護に値し、かつ保護の必要がある場合に、決定される。この点について行政庁の広い裁量が認められるといえよう。

（1）　大阪高判昭三八・六・一七下民集一四巻六号一一五七頁は、「自然公園は、設置者がその土地に所有権や管理権を取得し公物として一般の利用に供するものではなく、その目的達成に必要な限度において、その区域内の一定の行為を禁止・制限することを建前とする『地域制の公園』であって、設置者がその区域内の土地全般につきこれを排他的に管理する権利を有することを要する『営造物公園』とは異なる。したがって、指定にあたって、設置者がその地域内の土地全般を排他的に管轄する権限を有することを要件とはせず、また指定によって私有地の管理支配権能が制限されるものではなく、土地所有権者は、これを一般大衆の利用に供する義務を負担することになるものでもない。」と判示した。

（2）　岡山地判昭五三・三・八訟月二四巻三号六二九頁は、「自然公園法一〇条に基づく国定公園指定は、その区域内にある土地所有者に直接的・具体的な義務を課するものではなく、区域内において法二〇条一項所定の行為をしようとする場合およびする場合に、初めてその者に具体的な義務を課するにすぎ（ない）」と判示した。同旨、広島高岡山支判昭五五・一〇・二一訟月二七巻一号一八五頁。

第二款　規制的手法

（1）　行為の制限

⑴　原生自然環境保全地域

原生自然環境保全地域内においては、次の行為をしてはならない。ただし、環境大臣が学術研究その他の公益上の理由により特に必要と認めて許可した場合または非常災害のため必要な応急措置として行う場合は、この限りでない。i建築物その他の工作物の新築等、ii宅地造成、土地の形質変更、iii鉱物の掘採、土石の採取、iv水面埋立て、干拓、v河川・湖沼等の水位または水量の増減、vi木竹の伐採、損傷、vii植物の採取・損傷、落葉・落枝の採取、viii木竹の植栽、ix動物の捕獲・殺傷、動物の卵の採取・損傷、x家畜の放牧、xi火入れ、たき火、xii屋外での物の集積・貯蔵、xiii車馬・動力船の使用など、xivその他、自然環境の保全に影響を及ぼすおそれがある行為で政令で定めるもの（自然環境一七条）。違反した者は、一年以下の懲役または五十万円以下の罰金（自然環境五三条）。

禁止違反に対して、環境大臣は、必要があると認めるときは、違反行為の中止を命じ、または相当の期限を定めて、原状回復を命じ、もしくは原状回復が著しく困難である場合に、これに代わるべき必要な措置をとるべき旨を命ずることができる（自然環境一八条）。違反した者は、一年以下の懲役または五十万円以下の罰金（自然環境五三条）。また、環境大臣は特に必要があると認めるときは、その区域内に、立入制限地区を指定することができる。一定の場合を除き、何人も、立入制限地区に立ち入ってはならない（自然環境一九条）。違反した者は、六月以下の懲役または三十万円以下の罰金（自然環境五四条）。

(2)　自然環境保全地域

①　特別地区　特別地区内においては、次の行為は、一定の場合を除いて、環境大臣の許可を受けなければ、してはならない。i 原生自然環境保全地域の場合のiからvまでの行為、ii 木竹の伐採、iii 環境大臣が指定する湖沼・湿原・これらの周辺一キロメートルの区域内において当該湖沼・湿原・これらに流水が流入する水域・水路に汚水・廃水を排水設備を設けて排出すること、iv 道路、広場、田、畑、牧場および宅地以外の地域のうち環境大臣が指定する区域内における車馬・動力船等の使用（自然環境二五条四項）。違反した者は、六月以下の懲役または三〇万円以下の罰金（自然環境五四条）。

②　野生動植物保護地区　野生動植物保護地区内においては、何人も、一定の場合を除いて、当該野生動植物保護地区に係る野生動植物（動物の卵を含む。）を捕獲し、殺傷し、または採取し、損傷してはならない（自然環境二六条三項）。違反した者は、六月以下の懲役または三〇万円以下の罰金（自然環境五四条）。

③　海中特別区　海中特別区内においては、次の行為は、一定の場合を除いて、環境大臣の許可を受けなければ、してはならない。i 工作物の新築等、ii 海底の形質の変更、iii 鉱物の掘採、土石の採取、iv 海面の埋立て、干拓、v 熱帯魚、さんご、海そうその他これらに類する動植物で、海中特別区ごとに環境大臣が農林水産大臣の同意を得て指定するものの捕獲、殺傷、または採取、損傷、vi 物の係留（自然環境二七条三項）。違反した者は、六月以下の懲役または三〇万円以下の罰金（自然環境五四条）。

④　普通地区　普通地区内において、次の行為をしようとする者は、一定の場合を除き、環境大臣に対し、環境省令で定めるところにより、行為の種類、場所、施行方法および着手予定日その他環境省令で定める事項を届け出なければならない。i その規模が環境省令で定める基準をこえる建築物・工作物の新築等、ii 宅地の造成、土地の開墾、その他土地の形質の変更、iii 鉱物の掘採、土石の採取、iv 水面の埋立、干拓、v 特別地区内の河川・湖沼等の水位・水量に増減を及ぼせること（自然環境二八条一項）。届出をせず、または虚偽の届出をした者は、二〇万円以下の罰金（自然環境五六条）。

(3)　自然公園（国立公園、国定公園）

①　特別地域　特別地域は、比較的すぐれた自然景観あるいは特色ある人文景観を有し、公園利用上重要な地域である。第一種特別地域、第二種特別地域、第三種特別地域に別けられる。

特別地域内においては、次の行為は、[1]国立公園にあっては環境大臣の、国定公園にあっては都道府県知事の許可を受けなければならない。i 工作物の新築等、ii 木竹の伐採、iii 鉱物の掘採、土石の採取、iv 河川・湖沼等の水位または水量の増減、v 湖沼または湿原への汚水または廃水の排出、vi 広告物の掲出・設置など、vii 水面の埋立てまたは干拓、viii 土地の開墾等、ix 高山植物等の採取または損傷、x 屋根、壁面、塀、橋、鉄塔、送水管等の色彩の変更、xi車馬・動力船の使用など（自園一七条）。違反した者は六ヶ月以下の懲役または三〇万以下の罰金（自園五〇条一号）。

乗入れ規制地域　国立・国定公園のうち環境大臣が指定する区域において、車馬・動力船の使用・航空機の着陸が規制されるが、これによって、近年普及の著しいスノーモービル、オフロード車、モーターボート等の乗入れが規制されている。平成一一年度末までに国立公園に二八地域、国定公園に一四地域の合計四二地域二三万八、七七〇ヘクタールの乗入れ規制地域が指定されている。

② 特別保護地区　特別保護地区は、特にすぐれた自然景観または原始状態が保持されており、公園の景観の核心となる地域である。

特別保護地域内においては、次の行為は、国立公園にあっては環境大臣の、国定公園にあっては都道府県知事の許可を受けなければならない。i特別地区の場合のiからviiiまでとxの行為、ii木竹の損傷、iii木竹の植栽、iv家畜の放牧、v屋外における物の集積・貯蔵、vi火入れ・たき火、vii木竹以外の植物の採取・損傷または落葉・落枝の採取、viii動物の捕獲・殺傷または動物の卵の採取・損傷、ix車馬・動力船の使用など（自園一八条）。違反した者は六ヶ月以下の懲役または三〇万以下の罰金（自園五〇条一号）。

③ 海中公園地区　海中公園地区は、すぐれた海中景観を維持するための地域である。

海中公園地区内においては、次の行為は、国立公園にあっては環境大臣の、国定公園にあっては都道府県知事の許可を受けなければならない。i特別地区の場合のi、iiiおよびviの行為、ii熱帯魚、さんご、海そうなどの動植物で、環境大臣が農林水産大臣の同意を得て指定するものの捕獲・殺傷、採取・損傷、iii水面の埋立てまたは干拓、iv海底の形状の変更、v物の係留、vi汚水・廃水の排水設備による排出（自園一八条の二）。違反した者は六箇月以下の懲役または三〇万以下の罰金（自園五〇条一号）。

特別地域、特別保護地区および海中公園地区において各種行為を行う場合に必要な許可は、「国立公園内（普通地域を除く。）における各種行為に関する審査指針」に基づいて運用されている。

④　普通地域　普通地域は、①②③以外の地域である。

普通地域内において、次の行為をしようとする者は、国立公園にあっては環境大臣に対し、国定公園にあっては都道府県知事に対し、行為の種類、場所、施行方法および着手予定日その他の事項を届け出なければならない。i 基準を超える工作物の新築・改築・増築など、ii 特別地域内の河川、湖沼等の水位または水量の増減、iii 広告物などの掲出・設置など、iv 水面の埋立てまたは干拓、v 鉱物の掘採、土石の採取（海面内においては、海中公園地区の周辺一キロメートル内においてする場合）、vi 土地の形状の変更、vii 海底の形状の変更（海中公園地区の周辺一キロメートル内においてする場合）（自園二〇条一項）。届出をせず、または虚偽の届出をした者は、二〇万円以下の罰金（自園五二条一号）。

環境大臣は国立公園について、都道府県知事は国定公園について、届出を要する行為をしようとする者またはした者に対して、必要な限度において、当該行為の禁止・制限をし、または必要な措置をとるべき旨を命ずることができる（自園二〇条二項）。処分に違反した者は、三〇万以下の罰金（自園五一条）。

また、国立公園内の国有林伐採方法については、「自然公園区域内における森林の施業について」（林業施業基準・国立公園部長通知・昭三四）によって、地種区分に応じた伐採方法と規模が定められている。

⑤　中止命令、原状回復命令等　環境大臣は、原生自然環境保全地域における自然環境の保全のために必要があると認めるときは、法律の規定する禁止行為に違反し、許可条件に違反した者に対して、その行為の中止を

命じ、または相当の期限を定めて、原状回復を命じ、もしくは原状回復が著しく困難である場合に、これに代わるべき必要な措置をとるべき旨を命ずることができる（自然環境一八条）。命令に違反した者は、一年以下の懲役または五〇万円以下の罰金（自然環境五三条）。

環境大臣は国立公園について、都道府県知事は国定公園について、必要があると認めるときは、法律の規定する禁止行為や監督処分に違反した者に対して、必要な限度において、原状回復を命じ、または原状回復が著しく困難である場合に、これに代わるべき必要な措置をとるべき旨を命ずることができる（自園三一条）。命令に違反した者は、一年以下の懲役または五〇万円以下の罰金（自園四九条一項）。

⑥　利用のための規制　　国立公園または国定公園の特別地域、海中公園地区または集団施設内においては、何人も、みだりに次の行為をしてはならない。ｉ当該国立公園または国定公園の利用者に著しく不快の念をおこさせるような方法で、ごみその他の汚物または廃物を捨て、または放置すること、ⅱ著しく悪臭を発散させ、拡声機、ラジオ等により著しく騒音を発し、展望所、休憩所等をほしいままに占拠し、けんおんの情を催させるような仕方で客引きし、その他当該国立公園または国定公園の利用者に著しく迷惑をかけること（自園二四条項）。違反者は、二十万円以下の罰金（自園五二条）。

⑺　監　督

①　報告、検査、調査など　　環境大臣は、原生自然環境保全地域における自然環境の保全にために必要があると認めるときは、禁止行為について例外許可を受けた者に対し、当該許可を受けた行為の実施状況その他必要な行為について報告を求めることができる（自然環境二〇条）。報告をせず、または虚偽の報告をした者は、二十万円以下の罰金（自然環境五六条）。

環境大臣は、自然環境保全地域における自然環境の保全のために必要な限度において、許可を受けた者、行為を制限され、もしくは必要な措置をとるべき旨を命ぜられた者に対し、当該行為の実施状況その他必要な事項について報告を求め、またはその職員に、立入検査をさせ、もしくはこれらの行為の自然環境に及ぼす影響を調査させることができる（自然環境二九条）。立入検査または立入調査を拒み、妨げ、忌避した者は、二〇万円以下の罰金（自然環境五六条）。

環境大臣は、自然環境保全地域について、実地調査のため必要があるときは、職員に、他人の土地に立ち入り、標識を設置させ、測量させ、または実地調査の障害となる木竹もしくはかき、さく等を伐採させ、もしくは除去させることができる（自然環境三一条）。立入りその他の行為を拒み、または妨げた者は、二〇万円以下の罰金（自然環境五六条）。

環境大臣は国立公園について、都道府県知事は国定公園について、当該公園の保護のために必要があると認めるときは、必要の限度において、当該職員をして、当該公園の区域内の土地もしくは建物内に立ち入らせ、または許可を要する行為の実施状況を検査させ、またはこれらの行為の風景に及ぼす影響を調査させることができる（自園二二条）。立入検査または立入調査を拒み、妨げ、忌避した者は、二〇万円以下の罰金（自園五二条）。

環境大臣は、国立公園もしくは国定公園の指定、公園計画の決定、公園事業の執行等に関し、都道府県知事は国定公園の指定、その区域の拡張に係る申出、公園計画の決定・追加に係る申出等に関し、実地調査のため必要があるときは、それぞれ当該職員に、他人の土地に立ち入り、標識を設置させ、測量させ、または実地調査の障害となる木竹もしくはかき、さく等を伐採させ、もしくは除去させることができる。土地の所有者もしくは占有者または木竹もしくはかき、さく等の所有者は、正当な理由がない限り、立入または標識の設置その他の行為を拒み、または妨げてはならない（自然環境三二条）。立入、標識の設置その他の行為を拒み、または妨げた者は、二十万円以下の罰金（自園五二条）。

都道府県は、条例で、都道府県自然環境保全地域・都道府県立自然公園に関し、実地調査のため必要がある場合に、都道府県知事がその職員に、他人の土地に立ち入り、標識の設置その他の行為をさせることができる旨を定めることができる（自然環境四七条・自園四三条）。また環境大臣は、都道府県に対し、都道府県自然環境保全地域・都道府県立自然公園に関し、必要な報告を求めることができる（自然環境五〇条一項・自園四七条一項）。

② 助言または勧告　環境大臣は、都道府県に対し、都道府県自然環境保全地域・都道府県立自然公園の行政または技術に関し、必要な助言または勧告をすることができる（自然環境五〇条二項・自園四七条二項）。

(8) 両罰主義

以上の違反行為をしたときは、行為者のほか、法人等に対しても、各本条の罰金刑が科せられる（自然環境五三条、自園五三条）。

（1） 静岡地判昭五二・一一・二九訟月二三巻一一号一九四八頁は、「富士箱根伊豆国立公園第一種特別地域内の私有地上への居宅新築許可申請に対し、特別地域内における工作物の新築等の行為の許可・不許可の判断は、行政庁の純然たる自由裁量に委ねられたものとはいえず、自然の風景地を保護し、その利用の適性を図るという公益的見地から当該特別地域内における風致・景観のうち、将来にわたって保護されるべき価値を有すると認められるものの維持に支障を与えるものであるか否かにより決せられるべきである。本件地域はすぐれた自然の風景地であり、本件申請地に建物が建築されることによって、本件地域の自然の原始性が害され、現在の風致・景観が著しく毀損されることは明らかである」と判示した。

（2） 種の保存の規制

①　種の保存　　野生動植物の種の保存は種の保存法に規定されている。法律の対象となるのは、絶滅のおそれのある国内および国際的に希少な野生動植物であって政令で定めるもの（四条参照）、および、その保存を特に緊急に図る必要がある種であって、環境大臣が定めるもの（緊急指定種＝五条）である。平成九年三月末現在、国内希少野生動植物種としては、鳥類三八種、哺乳類二種、爬虫類一種、両生類一種、汽水・淡水魚類二種、昆虫類四種、植物五種の計五四種に加え、平成一一年一一月には、アマミデンダ、ヤドリコケモノ、コゴメキノエランの植物三種が新たに指定された。

②　生息地等保護区　　国内希少野生動植物については、その生息環境を保全するため、必要に応じ生息地等保護区（三六条～四四条）が指定される。生息地等保護区は、特にその種の生息・成育にとって重要な区域であり、立入制限を含む強力な規制を行う管理地区（三七条）と、それを取り囲む緩衝地域の役割を果たす監視区（三九条）から成る。平成一二年三月末現在で指定されている生息地保護区は、ミヤコタナゴ、キタダケソウ、ハナシノブ（二地域）、ベッコウトンボの四生物種について合計七地域である。

③　捕獲等の禁止　　国内希少野生動植物種および緊急指定種の生きている固体は、捕獲、採取、殺傷または損傷をしてはならなず（九条）、学術研究または繁殖目的等の場合は環境大臣の許可を要し（一〇条）、希少野生動植物の固体等の譲渡や輸出入が禁止され（一二条、一五条）、違法な輸入に対しては、それを知りながら譲り受けた者がある場合、原産国への返送命令を出すことができる（一六条）。

④　認定保護増殖事業　　国、地方公共団体または環境大臣の認定を受けた民間団体は、給餌、巣箱の設置、人工飼育、棲息環境の整備等をその内容とする保護増殖事業を行うことができる（法四六条、四七条）。

第三款　助成的手法

（1）公園事業

公園事業は、公園計画に基づいて執行される事業であり、国立公園や国定公園の保護または利用のための施設で政令で定めるものである。道路、園地、宿舎、休憩所、野営所、植生復元施設、砂防施設等が公園事業の対象とされている。

⑴　国立公園に関する公園事業は、環境大臣が、審議会の意見を聴いて決定する（自園一二条二項）。環境大臣は、公園事業を決定したときは、その概要を公示しなければならない（自園一二条五項）。国立公園に関する公園事業は、国が執行し、地方公共団体その他の公共団体は、環境大臣に協議し、その同意を得て、公園事業の一部を執行することができる。また、国および公共団体以外の者は、環境大臣の認可を受けて、公園事業の一部を執行することができる（自園一四条）。国立公園を管理するために国立公園管理官（いわゆる「レンジャー」）が置かれているが、その数は全国で一六七人（平一〇年三月末現在）である。

⑵　国定公園に関する公園事業は、都道府県知事が決定する（自園一二条四項）。都道府県知事は、公園事業を決定したときは、その概要を公示しなければならない（自園一二条六項）。国定公園に関する公園事業は、都道府県が執行し、都道府県以外のの公共団体は、都道府県知事に協議し、その同意を得て、公園事業の一部を執行することができる。また、国及び公共団体以外の者は、都道府県知事の認可を受けて、公園事業の一部を執行することができる（自園一五条）。公園事業は、実際には、大部分が民間によって執行（設置・運営）されている。

(3)　都道府県立自然公園の保護および利用については、都道府県が、その条例で必要な規制を定めることができる（自園四二条）。条例に違反した者に対して、その違反行為の態様に応じて、法律の定める処罰の限度をこえない限度において、刑を科する旨の規定を設けることができる（自園五四条）。

（2）　国の補助

①　保全事業に対する補助　国は、予算の範囲内において、政令で定めるところにより、原生自然環境保全地域および自然環境保全地域に関する保全事業を執行する都道府県に対して、その保全事業の執行に要する費用の一部を補助することができる（自然環境四一条）。

②　公園事業に対する補助　国は、予算の範囲内において、政令で定めるところにより、公園事業を執行する都道府県に対して、その公園事業の執行に要する費用の一部を補助することができる（自園二六条）。

（3）　自然および景観と保養（レクリエーション）

自然保護は、国民の休暇行動の変化に伴い、国民の観光旅行、ドライブ、モーターレースなどによるレクリエーション要求と衝突することがある。この場合、スキー場・ゴルフ場・モーターレース場のような自然破壊による自然の中のレクリエーションではなく、自然による自然を通したレクリエーションでなければならない。したがって、自然保護法の内部における目標衝突は、例えばキャンプ場や散歩道の指定等の方法によつて、解決されるべきであろう。一般論で言えば、自然保護地域へのオフロード車やモーターボート等の乗入れは規制され、例外的な場合にのみ一般国民の利用に供すべきであり、自然公園は、その保護目的を留保して、一般の利用に供し、リクレーション目的による適正な利用に開放されるべきであろう。

第四款　損失補償

①　国は、自然環境保全法上の要許可行為（自然環境二五条四項、二六条三項六号、二七条三項）の許可を得ることができないため、許可に条件を付されたため（自然環境一七条二項）、または行為の禁止・制限等の命令（自然環境二八条二項）を受けたため損失を受けた者に対して、通常生ずべき損失を補償する（自然環境三三条一項）。補償を受けようとする者は、環境大臣にこれを請求しなければならない（自然環境三三条二項）。環境大臣による補償すべき金額の決定に不服がある者は、その通知を受けた日から起算して三月以内に訴えをもって補償すべき金額の増額を請求することができる（自然環境三四条）。

②　国は自然環境保全地域の指定・その区域の拡張、自然環境保全地域に関する保全計画の決定・変更または国が行う自然環境保全地域に関する保全事業の執行に関し、地方公共団体は当該地方公共団体が行う自然環境保全地域に関する保全事業の執行に関し、それらの実地調査による当該職員の行為によって損失を受けた者に対して、通常生ずべき損失を補償する（自然環境三三条一項）。

③　国は国立公園について、都道府県は国定公園について、要許可行為（自園一七条三項、一八条三項、一八条の二第三項）の許可を得ることができないため、許可に条件を付されたため（自園一九条）、または行為の禁止・制限等の命令（自園二〇条二項）を受けたため損失を受けた者に対して、通常生ずべき損失を補償する（自園三五条一項）。補償を受けようとする者は、国に係る補償については環境大臣に、都道府県に係る補償については都道府県知事に請求しなければならない（自園三五条二項）。環境大臣または都道府県知事による補償すべき金額の

決定に不服がある者は、その通知を受けた日から起算して三箇月以内に訴えをもって補償すべき金額の増額を請求することができる（自園三六六条）。(1)

（1）　東京地判昭五七・五・三一行集三三巻五号一一三八頁は、「自然公園の特別地区内の自然公園法三五条一項にいう通常生ずべき損失とは、自然公園内にある土地の所有権に内在する社会的制約を超えて特別の犠牲として加えられた制限によって生じる損害をいう。」と判示した。

同旨、秋田地判昭六二・五・一一訟月三四巻一号四一頁、仙台高秋田支判平元・七・二六訟月三六巻一号一六七頁、東京地判平二・九・一八判時一三七二号七五頁。

東京地判昭五七・五・三一行集三三巻五号一一三八頁は、「国立公園特別地域である瀬戸内海国立公園寒霞渓（小豆島）の山林所有者が、環境庁長官より右山林内の岩石一〇万トンの採取不許可決定を受けたことを理由として、自然公園法三五条一項に基づいてした国に対する損失補償請求について、同人の通常生ずべき損失とはいえず、また、右採取の許可申請は、社会通念上、同法による特別地域指定の趣旨に著しく反し、申請権の濫用ともいうべきものである。」と判示した。

同旨、国定公園特別地域における岩石等の採石許可申請について、東京地判昭六一・三・一七行集三七巻三号二九四頁、東京高判昭六三・四・二〇行集三九巻三・四号二八一頁。

秋田地判昭六二・五・一一訟月三四巻一号四一頁は、「国定公園特別地域内の立木の伐採許可を受けられなかったため、自然公園法三五条二項による損失補償を求められるのは、公共の福祉のためにする財産権制限が社会生活上一般に受忍すべきものとされる限度を超え、特定のものに特別の犠牲を強いる場合に限られ、また、財産権は濫用してはならないのであるから、右立木伐採許可申請において、その申請人の目的・動機、また、許可申請に係る行為の内容等からみて、そもそも許可申請に係る行為が、自然公園法の趣旨・目的に鑑み社会通念上特別地域指定の趣旨に著しく反し、自然公園法の趣旨を没却するものであると認められるとき、すなわち、許可申請自体が申請権の濫用にあたる場合は、同法三五条二項の損失補償の請求をすることができないものというべきである。」、「国定公園の第二種特別地域内に成育する立木の所有者が、損失補償を受けることのみを目的として、あえて不許可にしかならない広範囲にわたる特別地域内立木伐採許可申請を行い、これが不許可となったことを理由に損失補償請求をした場合につき、原告の該伐採許可申請はその目的・内容からみて、自然公園法の特別地域指定の趣旨に著しく反するものとして社会通念上とうてい容認されないことが明らかであり、申請権の濫用にあたるものといわざるを得ず、したがって、各伐採許可申請が不許可になっても、これに対し損失補償をすることを要しない。」と判示した。

同旨、仙台高秋田支判平元・七・二六訟月三六巻一号一六七頁。

東京地判平二・九・一八判時一三七二号七五頁は、「国立公園内の第一種特別地域内における別荘建築の不許可処分について、もし本件申請が許可されれば、本件建物の新築およびその関連行為により同地域の自然の原始性が害され、現在の風致・景観が著しく毀損されることは明らかであり、結局、本件不許可処分による建築の制限は、国立公園内におけるすぐれた風致・景観を保護するために必要かつ合理的な範囲の制限であって、社会生活上一般に受忍すべき財産権の内在的制約の範囲内にあり、補償を要しない。」と判示した。

東京地判昭六一・三・一七行集三七巻三号二九四頁は、「自然公園内にあってすぐれた風致及び景観を有する土地の所有者に対して、その土地所有権の行使につき右のような公共の福祉を実現するために必要かつ合理的な範囲内の制限を加えることは、その土地が自然公園内にあり、すぐれた風致及び景観をもつものとして存在し、利用されてきたという当該財産権本来の性質に応じてその財産権の内容を定めるものというべきである。そうすると、……このような制限によって生ずる損失は、これを補償することを要しないものといわなければならない。」と判示した。

東京地判平二・九・一八判時一三七二号七五頁は、自然公園「法三五条一項は、要許可行為について許可を得ることができないために損失を受けた者に対して通常生ずべき損失を補償する旨を規定しているが、この規定は、右のような法に定める利用行為の制限が、その態様いかんによっては、財産権の内在的制約を超え、特定の者に対して特別な犠牲を強いることとなる場合があることから、憲法二九条三項の趣旨に基づく損失補償を法律上具体化したものであると解すべきである。

したがって、……本件不許可処分による制限が特別の犠牲に当たるか否かは、本件土地を含む周辺一帯の地域の風致・景観がどの程度保護すべきものであるか、又、本件建物が建築された場合に風致・景観にどのような影響を与えるか、さらに、本件不許可処分により本件土地を従前の用途に従って利用し、あるいは従前の状況から客観的に予想され得る用途に従って利用することが不可能ないし著しく困難となるか否か等の事情を総合勘案して判断すべきである。」と判示した。

東京地判昭六三・四・二〇行集三九巻三・四号二八一頁は、「自然公園法三五条による補償の対象となる損失は、同法一七条三項所定の特定の行為につき同条項所定の許可を得ることができなかったために受けた損失に限られるのであって、同条一項による特別地域の指定自体によって受けた損失は、含まれない」と判示した。

第三節　広義の自然保護法

第一款　森林法

森林法は、林業保護法であるが、広義の環境保護法を形成している。

森林法は国有林と民有林について規制をしている。国有林野は、日本の森林面積の約三一％、国土の二〇％を占め、自然環境の保護にとって重要な地域であるということができる。この国有林野の内部に、植物群落保護林、特定動物生息地保護林、特定地理等保護林および森林生物遺伝資源保存林、林木遺伝資源保存林、郷土の森等がが設けられ、ここでは森林法によらない自主的規制も行われている。平成一一年四月一日現在、全体で八一二ヵ所、五一万四、〇〇〇ヘクタールの保護林が設定されている。なかでも平成元年から保護林制度の一環として設定された森林生態系保護地域は自然環境の保護という点で注目すべきもので、平成八年三月現在、知床、白神山地、屋久島等、二六ヵ所、約三二万ヘクタールが指定されている。そのうち、屋久島と白神山地の森林生態系保護地域は、平成五年一二月に世界遺産条約に基づく自然遺産として登録された。

(1)　法律の構成

森林法（昭和二六・六・二六）は、八つの部分により構成されている。第一章は総則、第二章は森林計画等、第二章の二は営林の助長及び監督、第三章は保安施設、第四章は土地の使用、第六章は削除、第七章は雑則、第八章は罰則について規定している。

付属法令

森林法施行令（昭和二六・六・二六）

森林法施行規則（昭和二六・八・一）

地域森林計画の樹立等に関する規程（昭和四三・一二・二三）

森林法第六条第一項に基づき、森林計画を定める件（平成三・七・二五）

関係法令

森林の保健機能の増進に関する特別措置法（平成一・一二・八）

(2)　法律の目的

森林法は、「森林計画、保安林その他の森林に関する基本的事項を定めて、森林の保続培養と森林生産力の増進とを図り、もって国土の安全と国民経済の発展とに資することを目的とする。」（森林一条）。

（3）　法律の手法――計画

農林水産大臣が全国森林計画を策定し（四条）、都道府県知事は民有林を対象に全国森林計画に即して森林計画ごとに地域森林計画を作成する（五条）。それを受けて民有林所有者が森林施業計画を作成し（一一条）、都道府県知事の認定を得て実際の管理・伐採を行う。また知事が森林整備市町村に指定した市町村については、市町村長が市町村森林整備計画を立てる（一〇条の五）。

国有林については、全国森林計画に即して森林管理局長が森林計画ごとに地域別森林計画を策定し（七条の二）、さらに地域ごとの施業管理計画を策定する。地域森林計画・市町村森林整備計画は公表される（六条、一〇条の五）。

（4）　法律の手法――規制

民有地については、その開発行為について林地開発許可制度を定め、一定の行為については都道府県知事の許可を要するものとする。ただし、国または地方公共団体が行う場合、火災、風水害その他の非常災害のため必要な応急措置として行う場合などは、許可が不要とされている（一〇条の二）。

また森林法は、保安林制度を定め、保安林に指定された民有林・国有林での立木の伐採、土地形質の変更等を規制する。保安林には、水源かん養保安林、土砂流失防備保安林などを含め一一の種類がある（二五条）。保安林の指定および解除にあたって、「直接の利害関係ある者」は、都道府県知事を経由して農林水産大臣に意見書を提出することができ、農林水産大臣は、この意見書の提出があったときは、これについて公開による意見の聴取（公聴会）を行わなければならない（三二条）。保安林の指定面積は、平成九年三月末で、約九二七万ヘクタールである。

第二款　鳥獣保護及狩猟ニ関スル法律

鳥獣保護法および狩猟保護法は、鳥獣の保護および狩猟の取締りを目的とするが、広義の環境保護法に属する。

鳥獣保護及狩猟ニ関スル法律（大正七・四・四）は、四九カ条から成る。

付属法令

鳥獣保護及狩猟ニ関スル法律施行令（昭和二八・八・三一）

鳥獣保護及狩猟ニ関スル法律施行規則（昭和二五・九・三〇）

鳥獣保護及狩猟ニ関スル法律第一条ノ五第三項の規定に基づき狩猟鳥獣の捕獲を禁止、制限する件（昭和五三・七・二〇）

（1）法律の目的

鳥獣保護及狩猟ニ関スル法律（以下、鳥獣保護法と略す。）は、「鳥獣保護事業ヲ実施シ及狩猟ヲ適正化スルコトニ依リ鳥獣ノ保護蕃殖、有害鳥獣の駆除及危険ノ予防ヲ図リ以テ生活環境ノ改善及農林水産業ノ振興ニ資スルコトヲ目的トス」（一条）。

（2）法律の手法——計画

① 鳥獣保護事業計画　　都道府県知事は、鳥獣保護事業を実施するため、環境大臣が自然環境保全審議会の意見を聞いて定めた基準に従い、鳥獣保護事業計画を樹てるものとする（一条ノ二）。

②　特定鳥獣保護管理計画　都道府県知事は、当該都道府県内の区域内において著しく増加または減少した鳥獣がある場合において、当該鳥獣の棲息状況その他の事情を勘案し長期的な観点より当該鳥獣の保護蕃殖を図るため特に必要があると認めるときは、特定鳥獣保護管理計画を樹てることができる（一条ノ三第一項）。特定鳥獣保護管理計画は、鳥獣保護事業計画に適合することを要す（一条ノ三第三項）。都道府県知事は、特定鳥獣保護管理計画を樹てまたは変更する場合においては、関係地方公共団体と協議するとともに、一定の場合、環境大臣に協議することを要す（一条ノ三第四項）。都道府県知事は、特定鳥獣保護管理計画を樹てまたは変更するときは、公聴会を開き利害関係人の意見を聞き、かつ審議会その他の合議制の機関に諮問することができる（一条ノ三第五項）。

保護管理計画の対象となるのは特定鳥獣（＝保護管理すべき鳥獣の種類）である（一条ノ三第二項）。

③　鳥獣保護区　環境大臣または都道府県知事は、鳥獣保護蕃殖を図るため必要があると認めるときは、鳥獣保護区を設定することができ（八条ノ八第一項）、さらに鳥獣保護区の区域内に特別保護区を指定することができる（八条ノ八第三項）。鳥獣保護区は、平成一二年三月末現在、五四の国設鳥獣保護区（四九・三万ヘクタール）、三、八〇四の都道府県設鳥獣保護区（三〇七・四万ヘクタール）が設定されており、その合計は三五六・七ヘクタールで国土面積の九・四％を占めている。また、それらのうち合計二五・七万ヘクタールの特別保護地域が指定されている。

（3）　法律の手法——規制

規制の内容は、狩猟の免許制と狩猟者の登録（三条、八条ノ七）および狩猟場所や狩猟方法の規制（一一条・捕獲禁止場所と銃猟の制限、一五条・捕獲手段の制限、一九条ノ三・特定猟具の所持等の禁止など）である。また、鳥獣の保護繁殖のために鳥獣保護区（八条ノ八）や休猟区（九条）を設定し、人工的な繁殖も認める（一四条九項）。さらに捕獲鳥獣の商品としての流通を規制するために、ヤマドリの販売（一三条ノ二）や違法に捕獲した鳥獣の譲渡（二〇条）を禁止し、特定の鳥獣および加工品の輸出入を制限する（二〇条項ノ二）。規制違反については、それぞれ罰則がある。

来たれや友よ　打ち連れて　愉快に今日は
散歩せん　日は暖かく　雲晴れて　けしき勝
れて　良き野辺に

——散歩唱歌——

第九章　大気汚染防止法

文献　加藤一郎編『公害法のしくみ』(昭四六・有斐閣)、谷口知平・沢井　裕・淡路剛久編『公害の法律相談』(昭四六・有斐閣)、西原道雄・木村保雄編『公害法の基礎』(昭五一・青林書院新社)、大気汚染防止法令研究会編『逐条解説大気汚染防止法』(昭五九・ぎょうせい)

環境汚染防止は、人間、動植物、大気、水、土壌ならびに文化財その他の物を有害な環境影響から保護し、大気の汚染、騒音、振動、光線、熱エネルギー、放射線その他の有害な環境影響の発生を予防することを目的としている。それらのうち、大気汚染の防止は最も重要な問題であるということができる。

大気汚染の領域では、産業、自動車、航空機ならびに燃焼装置、すなわち発電所および家庭用燃料が大きな環境負荷源である。大気を汚染する最も重要な有害物質は、二酸化窒素（NO_2）、二酸化硫黄（SO_2）、光化学オキシダントおよび非メタン炭化水素、一酸化水素、浮遊粒子状物質（SPM）などである。とくに二酸化炭素（CO_2）、メタン（CH_4）などによる大気汚染は、大気における平均気温の上昇をもたらすことが予測され（いわゆる温室効果）、フロンガスなどの放出はオゾン層を破壊する。

わが国では、九〇年に策定した二〇〇〇年以降の二酸化炭素排出総量の抑制目標の達成は絶望的で、排出総量の増加傾向に歯止めがかからないし、最近は、デーゼル自動車からの排気ガスに含まれるデーゼル排気微粒子（DEP）の問題が深刻になっている。

第一節　基　礎

（1）法律の構成

大気汚染防止法（昭和四三・六・一〇、最終改正平成一二）は、九つの部分により構成されている。第一章では法律の目的、ばい煙、ばい煙発生施設などの定義について規定し、第二章はばい煙の排出基準、規制基準などばい煙の排出についての規制について定め、第二章の二では粉じんに関する規制、第二章の三では有害大気汚染物質対策の推進について規定し、第三章では自動車排出ガスに係る許容限度などについて規定している。さらに第四章は大気の汚染の状況の監視等、第四章の二は損害賠償について規定し、第五章では雑則、第六章は罰則について規定している。

付属法令

大気汚染防止法施行令（昭和四三・一一・三〇）

大気汚染防止法施行令規則（昭和四六・六・二二）

大気汚染防止法第二条第十項の自動車及び原動機付自転車を定める省令（昭和四三・一一・三〇）

大気汚染防止法第二十一条第一項の規定に基づく自動車排気ガスによる大気の汚染の限度を定める命令（昭和四六・六・二三）

大気の汚染に係る環境基準について（昭和四八・五・八）
二酸化窒素に係る環境基準について（昭和五三・七・一一）
ベンゼン、トリクロロエチレン及びテトラクロロエチレンによる大気の汚染に係る環境基準について（平九・二・四）
大気汚染防止法第二十一条第一項の規定に基づき、燃料使用に関する基準を定める件（昭和四六・六・二三）
大気汚染防止法第十五条の二第三項の規定に基づき、燃料使用に関する基準を定める件（昭和五一・二・七）
自動車排気ガスの量の許容限度（昭和四九・一・二一）
自動車の燃料の性状に関する許容限度及び自動車の燃料に含まれる物質の量の許容限度を定める件（平成七・一〇・二）
指定物質抑制基準を定める告示（平成九・二・六）

関係法令

自動車から排出される窒素酸化物の特定地域における総量の削減等に関する特別措置法（平成四・六・三）
スパイクタイヤ粉じんの発生の防止に関する法律（平成二・六・二七）
ダイオキシン類対策特別措置法（平一一・七・一六）。

（2）　法律の目的

大気汚染防止法一条は、法律の目的として、「工場及び事業場における事業活動並びに建築物の解体等に伴うばい煙並びに粉じんの排出等を規制し、有害大気汚染物質対策の実施を推進し、並びに自動車排気ガスに係る許容限度を定めること等により、大気の汚染に関し、国民の健康を保護するとともに生活環境を保全し、並びに大気汚染に関して人の健康に係る被害が生じた場合における事業者の損害賠償の責任について定めることにより、被害者の保護を図ることを目的とする。」と規定している。

しかし法律は、大気の汚染とはどのような状態か、いかなる場合に、国民の健康と生活環境に対する危険が発生し、いかなる時から国民の健康と生活環境に対する不利益や苦痛が発生するかといった問題については、何ら規定していない。この問題は環境基準によって具体化される。

（3）概念規定

(1)「ばい煙」とは、i燃料その他の燃焼に伴い発生するいおう酸化物、ii燃料その他の燃焼または熱源としての電気の使用に伴い発生するばいじん、iii物の燃焼、合成、分解その他の処理（機械的処理を除く。）に伴い発生する物質のうち、カドミウム、塩素、弗化水素、鉛その他の人の健康または生活環境に係る被害を生ずるおそれがある物質で政令で定めるものをいう（二条一項）。

(2)「ばい煙発生施設」とは、工場または事業場に設置される施設でばい煙を発生し、および排出するもののうち、その施設から排出されるばい煙が大気の汚染の原因となるもので政令で定めるものをいう（二条二項）。三二カテゴリーの「ばい煙発生施設」が大気汚染防止法施行令で定められている。

(3)「粉じん」とは、物の破砕、選別その他の機械的処理またはたい積に伴い発生し、または飛散する物質をいう（二条四項）。

(4)「特定粉じん」とは、粉じんのうち、石綿その他の人の健康に係る被害を生ずるおそれがある物質で政令で定めるものをいい、「一般粉じん」とは、特定粉じん以外の粉じんをいう（二条五項）。現在、特定粉じんとして政令で指定されているのは、石綿（アスベスト）だけである。

(5)「一般粉じん発生施設」とは、工場または事業場に設置される施設で一般粉じんを発生し、および排出し、または飛散させるもののうち、その施設から排出され、または飛散する一般粉じんが大気の汚染の原因となるもので政令で定めるものをいう（二条六号）。「特定粉じん発生施設」とは、工場または事業場に設置される施設で特定粉じんを発生し、および排出し、または飛散させるもののうち、その施設から排出され、または飛散する特定粉じんが大気の汚染の原因となるもので政令で定めるものをいう（二条六号）。

(6)「有害大気汚染物質」とは、継続的に摂取される場合には人の健康を損なうおそれがある物質で大気の汚染の原因となるもの（ばい煙および特定粉じんを除く。）をいう（二条九項）。

(7)「自動車排気ガス」とは、自動車（道路運送車両法に規定する自動車のうち環境省令で定めるもの、および原動機付き自転車のうち環境省令で定めるものをいう。）の運行に伴い発生する一酸化炭素、炭化水素、鉛その他の人の健康または生活環境に係る被害を生ずるおそれがある物質で政令で定めるものをいう（二条一〇項）。

第二節　大気汚染防止法の手法

第一款　計画的手法

(1)　大気汚染に係る環境基準

政府は、環境基本法一六条に基づき、大気の汚染に係る健康上の条件について、人の健康を保護し、および生活環境を保全する上で維持されることが望ましい基準を定めるものとする。

図表Ⅸ―１　環境基準（大気）

物　　質	大気汚染に係る環境基準（昭和48・５・８環告25、昭和53・７・11環告38、昭和56・６・17環告47、平成８・10・25環告73）	達成期間	要請基準〔大気汚染防止法第21条第１項〕	緊急時の自主規制の協力を求める基準〔大気汚染防止法第23条第１項〕	緊急時の措置基準〔大気汚染防止法第23条第２項〕
二酸化いおう〔大気汚染防止法は硫黄酸化物〕	１時間値の１日平均値が0.04ppm以下であり、かつ、一時間値が0.1ppm以下であること。	維持されまたは原則として５年以内において達成されるよう努める。		１）１時間値100万分の0.2以上が３時間継続 ２）１時間値100万分の0.3以上が２時間継続 ３）１時間値100万分の0.5以上 ４）１時間値の48時間平均値100万分の0.15以上	１）１時間値100万分の0.5以上が３時間継続 ２）１時間値100万分の0.7以上が２時間継続
一酸化炭素	１時間値の１日平均値10ppm以下 １時間値の８時間平均値20ppm以下	維持されまたは早期に達成されるよう努める。	１時間値の月間平均値100万分の10（10ppm）	１時間値100万分の30以上（30ppm）	１時間値100万分の50以上（50ppm）
浮遊粒子状物質	１時間値の１日平均値0.10mg/m³以上 １時間値0.20mg/m³以下			１時間値2.0mg/m³以上が２時間継続	１時間値3.0mg/m³以上が３時間継続
二酸化窒素	１時間値の１日平均値0.04ppm～0.06ppmのゾーン内又はそれ以下	１　１時間値の１日平均値が0.06ppmを超える地域にあっては、１時間値の１日平均値0.06ppmが達成されるよう努めるものとし、その達成期間は原則として７年以内とする。 ２　１時間値の１日平均値が0.04ppmから0.06ppmまでのゾーン内にある地域にあっては、原則として、このゾーン内において、現状程度の水準を維持し、又はこれを大きく上回ることとならないよう努めるものとする。		１時間値100万分の0.5以上（0.5ppm）	１時間値100万分の１以上（１ppm）
光化学オキシダント	１時間値0.06ppm以下	維持されまたは早期に達成されるよう努める。		１時間値100万分の0.12以上（0.12ppm）	１時間値100万分の0.4以上（0.4ppm）
適用場所	工業専用地域、車道その他一般公衆が通常生活していない地域または場所を除く。		道路の部分及び周辺区域		

大気汚染に係る環境基準としては、「大気汚染に係る環境基準について」および「二酸化窒素に係る環境基準について」が定められ、現在、大気汚染物質である二酸化硫黄、一酸化炭素、浮遊粒子状物質、光化学オキシダントおよび二酸化窒素の五物質について定められている（図表Ⅸ―1を見よ。）。

（2）　指定および計画

法律の目的を達成するために、計画的手法として、⑴総量規制対象となるばい煙の指定と⑵指定ばい煙の総量削減計画を定める。

⑴　総量規制の対象となるばい煙と地域の指定

指定は計画法上の手法である。有害な環境影響の防止および事前予防を計画的、集中的に行うために、規制の対象となるばい煙と地域を指定する。

①　総量規制の対象となるばい煙　　いおう酸化物その他の政令で定めるばい煙を「指定ばい煙」（五条の二）といい、総量規制の対象となる指定ばい煙は硫黄酸化物と窒素酸化物だけである。

②　総量規制の対象となる地域　　工場・事業場が集合している地域で大気環境基準の確保が困難であると認められる地域として、大気汚染物質ごとに、政令で定める地域を「指定地域」という（五条の二）。いおう酸化物については、千葉市や東京二三区など二四地域が、窒素酸化物については、東京二三区や大阪市など三地域が指定されている。

⑵　指定ばい煙総量削減計画

都道府県知事は、指定地域にあっては、指定ばい煙について、指定ばい煙総量削減計画を策定しなければならない（五条の二）。指定ばい煙総量削減計画には次のことを定めなければならない。ⅰ指定地域内におけるすべての特定工場等（＝環境省令が定める基準に従い知事が定める規模以上の工場・事業場）に設置されているばい煙発生施設に関する指定ばい煙の総量についての削減目標量、ⅱ計画の達成期間（中間目標としての削減目標量を定める場合は、その削減目標量）。

第二款　規制的手法

大気汚染防止法は、法律の目的を達成するために、（1）ばい煙に関する規制、（2）粉じんに関する規制、（3）有害大気汚染物質に関する規制、（4）自動車排出ガスに関する規制などの規制的手法と（5）その規制の手続について規定している。

（1）ばい煙に関する規制

⑴　規制対象

規制の対象になるのは「ばい煙」であり、「ばい煙発生施設」である。

⑵　排出基準

規制対象のばい煙発生施設については、それぞれの排出口からの排出に適用される排出基準がある。排出基準は三種類である。

①　一般排出基準　排出基準は、ばい煙発生施設において発生するばい煙について、環境省令で定める（三条一項）。これを一般的排出基準という。この排出基準は、いおう酸化物、ばいじん、有害物質ごとに異なる方式で定められる。

いおう酸化物の排出基準は次の式により算出したいおう酸化物の量である（施行規則三条）。

$$q = K \times 10^{-3} \times He^2$$

q：いおう酸化物の量（単位：㎥／h）

K：地域ごとの定数

He：有効煙突高（m）

いおう酸化物の一般排出基準は、現在、全国を一二〇の政令特掲地域およびその他の地域（非特掲地域）に細分し、その地域を一六段階に分け、K値三・〇からK値一七・五の範囲で、右の算式により、各ばい煙発生施設ごとにその排出口の高さに対応して、一時間あたりのいおう酸化物の排出許容限度量が決められる。この方式を「K値規制」といい、Kの数値が小さいほど規制が厳しくなる。最も厳しいのは東京二三区や大都市とその周辺地域である。K値は、昭和四三年以降、段階的に強化された。ばいじん、有害物質については、排出口における排出の濃度をコントロールする濃度規制がなされている。

② 特別排出基準　一般排出基準より厳しい排出基準である。環境大臣は、施設集合地域（＝ばい煙発生施設が集合して設置されている地域）において、新たに設置されるばい煙発生施設について、一般的排出基準にかえて適用される排出基準である（三条三項）。いおう酸化物とばいじんに関して、大都市、工業都市とその周辺地域について定められている。

③ 上乗せ排出基準　都道府県は、国が設定した排出基準では住民の健康や自然環境を保全するのに十分でないと認められる区域がある場合には、条例により、国が設定した排出基準にかえて、より厳しい基準（＝上乗せ排出基準）を設けることができる（四条一項）。上乗せ排出基準は、ばいじん、有害物質について認められ、い

おう酸化物は除外されている（四条一項）。都道府県が上乗せ排出基準を定める場合には、当該都道府県知事は、あらかじめ、環境大臣に通知しなければならない（四条三項）。上乗せ排出基準は、多くの都道府県で設定されている。

(3)　燃料使用規制

都道府県知事は、季節によりいおう酸化物に係る汚染が悪化するおそれがある場合に、地域ごとに燃料使用基準を定め、当該地域においていおう酸化物を排出する者に対し、燃料使用基準に従うべきことを勧告し、命ずることができる（一五条一項、二項）。燃料使用基準は、環境大臣が定める基準に従い、地域ごとに都道府県知事が定め（一五条三項）、これを公示しなければならない（一五条五項）。この規制が適用される地域は施行令に定められている（施行令九条）。

(4)　総量規制基準

①　都道府県知事は、指定地域にあっては指定ばい煙について策定した指定ばい煙総量削減計画に基づき、総量規制基準を定めなければならない（五条の二）。指定地域においては特定工場以外にも指定ばい煙を排出する施設があるから、とりあえず当該地域の大気環境基準の達成のために必要な量にまで削減するとした場合に特定工場等からの発生総量の割合を算出し、それを個々の工場が削減できるように、工場単位で、総量規制基準が定められるのである。総量規制基準が適用される場合、排出基準も適用されるから、二重の規制になる。

②　都道府県知事は、新たなばい煙発生施設が設置された特定工場等および新たに設置された特定工場等について、ばい煤総量削減計画に基づき、総量規制基準に代えて適用すべき特別の総量規制基準を定めることができる（五条の二第三項）。総量規制基準および特別の総量規制基準は、指定ばい煙の合計量について定める許容限度

である（五条の二第四項）。指定地域内で総量規制基準が適用されない小規模工場等に対しては、燃料使用基準が定められている。

（2）　粉じんに関する規制

(1)　粉じんの規制基準

一般粉じん発生施設を設置している者は、当該一般粉じん発生施設について、環境省令で定める構造ならびに使用および管理に関する基準を遵守しなければならない（一八条の三）。一般粉じんについては、散水設備や防じんカバーや集じん機の使用などの基準を定めている。

特定粉じん発生施設に係る隣地との敷地境界における規制基準は、特定粉じん発生施設を設置する工場または事業場における事業活動に伴い発生し、または飛散する特定粉じんで工場または事業場から大気中に排出され、または飛散するものについて、特定粉じんの種類ごとに、工場または事業場の敷地の境界における大気中の濃度の許容限度として、環境省令で定める（一八条の五）。特定粉じん排出作業に係る規制基準は、特定粉じんの種類および特定粉じん排出等作業の種類ごとに、特定粉じん排出等作業の方法に関する基準として、環境省令で定める（一八条の一四）。作業基準は、i解体作業（iiを除く。）、ii解体作業のうち、特定建築材料のあらかじめの除去が困難な作業、iii改造、補修作業の三つの作業について定められている。

（3）　有害大気汚染物質に関する規制

(1)　長期毒性を有する有害大気汚染物質は、規制の対象とされているが、排出基準等の設定はなされておらず、事業者には排出抑制の努力義務が課せられている（一八条の二一）。有害大気汚染物質には二三四種類の物質があるが、指定物質については、排出等の抑制に関する基準を定め、より強化された対策を講ずることとされている。

指定物質として、政令において、ベンゼン、トリクロロエチレンおよびテトラクロロエチレンの三物質が指定されている。

① 指定物質抑制基準　環境大臣は、当分の間、指定物質の種類および指定物質排出施設の種類ごとに排出または飛散の抑制に関する基準を定め、これを公表するものとする（附則九項）。

② 勧　告　都道府県知事は、指定物質抑制基準が定められた場合において、大気汚染による健康被害を防止するため必要があると認めるときは、指定物質排出施設設置者に対し、必要な勧告をすることができる（附則一〇項）。

③ 報　告　都道府県知事は、勧告をするため必要な限度において、指定物質排出施設設置者に対し、必要な事項に関し報告を求めることができる（附則一一、一三項）。

(2) ダイオキシン類については、ダイオキシン類対策特別措置法（平成一一・七・一六）がある。ダイオキシン類は史上最悪の有害物質といわれている。この法律は、ダイオキシン類による環境の汚染の防止およびその除去等をするため、ダイオキシン類に関する施策の基本とすべき基準を定めるとともに、必要な規制、汚染土壌にかかる措置等を定めることにより、国民の健康の保護を図ることを目的とする（一条）。

① 「ダイオキシン類」とは、ⅰポリ塩化ジベンゾフラン、ⅱポリ塩化ジベンゾーパラージオキシン、ⅲコプラナーポリ塩化ビフェニルをいう（ダイオキシン二条一項）。塩化ビフェニル（PCB）のうちコプラナーＰＣＢは、ダイオキシン類に含まれる。

② 「特定施設」とは、工場または事業場に設置される施設のうち、製鋼の用に供する電気炉、廃棄物消却炉その他の施設であって、ダイオキシン類を発生しおよび大気中に排出し、またはこれを含む汚水もしくは廃液を

排出する施設で政令で定めるものをいう（二条二項）。特定施設には、大気に係る排出基準が適用されるものと水質に係る排出基準が適用されるものがある。大気に係る排出基準が適用される特定施設には、火床面積が〇・五平方メートル以上または焼却能力が一時間当たり五〇キログラム以上の廃棄物焼却炉のほか一定の焼結炉、電気炉等が含まれ（施行令別表第一）、水質に係る排出基準が適用されるものとしては、廃棄物焼却炉から発生するガスを処理するガス洗浄施設および湿式洗浄施設、一定のパルプ製造用塩素化合物による漂白施設等が定められている（施行令別表第二）。

例えば、大気に係る排出基準は、焼却能力が一時間当たり四〇〇〇キログラム以上は一立方メートルにつき〇・一ナノグラム（ナノは、一〇億分の一）、焼却能力が一時間当たり二〇〇〇キログラム以上四〇〇〇キログラム未満は一立方メートルにつき一ナノグラム、焼却能力が一時間当たり四〇〇〇キログラム未満は一立方メートルにつき五ナノグラムである（施行規則別表第一）。

国および地方公共団体が講ずるダイオキシン類に関する施策の指標とすべき耐容一日摂取量（人が生涯にわたって継続的に摂取したとしても健康に影響を及ぼすおそれのない一日当たりの摂取量）は、人の体重一キログラム当たり四ピコグラム以下で政令で定める値とする（六条一項）。また政府は、ダイオキシン類による大気の汚染、水質の汚濁および土壌の汚染に係る望ましい環境基準を定めるものとする（七条）。「ダイオキシン類による大気の汚染、水質の汚濁及び土壌の汚染に係る環境基準について」（平成一一・一二・二七――環境庁告示）では、大気に係る環境基準を一立方メートル当たり〇・六ピコグラム、水質に係る環境基準を一リットル当たり一ピコグラム、土壌に係る環境基準を一グラム当たり一〇〇〇ピコグラムとしている。

(3)　ダイオキシン類対策特別措置法の手法は、大気汚染防止法の手法とほぼ同様である。

①　計画的手法　i総量削減計画　都道府県知事は、当該指定地域におけるすべての大気基準適用施設から大気中に排出されるダイオキシン類の量の総量（一一条一項一号）から大気の汚染に関する環境基準に照らし環境省令で定めるところにより算定される当該指定地域における大気基準適用施設から大気中に排出されるダイオキシン類の量の総量（一一条一項二号）にまで削減させることを目途として、大気基準適用施設の種類および規模等を勘案して、政令で定めるところにより、削減目標量および計画の達成期間・方途を定めるものとする（一一条一項）。

ii国の計画　環境大臣は、我が国における事業活動に伴い排出されるダイオキシン類の量を削減するための計画を作成するものとする。この計画においては、次の事項を定めるものとする。ⓐダイオキシン類の事業分野別の推計排出量に関する削減目標量、ⓑ削減目標を達成するため事業者が講ずべき措置に関する事項、ⓒ資源の再生利用の促進その他のダイオキシン類の発生の原因となる廃棄物の減量化を図るため国および地方公共団体が講ずべき施策に関する事項、ⓓその他我が国における事業活動に伴い排出されるダイオキシン類の削減に関し必要な事項（三三条項）。

②　規制手法　i　排出基準　特定施設に係る排出ガスまたは排出水に含まれるダイオキシン類の排出の削減に係る技術基準を勘案し、特定施設の種類および構造に応じて、環境省令で定める（八条一項）。排出基準は許容限度とする（八条二項）。

ii　総量規制基準　都道府県知事は、総量削減計画に基づき、総量規制基準を定めなければならない（一〇条一項）。都道府県知事は、政令で総量規制基準の対象地域があるときは、環境大臣に対し、その旨の申出をすることができる（一〇条五項）。住民は、都道府県知事に対し、環境大臣に対し右の申出をするよう申し出ることができる（一〇条六項）。

排出基準および総量規制基準の遵守を確保するため、基準に適合しない排出を禁じ（二〇条一項、二一条一項）、これに違反した者について六月以下の懲役または五十万以下の罰金、過失の場合は三月以下の懲役または三十万円以下の罰金（四五条）。

iii　改善命令等　　都道府県知事は、排出者が排出基準に適合しない排出ガスまたは排出水が継続して排出されるおそれがあると認めるときは、その者に対し、期限を定めて特定施設の構造もしくは使用の方法もしくは当該特定施設にかかる発生ガスもしくは汚水もしくは廃液の処理の方法の改善を命じ、または当該特定施設の使用の一時停止を命ずることができる（二二条一項）。また、都道府県知事は、総量規制基準に適合しない排出ガスが継続して排出されるおそれがあると認めるときは、当該排出ガスに係る総量規制基準適用事業場の設置者に対し、期限を定めて当該総量規制基準適用事業場における発生ガスの処理の方法の改善その他必要な措置をとるべきことを命ずることができる（二二条三項）。命令に違反した者は、一年以下の懲役または百万円以下の罰金（四四条）。

iv　廃棄物焼却炉に係るばいじん等の処理　　廃棄物焼却炉である特定施設から排出される当該特定施設の集じん機によって集められたばいじんおよび焼却灰その他の燃え殻の処分を行う場合には、当該ばいじんおよび焼却灰その他の燃え殻に含まれるダイオキシン類の量が環境省令で定める基準以内となるよう処理しなければならない（二四条）。環境省令で定める基準は一グラムにつき三ナノグラムとされている。

v　汚染土壌に係る措置　　都道府県知事は、土壌の汚染に関する環境基準を満たさない地域で、政令の定める要件に該当するものをダイオキシン類土壌汚染対策地域として指定することができる（二九条一項）。都道府県知事は、対策地域を指定しようとするときは、審議会および関係市町村長の意見を聴かなければならない（二九条三項）。都道府県知事は、対策地域を指定したときは、遅滞なく、ダイオキシン類土壌汚染対策計画を定めなければならない（三一条一項）。対策計画の内容としては、汚染土壌の除去事業、被害発生防止措置等を定めるものとする（三一条二項）。都道府県知事は、対策計画を定めようとするときは、関係市町村の意見を聴くとともに、公聴会を開き、対策地域の住民の意見を聴かなければならない（三一条三項）。

vi　報告および検査　都道府県知事による特定施設の設置者に対する報告の徴求と立入検査ができる（三四条）。報告をせず、虚偽の報告をし、検査を拒み、妨げ、忌避した者は、二〇万円以下の罰金（四七条）。

vii　両罰主義　罰則規定については、行為者のほか、法人などに対して各本条の罰金刑を科する（四八条）。

③　その他　ダイオキシン類による環境汚染防止・除去等のための施設設置・改善についての国の援助（三八条）、条例との関係（四三条）などについての規定がある。

（4）　自動車排出ガスに関する規制

自動車排出ガスに関する規制ついては、大気汚染防止法のほか、自動車から排出される窒素酸化物の特定地域における総量の削減等に関する特別措置法（平四・六・三）およびスパイクタイヤ粉じんの発生の防止に関する法律（平二・六・二七）がある。

①　規制の対象となる自動車は、普通自動車、小型自動車（二輪自動車をい除く）、軽自動車（二輪自動車を除く）および原動機付自転車（排気量一二五 cc以下のバイク）、二輪自動車（排気量一二五 cc超二五〇 cc以下の軽二輪自動車および二五〇 cc超の小型二輪車）およびデーゼル乗用車である。

②　大気汚染防止法では、自動車排出ガスに係る許容限度等を規制している。環境大臣は、自動車が一定の条件で運行する場合に発生し、大気中に排出される排出物に含まれる自動車排出ガスの量の許容限度を定めなけれ

ばならず、必要があると認めるときは、自動車の燃料の性状に関する許容限度または自動車の燃料に含まれる物質の量の許容限度を定めなければならない（一九条、一九条の二）。

③　自動車から排出される窒素酸化物の特定地域における総量の削減等に関する特別措置法（自動車NOx法）では、特定地域（＝自動車の交通が集中している地域で、既存の対策では環境基準の確保が困難である認められる地域として政令で定める地域）について、国は自動車排出窒素酸化物の総量削減基本方針を定め（六条）、都道府県知事は、総量削減基本方針に基づき、総量削減計画を定めなければならない（七条）。また環境大臣は、特定自動車の窒素酸化物の排出量に関する基準を定めなければならず、特定自動車排出基準は許容限度とする（一〇条）。なお、窒素酸化物に加えて、粒子状物質も規制の対策とされた。

国土交通大臣は、特定自動車排出基準が確保されるように考慮して、道路運送車両法に基づく命令を定めなければならない（一二条）。これを受けて、道路運送車両法は、自動車はその構造が、国土交通省で定める公害防止上の技術基準に適合するものでなければ、運行の用に供してはならないと規定している（四〇条）。その結果、具体的には、排出基準を満たさない自動車には自動車検査証が交付されないことになる。また製造業、運輸業その他の事業を行う者について、事業所管大臣は、自動車排出窒素酸化物の抑制を図るための指針を定め、必要な指導および助言をすることができる（一三条）。これらの措置により、低公害車（電気自動車、ハイ・ブリッド車）の普及、物流対策（共同輸送の推進等）、人流対策（公共交通機関の整備等）、交通流対策（バイパスの整備等）が進められる。

④　スパイクタイヤ粉じんの発生の防止に関する法律では、スパイクタイヤの使用を規制するため、環境大臣が地域を指定し、指定地域内の舗装道路で積雪や凍結のない部分では緊急用自動車などを除き、スパイクタイヤ

の使用が禁止される（五条、七条）。指定地域は、北海道、東北、北陸の各県に及んでいる。

（5）大気汚染防止法の規制——届出義務、排出基準遵守義務、改善命令等

①　届出義務　ⅰ　ばい煙発生施設の設置は届出制である（六条、八条）。ただし、都道府県知事は、ばい煙発生施設の設置は届出があった場合、そのばい煙発生施設に係るばい煙量またはばい煙濃度が排出基準に適合しないと認めるときは、その届出を受理してから六〇日以内に限り、届出に係る計画の変更または計画の廃止を命ずることができる（九条）。右の届出をした者は、届出が受理されてから六〇日を経過した後でなければ、操業をしてはならない（一〇条）。届出義務に違反した者は、三月以下の懲役または三〇万円以下の罰金（三四条）。

ⅱ　特定粉じん排出等作業の実施の届出　特定粉じん排出等作業を伴う建設工事を施行しようとする者は、作業開始の日の十四日前までに、環境省令で定めるところにより、特定粉じん排出等作業の実施について、都道府県知事に届け出なければならない。ただし、災害その他非常の事態の発生により特定粉じん排出作業を緊急に行う必要がある場合は、この限りでない（一八条の一五）。届出をせず、または虚偽の届出をした者は一〇万円以下の過料に処する（三七条）。両罰規定なし。

②　排出基準遵守義務　ばい煙発生施設において発生するばい煙を大気中に排出する者は、排出基準に適合しないばい煙を排出してはならない（一三条）。指定ばい煙の総量規制基準についても同様である（一三条の二）。違反した者は、六月以下の懲役または五〇万円以下の罰金（三三条の二）。

③　命令　ⅰ　計画変更命令等　都道府県知事は、ばい煙発生施設の設置届出またはばい煙発生施設の構造等の変更届出があった場合において、それが排出基準に適合しないと認めるとき、あるいは、すべてのばい煙施設に係る指定ばい煙の合計量が総量規制基準に適合しないと認めるときは、その届出を受理した日から六十

日以内に限り、その届出に係るばい煙発生施設の構造もしくは使用の方法もしくはばい煙の処理の方法に関する計画の変更をまた計画の廃止を、あるいは、当該特定工場における指定ばい煙の処理の方法の改善、使用燃料の変更その他必要な措置を採るべきことを命ずることができる（九条、九条の二）。命令に違反した者は、一年以下の懲役または百万円以下の罰金（三三条項）。また、都道府県知事は、特定粉じん発生施設の設置届出または変更届出があった場合にいて、その届出に係る隣地との敷地境界における大気中の特定粉じんの濃度が隣地境界基準に適合しないと認めるときも、同様（一八条の八、三三条項）。

ii　改善命令等　都道府県知事は、排出基準に適合しないばい煙を継続して排出するおそれがある場合において、人の健康または生活環境に係る被害を生ずると認めるときは、期限を定めて当該ばい煙施設の構造もしくは使用の方法もしくは当該ばい煙発生施設に係るばい煙の処理の方法の改善を命じ、または当該ばい煙発生施設の使用の一時停止を命ずることができる（一四条）。命令に違反した者は、一年以下の懲役または百万円以下の罰金（三三条）。また、都道府県知事が、特定粉じん排出者が排出し、飛散させる特定粉じんの当該工場または事業場の敷地の境界線における大気中の濃度が敷地境界基準適合しないと認めるときも、同様（一八条の一一、三三条）。

iii　基準適合命令等　都道府県知事は、一般粉じん施設設置者が基準を遵守していないと認めるときは、期限を定めて、基準に従うべきことを命じ、または当該一般粉じん発生施設の使用の一時停止を命ずることができる（一八条の四）。命令に違反した者は、六月以下の懲役または五十万円以下の罰金（三三の二条）。また、都道府県知事は、特定工事を施工する者が特定粉じん排出作業について作業基準を遵守していないと認めるときは、期限を定めて当該作業基準に従うべきことを命じ、または当該作業の一時停止を命ずることができる（一八条の一八)。命令に違反した者は、三月以下の懲役または三十万円以下の罰金(三四条)。

④　測定義務　ばい煙の排出者は、環境省令で定めるところにより、当該ばい煙施設に係るばい煙量またはばい煙濃度を測定し、その結果を記録しておかなければならない(一六条)。

⑤　粉じん発生施設と特定粉じん発生施設に関する規制も、ばい煙の規制の場合と同様のシステムになっている(一八条〜一八条の一三)。

⑥　報告の徴収および立入検査　環境大臣または都道府県知事は、政令で定めるところにより、ばい煤発生施設を設置している者、特定施設を工場もしくは事業場に設置している者、一般粉じん発生施設を設置している者、特定粉じん排出者もしくは特定工事を施工する者に対し、ばい煙発生の状況、特定施設の事故の状況、一般粉じん発生施設の状況、特定粉塵発生の状況、特定粉じん排出作業の状況その他必要な事項の報告を求め、またはその職員に、工場もしくは事業場もしくは特定工事の場所に立ち入り、建築物その他の物件を検査させることができる(二六条一項)。環境大臣による報告の徴収またはその職員による立入検査は、大気の汚染により人の健康または生活環境に係る被害が生ずることを防止するため緊急の必要があると認める場合に行うものとする(二六条二項)。報告をせず虚偽の報告をし、または検査を拒み妨げ忌避した者は、二十万円以下の罰金(三五条)。

⑦　両罰主義　以上の罰則規定については、行為者のほか、その法人などに対しても、各本条の罰金刑を科する(三六条)。

(6)　損害賠償

工場または事業場における事業活動に伴う健康被害物質(ばい煙、特定物質、粉じん)の大気中への排出により、人の生命または身体を害したときは、当該排出に係る事業者は、これによって生じた損害を賠償する責めに任ずる（二五条項）。これは無過失損害責任を定めたものである。

薬では駄目。法律では駄目。ただ一つ精神療法あるのみ。

――田中正造――

図表Ⅸ―２　大気汚染防止法体系図

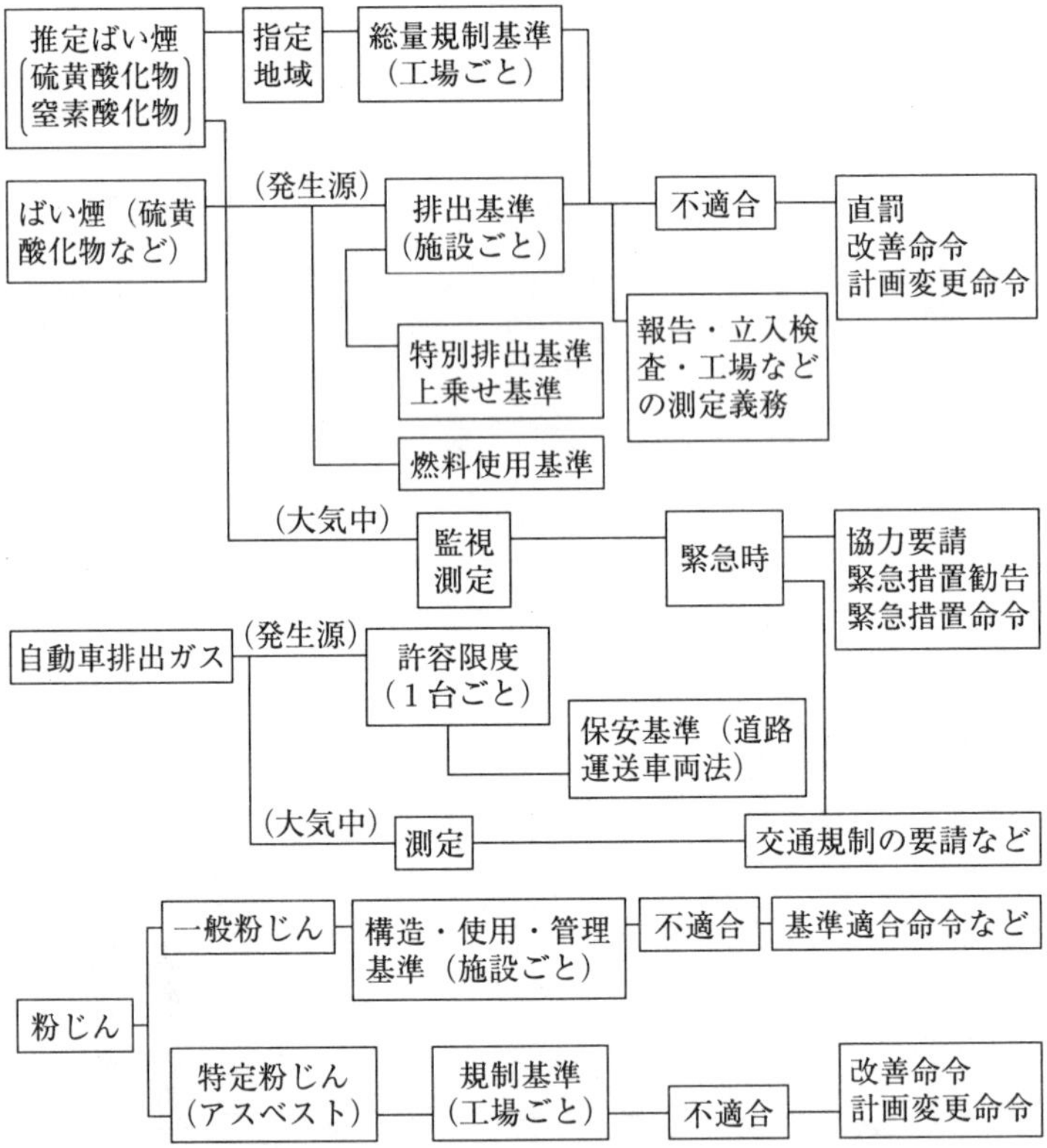

（注）　直罰とは、基準を遵守しない者に対して、改善命令などを経ることなく、直ちに罰則をかけることをいう。(最新：環境キーワード２版147頁)。

第一〇章　水質汚濁防止法

文献　水質法令研究会編『逐条解説水質汚濁防止法の解説』（平八・中央法規出版）、水質法令研究会編『改訂地下水の水質保全』（平九・土壌環境センター）、牛嶋　仁「地下水汚染・土壌汚染の現状と課題」ジュリスト増刊『環境問題の行方』（平一一）

水は、人間、動物、植物の生命の最も重要な基礎の一つであり、工業および農業の用水として経済的にも重要な資源である。河川、湖および海を含めた地表の水は、現代産業社会では、工場の廃水などによるメチル水銀やカドミウムなどの有害物質によって汚染され、生態的に死の水（海）と化すこともある。また地下水も、地域的な過剰採取、砂利採取、工場廃水、生活排水、窒素肥料の使用などによる有害な化学物質の浸透により危険にさらされる。

従来、水の保護は、水質・水量の保持という消極的な公害防止の視点の下に行われてきたが、今や、自然の構成要素としての水ないし水域全体の生態的環境保護という視点の下に、水の積極的な管理保護を目標としなければならないといえよう。

第一節　基　礎

(1)　法律の構成

水質汚濁防止法（昭和四五・一二・二五、最終改正平一一・七・一六）は、七つの章により構成されている。第一章は総則、第二章は排出水の排出の規制等、第二章の二は生活排水対策の推進、第三章は水質の汚濁の状況の監視等、第四章は損害賠償、第五章は雑則、第六章は罰則について規定している。

付属法令

水質汚濁防止法施行令（昭和四六・六・一八）

水質汚濁防止法施行規則（昭和四六・六・一九）

排水基準を定める総理府令（昭和四六・六・二一）

水質汚濁に係る環境基準について（昭和四六・一二・二八）

地下水の水質汚濁に係る環境基準について（平成九・三・一三）

関係法令

下水道法（昭和三三・四・二四）

湖沼水質保全特別措置法（昭和五九・七・二七）

瀬戸内海環境保全特別措置法（昭和四八・一〇・二）

（2）　法律の目的

水質汚濁防止法は、「工場及び事業場から公共用水域に排出される水の排出及び地下に浸透する水を規制するとともに、公共用水域及び地下水の水質の汚濁の防止を図り、もって国民の健康と生活環境を保護し、並びに工場及び事業場から排出される汚水及び廃液に関して人の健康に係る被害が生じた場合における事業者の損害賠償の責任について定めることにより、被害者の保護を図ることを目的とする。」と規定している（一条）。

（3）　概念規定

(1)「公共用水域」とは、河川、湖沼、港湾、沿岸海域その他公共の用に供される水域およびこれに接続する公共溝渠、かんがい用水路その他公共の用に供される水路をいう（二条一項）。

(2)「特定施設」とは、次のいずれかの要件を備える汚水または廃液を排出する施設で政令で定めるものをいう。ｉカドミウムその他の人の健康に係る被害を生ずるおそれがある物質として政令で定める物質を含むこと、ⅱ化学的酸素要求量その他の水の汚染状態を示す項目として政令で定める項目に関し、生活環境に係る被害を生ずるおそれがある程度のものであること（二条二項）。

(3)「排出水」とは、特定施設を設置する工場または事業場から公共用水域に排出される水をいう（二条五項）。

(4)「特定地下浸透水」とは、有害物質を、その施設において製造・使用・処理する特定施設を設置する特定事業場から地下に浸透する水で有害物質使用特定施設に係る汚水を含むものをいう（二条七項）。

(5)「生活排水」とは、炊事、洗濯、入浴等人の生活に伴い公共用水域に排出される水をいう（二条八項）。

第二節　水質汚濁防止法の手法

第一款　計画的手法

（1）　水質環境基準

政府は、水質の汚濁に係る健康上の条件について、人の健康を保持し、および生活環境を保全する上で維持されることが望ましい基準を定めるものとする（環境基一六条）。水質汚濁に係る環境基準（昭和四五・四・二一閣議決定、昭和四六・一二・二八環境庁告示）は、人の健康の保護に関するもの（健康項目）と生活環境の保全に関するもの（生活環境項目）とに分けて設定されており、以後必要に応じて改定されている。

人の健康の保護に関する環境基準は、現在、カドミウム、全シアン等の一三項目について基準値が設定されており、全公共用水域に一律に適用され、かつ、ただちに達成維持するものとされている（**図表X—1**を見よ。）。

生活環境の保全に関する環境基準は、河川、湖沼、海域ごとに利水目的に応じた水域類型を設け、それぞれの水域類型ごとに、水素イオン濃度（ＰＨ）、生物化学的酸素要求量（ＢＯＤ）等の項目について基準値が具体的に示される（**図表X—2**を見よ。）。その達成期間については、水域の水質汚濁の状況等に応じて設定される。

（2）　総量削減基本方針

環境大臣は、人口および産業の集中等により、生活または事業活動に伴い排出された水が大量に流入する広域の公共用水域であり、かつ、排水基準のみによっては水質環境基準の確保が困難であると認められる水域であっ

図表 X−1　水質汚濁に係る環境基準（昭和46.12.28環告59）

(ア)　水域類型の指定　各公共用水域が該当する水域類型の指定は、環境基準に係る水域及び地域の指定権限の委任に関する政令（昭和46年政令第159号）の別表に掲げる公共用水域については別途環境庁長官が行い、その他の公共用水域については同政令の定めるところにより都道府県知事が行うものとする。

(イ)　人の健康の保護に関する環境基準

項　　　目	基 準 値	測　　定　　方	
カドミウム	0.01mg/ℓ 以下	1,1,1−トリクロロエタン	1 mg/ℓ 以下
全シアン	検出されないこと。	1,1,2−トリクロロエタン	0.006mg/ℓ 以下
鉛	0.01mg/ℓ 以下	トリクロロエチレン	0.03mg/ℓ 以下
六価クロム	0.05mg/ℓ 以下	テトラクロロエチレン	0.01mg/ℓ 以下
砒素	0.01mg/ℓ 以下	1,3−ジクロロプロペン	0.002mg/ℓ 以下
総水銀	0.0005mg/ℓ 以下	チウラム	0.006mg/ℓ 以下
アルキル水銀	検出されないこと。	シマジン	0.003mg/ℓ 以下
ＰＣＢ	検出されないこと。	チオベンカルブ	0.02mg/ℓ 以下
ジクロロメタン	0.02mg/ℓ 以下	ベンゼン	0.01mg/ℓ 以下
四塩化炭素	0.002mg/ℓ 以下	セレン	0.01mg/ℓ 以下
1,2−ジクロロエタン	0.004mg/ℓ 以下	硝酸性窒素及び亜硝酸性窒素	10mg/ℓ 以下
1,1−ジクロロエチレン	0.02mg/ℓ 以下	ふっ素	0.8mg/ℓ 以下
シス−1,2−ジクロロエチレン	0.04mg/ℓ 以下	ほう素	1 mg/ℓ 以下

備考

1　基準値は年間平均値とする。ただし、全シアンに係る基準値については、最高値とする。

2　「検出されないこと」とは、測定方法の欄に掲げる方法により測定した場合において、その結果が当該方法の定量限界を下回ることをいう。別表２において同じ。

3　海域については、ふっ素及びほう素の基準値は運用しない。

4　硝酸性窒素及び亜硝酸性窒素の濃度は、規格43.2.1、43.2.3又は43.2.5により測定された硝酸イオンの濃度に換算係数0.2259を乗じたものと規格43.1により測定された亜硝酸イオンの濃度に換算数0.3045を乗じたものの和とする。

図表 X－2　生活環境の保全に関する環境基準

1　河　川

(1)　河川（湖沼を除く。）

項目／類型	利用目的の適応性	基準値					該当水域
		水素イオン濃度（PH）	生物化学的酸素要求量（BOD）	浮遊物質量（SS）	溶存酸素量（DO）	大腸菌群数	
AA	水道1級 自然環境保全及びA以下の欄に掲げるもの	6.5以上 8.5以下	1 mg/ℓ 以下	25mg/ℓ 以下	7.5mg/ℓ 以上	50MPN/ 100mℓ 以下	第1の2の(2)により水域類量ごとに指定する水域
A	水道2級 水産1級 水浴 及びB以下の欄に掲げるもの	6.5以上 8.5以下	2 mg/ℓ 以下	25mg/ℓ 以下	7.5mg/ℓ 以上	1,000 MPN/ 100mℓ 以下	
B	水道3級 水産2級 及びC以下の欄に掲げるもの	6.5以上 8.5以下	3 mg/ℓ 以下	25mg/ℓ 以下	5 mg/ℓ 以上	5,000 MPN/ 100mℓ 以下	
C	水産3級 工業用水1級 及びD以下の欄に掲げるもの	6.5以上 8.5以下	5 mg/ℓ 以下	50mg/ℓ 以下	5 mg/ℓ 以上	—	
D	工業用水2級 農業用水 及びEの欄に掲げるもの	6.0以上 8.5以下	8 mg/ℓ 以下	100mg/ℓ 以下	2 mg/ℓ 以上	—	
E	工業用水3級 環境保全	6.0以上 8.5以下	10mg/ℓ 以下	ごみ等の浮遊が認められないこと。	2 mg/ℓ 以上	—	

(注) 1　自然環境保全：自然探勝等の環境保全

2　水　　道1級：ろ過等による簡易な浄水操作を行うもの

〃　2級：沈殿ろ過等による通常の浄水操作を行うもの

〃　3級：前処理等を伴う高度の浄水操作を行うもの

3　水　　産1級：ヤマメ、イワナ等貧腐水性水域の水産生物用並びに水産2級及び水産3級の水産生物用

〃　2級：サケ科魚類及びアユ等貧腐水性水域の水産生物用及び水産3級の水産生物用

〃　3級：コイ、フナ等、β—中腐水性水域の水産生物用

4　工業用水1級：沈殿等による通常の浄水操作を行うもの

〃　2級：薬品注入等による高度の浄水操作を行うもの

〃　3級：特殊の浄水操作を行うもの

5　環境保全：国民の日常生活（沿岸の遊歩等を含む。）において不快感を生じない限度

て、指定水域ごとに政令で定める地域（＝指定地域）について、指定項目で表示した汚濁負荷量の総量の削減に関する基本方針を定め、削減の目標、目標年度その他汚濁負荷量の総量の削減に関する基本的な事項を定めるものとする（四条の二）。指定水域は、具体的には、瀬戸内海環境保全特別措置法によって指定されている瀬戸内海のほか、政令で、東京湾と伊勢湾が指定されている。

環境大臣は、指定水域、指定地域を定める場合には、関係都道府県知事の意見を聴き（四条の二第三項）、総量削減基本方針を定め、変更するときは、関係都道府県知事の意見を聴き、公害対策会議の議を経なければならず（四条の二第四項）、総量削減基本方針を定め、変更したときは、これを関係都道府県知事に通知するものとする（四条の二第五項）。指定水域および指定地域は、環境基準に係る水域及び地域の指定権限の委任に関する政令（昭和四六年）の別表に掲げる公共用水域については、別途環境大臣がこれを定め、その他の公共用水域については同政令の定めるところにより都道府県知事がこれを定めるものとする。指定地域としては、例えば東京湾の場合には、湾岸の都県のほか内陸の埼玉県も含まれている。

（3）　総量削減計画

都道府県知事は、指定地域にあっては、総量削減基本方針に基づき、削減目標量を達成するための計画を定めなければならない（四条の三第一項）。総量削減計画においては、ⅰ発生源別の汚濁負荷量の削減目標量、ⅱ削減目標量の達成の方途、ⅲその他汚濁負荷量の総量の削減に関し必要な事項を定めるものとし（四条の三第二項）、総量削減計画を定めようとするときは、関係市町村の意見を聴くとともに、環境大臣に協議しその同意を得なければならず（四条の三第三項）、環境大臣は、同意をしようとするときは、公害対策会議の議を経なければならない（四条の三第四項）。都道府県知事は、総量削減計画を定めたときは、その内容を公告しなければならない（四条の三第五項）。

（4）　生活排水対策重点地域の指定

都道府県知事は、ⅰ水質環境基準が現に確保されておらず、または確保されないこととなるおそれが著しい公共用水域、ⅱ自然的、社会的条件に照らし、水質の保全を図ることが特に重要な公共用水域であって水質の汚濁が進行し、または進行することとなるおそれが著しいもの、について、生活排水対策の実施を推進することが特に必要であると認めるときは、生活排水対策重点地域の指定をしなければならない（一四条の七）。都道府県知事は、生活排水対策重点地域の指定をするときは、あらかじめ、関係市町村長の意見を聴かなければならない（一四条の七第二項）。

（5）　生活排水対策推進計画

生活排水対策推進市町村は、生活排水対策重点地域における生活排水対策の実施を推進するための計画を定めなければならない（一四条の八）。生活排水対策推進計画においては、次の事項を定めなければならない。ⅰ生活排水対策の実施の推進に関する基本的方針、ⅱ生活排水処理施設の整備に関する事項、ⅲ生活排水対策に係る啓発に関する事項、ⅳその他生活排水対策の実施の推進に関し必要な事項（一四条の八第二項）。

生活排水対策推進市町村は、生活排水対策推進計画を定めようとするときは、あらかじめ、その生活排水対策重点地域を指定した都道府県知事に通知しなければならない（一四条の八第四項）。通知を受けた都道府県知事は、助言・勧告をすることができる（一四条の八第五項）。

（6）　測定計画

都道府県知事は、毎年、国の地方行政機関と協議して、当該都道府県の区域に属する公共用水域および当該区域にある地下水の水質の測定に関する計画を作成するものとする（一六条）。測定計画には、国および地方公共団体の行う当該公共用水域および地下水の水質の測定について、測定すべき事項、測定の地点および方法その他必要な事項を定めるものとする（一六条二項）。

（7）　流域別下水道整備総合計画

都道府県は、水質の汚濁に係る行政上の環境基準（＝水質環境基準）が定められた河川その他の公共の水域または海域で政令で定める要件に該当するものについて、その環境上の条件を当該水質環境基準に達せしめるため、それぞれの公共の水域または海域ごとに、下水道の整備に関する総合的な基本計画（＝流域別下水道整備総合計画）を定めなければならない（下水道二条の二第一項）。

第二款　規制的手法

（1）　排水基準

排水基準は、排出水の汚染状態について、環境省令で定める（三条）。排水基準は、有害物質による汚染状態にあっては、排出水に含まれる有害物質の量について、有害物質の種類ごとに定める許容限度として、その他の汚染状態にあっては、項目ごとに定める許容限度とする（三条二項）。排水基準は、健康項目・生活環境項目、それぞれについて設定されている（**図表X—3、4**を見よ。）。

健康項目に係る排水基準は、特定工場の規模いかんを問わずに適用される。生活環境項目に係る排水基準は、一日の平均排水量が五〇立方メートル未満の特定事業場に対しては適用されない。（「排水基準を定める総理府令別

図表X—3　排水基準（昭和46.6.21総理府令35）

水質汚濁防止法第3条に基づいて、排出水（汚水又は廃液を排出する特定施設を設置する工場又は事業場から公共用水域に排出される水をいう。）の汚染状況の許可限度が定められている。なお、都道府県知事は必要な場合には当該基準で定める許容限度よりきびしい許容限度を条例で定めることができる（上乗せ基準）。

(ア)　有害物質に係る排水基準

有害物質の種類	許容限度
カドミウム及びその化合物	1リットルにつきカドミウム0.1ミリグラム
シアン化合物	1リットルにつきシアン1ミリグラム
有機燐《りん》化合物（パラチオン、メチルパラチオン、メチルジメトン及びEPNに限る。）	1リットルにつき1ミリグラム
鉛及びその化合物	1リットルにつき鉛0.1ミリグラム
六価クロム化合物	1リットルにつき6価クロム0.5ミリグラム
砒素及びその化合物	1リットルにつき砒素0.1ミリグラム
水銀及びアルキル水銀その他の水銀化合物	1リットルにつき水銀0.005ミリグラム
アルキル水銀化合物	検出されないこと。
PCB	1リットルにつき0.003ミリグラム
トリクロロエチレン	1リットルにつき0.3ミリグラム
チトラクロロエチレン	1リットルにつき0.1ミリグラム
ジクロロメタン	1リットルにつき0.2ミリグラム
四塩化炭素	1リットルにつき0.02ミリグラム
1・2-ジクロロエタン	1リットルにつき0.04ミリグラム
1・1-ジクロロエチレン	1リットルにつき0.2ミリグラム
シス-1・2-ジクロロエチレン	1リットルにつき0.4ミリグラム
1・1・1-トリクロロエタン	1リットルにつき3ミリグラム
1・1・2-トリクロロエタン	1リットルにつき0.06ミリグラム
1・3-ジクロロプロペン	1リットルにつき0.02ミリグラム
チウラム	1リットルにつき0.06ミリグラム
シマジン	1リットルにつき0.03ミリグラム
チオベンカルプ	1リットルにつき0.2ミリグラム
ベンゼン	1リットルにつきセレン0.1ミリグラム
セレン及びその化合物	1リットルにつき0.1ミリグラム

図表X―4　生活環境項目に係る排水基準

項　　　　　目	許　容　限　度
水素イオン濃度 （水素指数）	海域以外の公共用水域に排出させるもの5.8以上8.6以下 海域に排出されるもの5.0以上9.0以下
生物化学的酸素要求量 （単位　1リットルにつきミリグラム）	160（日間平均120）
化学的酸素要求量 （単位　1リットルにつきミリグラム）	160（日間平均120）
浮遊物質量 （単位　1リットルにつきミリグラム）	200（日間平均150）
ノルマルヘキサン抽出物質含有量 （鉱油類含有量） （単位　1リットルにつきミリグラム）	5
ノルマルヘキサン抽出物質含有量 （動植物油脂類含有量） （単位　1リットルにつきミリグラム）	30
フェノール類含有量 （単位　1リットルにつきミリグラム）	5
銅含有量 （単位　1リットルにつきミリグラム）	3
亜鉛含有量 （単位　1リットルにつきミリグラム）	5
溶解性鉄含有量 （単位　1リットルにつきミリグラム）	10
溶解性マンガン含有量 （単位　1リットルにつきミリグラム）	10
クロム含有量 （単位　1リットルにつきミリグラム）	2
弗《ふっ》素含有量 （単位　1リットルにつきミリグラム）	15
大腸菌群数 （単位 1立方センチメートルにつき個）	日間平均 3,000
窒素含有量 （単位　1リットルにつきミリグラム）	120（日間平均 60）
燐《りん》含有量 （単位　1リットルにつきミリグラム）	16（日間平均 8）

備考
1「日間平均」による許容限度は、1日の排出水の平均的な汚染状態について定めたものである。
2　この表に掲げる排水基準は、1日当たりの平均的な排出水の量が50立方メートル以上である工場又は事業場に係る排出水について適用する。
以下略

表第2備考2)。いわゆるスソ切りである。このため、生活環境に係る排水基準の規制を受けるのは、事業所数全体の一二・六%であるとされる。

(2)　上乗せ条例・横出し条例

都道府県は、排水基準によっては人の健康・生活環境を保護することが十分でないと認められる区域があるときは、政令で定める基準に従い、条例で、よりきびしい許容限度を定める排水基準を定めることができる(三条三項)。都道府県が、よりきびしい排水基準を定める場合には、都道府県知事は、あらかじめ、環境大臣および関係都道府県知事に通知しなければならない(三条五項)。なお、環境大臣は、都道府県に対し、よりきびしい排水基準を定め、または変更すべきことを勧告することができる(四条)。環境大臣はこの勧告権を行使したことがない。

また、次に掲げる事項に関し条例で必要な規制を定めることを妨げられない。i排出水について、化学的酸素要求量を示す項目として政令で定める項目(二条二項二号)によって示される水の汚染状態以外の水の汚染状態に関する事項、ii特定地下浸水について、有害物質による汚染状態以外の水の汚染状態に関する事項、iii特定事業場以外の工場又は事業場から公共用水域に排出される水について、化学的酸素要求量を示す項目として政令で定める項目によって示される水の汚染状態に関する事項、iv特定事業場以外の工場又は事業場から地下に浸透する水について、有害物質による水の汚染状態に関する事項(二九条)。

(3)　総量規制基準

都道府県知事は、指定地域にあっては、指定地域内事業場(指定地域内の特定事業場で環境省令の定める規模以上のもの)から排出される排出水の汚濁負荷量について、総量削減計画に基づき、環境省令で定めるところにより、総量規制基準を定めなければならない（四条の五）。

都道府県知事は、新たに特定施設が設置された指定地域内事業場および新たに設置された指定地域内事業場について、総量削減計画に基づき、環境省令で定めるところにより、総量規制基準に代えて適用すべき特別の総量規制基準を定めることができる（四条の五第二項）。総量規制基準は、指定地域内事業場につき当該指定地域内事業場から排出される排出水の汚濁負荷量について定める許容限度とする（四条の五第三項）。都道府県知事は、総量規制基準を定め、変更し、又は廃止するときは、公示しなければならない（四条の五第四項）。

（4）規制手続

①　届出義務　工場または事業場から公共用水域に水を排出する者は、特定施設を設置しようとするときは、都道府県知事に届け出なければならない（五条）。届出事項を変更するときも届け出なければならない（七条）。届出義務違反は三月以下の懲役または三十万円以下の罰金（三二条）。

都道府県知事は、右の届出があった場合に、排出水の汚染状態が排水基準に適合しないと認めるとき、または特定地下浸透水が有害物質を含むものとして環境省令で定める要件に該当すると認めるときは、その届出を受理した日から六十日以内に限り、その届出をした者に対し、その届出に係る特定施設の構造もしくは使用の方法もしくは汚水等の処理の方法に関する計画の変更、または届出に係る特定施設の設置に関する計画の廃止を命ずることができる（八条）。命令に違反した者は、一年以下の懲役または百万円以下の罰金（三〇条）。届出をした者は、その届出を受理された日から六十日を経過した後でなければ、その届出に係る特定施設を設置し、その構造もしくは使用の方法もしくは汚水等の処理の方法を変更してはならない（九条一項）。違反者は、二十万円以下の罰金（三三条）。平成八年三月末現在、届出のあった特定施設を設置する特定事業場の数は、三〇三、八〇七である。旅館業、豚房・牛房・馬房、洗濯業が多い。

② 排出水の排出の制限　排出水を排出する者は、その汚染状態から当該特定事業場の排水口において排水基準に適合しない排出水を排出してはならない（一二条）。違反者は六月以下の懲役または五十万円以下の罰金（三一条）。

③ 総量規制基準の遵守義務　指定地域内事業場の設置者は、当該指定地域内事業場に係る総量規制基準を遵守しなければならない（一二条の二）。

④ 特定地下浸透水の浸透の制限　特に毒性や発ガン性が確認されているトリクロロエチレンやテトラクロロエチレンなどのような有害物質使用特定事業場から水を排出する者は、特定地下浸透水を浸透させてはならない（一二条の三）。

⑥ 改善命令等　都道府県知事は、排出水を排出する者が、その汚染状態が当該特定事業場の排水口において排水基準に適合しない排出水を排出するおそれがあると認めるときは、その者に対し、期限を定めて特定施設の構造もしくは使用の方法もしくは汚水等の処理の方法の改善を命じ、または特定施設の使用もしくは排出水の排出の一時停止を命ずることができる（一三条）。違反者は一年以下の懲役または百万円以下の罰金（三〇条）。汚濁負荷量が総量規制基準に適合しない排出水が排出されるおそれがあると認めるときも、同様である（一三条二項）。また、都道府県知事は、有害物質使用特定事業場から水を排出する者が、環境省令で定める要件に該当する特定地下浸透水を浸透させるおそれがあると認めるときは、その者に対し、排出水を排出する者に対すると同様、改善を命じ、または一時停止を命ずることができる（一三条の二）。違反者は一年以下の懲役または百万円以下の罰金（三〇条）。

⑦　行政指導等　都道府県知事は、指定地域内事業場から排出水を排出する者以外の者であって指定地域において公共用水域に汚水、廃液その他の汚染負荷量の増加の原因となる物を排出するものに対し、必要な指導、助言および勧告をすることができる（一三条の三）。

工場・事業場等以外の汚染原因として重要なものとしてゴルフ場で使用される農薬による汚染がある。環境庁は、「ゴルフ場で使用される農薬による水質汚濁の防止にかかる暫定指導指針」（平成二年）を定め都道府県に通知している。環境庁の平成九年度水質調査（平成一〇・八・一七）によれば、対象は一九九〇ゴルフ場、延べ約一二万検体のうち、指針値を超過したのは五検体となっている。

⑧　地下水の水質の浄化に係る措置等　都道府県知事は、特定事業場において有害物質に該当する物質を含む水の地下への浸透があったことにより、現に人の健康に係る被害が生じ、または生ずるおそれがあると認めるときは、地下水の水質の浄化のための措置をとることを命ずることができる（一四条の三）。違反者は一年以下の懲役または百万円以下の罰金（三〇条）。浄化対策は確認された地下水汚染の概ね六分の一で実施されている。

⑨　その他　以上のほか、排出水の汚染状態の測定・記録義務（一四条）、事故時の措置（一四条の二）、公共用水域および地下水の水質の汚濁の状況の常時監視（一五条）、緊急時の措置（一八条）、報告および検査（二二条）などについて規定がある。

環境庁による地下水汚染についての実態調査（平成五年度末）によれば、ｉ汚染地域は全国で一一五一地域であり、このうち環境基準を超える汚染があるものは約七五％である。ⅱ汚染原因物質として有機塩素系化合物によるものが多い。ⅲ地下水汚染のうち概ね三分の二は汚染範囲が拡大または不変の状況にある。ⅳ汚染原因者は約半分が特定されている。ｖ特定・推定された汚染原因者が工場・事業場の場合の業種は、洗濯業、電気機械器具の製造業が多い。工場・事業場以外の汚染原因としては、廃棄物処分場またはその跡地からの汚染がある。

⑩　損害賠償　工場または事業場における事業活動に伴う有害物質の汚水または廃液に含まれた状態での排出または地下への浸透により、人の生命または身体を害したときは、当該排出または地下への浸透に係る事業者は、これにより生じた損害を賠償する責めに任ずる（一九条）。これは無過失損害賠償責任を定めたものである。損害の発生に関して、天災その他の不可抗力が競合したときは、裁判所は、損害賠償の責任および額を定めるについて、これをしんしゃくすることができる（二〇条の二）。

（5）　一般的義務

①　国および地方公共団体の責務　市町村は、生活排水処理施設の整備、生活排水対策のに係る施策を実施する責務がある。都道府県は、生活排水対策に係る広域施策の実施、市町村の行う生活排水対策に係る施策の総合調整に努める責務がある。国は、地方公共団体の行う施策に対する技術上および財政上の援助に努める責務がある（一四条の四）。

②　国民の責務　何人も、調理くず、廃食用油等の処理、洗剤の使用等を適正に行うよう心がけるとともに、国または地方公共団体による生活排水対策の実施に協力しなければならない（一四条の五）。

私たちは、水俣病という世界にも例のない悲惨な体験を持ち、環境破壊の恐ろしさとその復元の困難さを深く認識する

——熊本県環境基本条例——

第一一章　土壌保護法

文献　由喜門真治「土壌汚染における浄化責任システム」神戸法学四三巻一号（平五）、大塚　直「市街地土壌汚染浄化の費用負担（上）（下）」ジュリスト一〇三八、一〇四〇号（平六）、環境庁水質保全局水質管理・土壌農薬管理課監修『土壌・地下水汚染対策ハンドブック』（平七・公害研究対策センター）、柳　憲一郎「わが国における土壌汚染規制の現状と課題」加藤一郎他監修『土壌汚染と企業の責任』（平八・有斐閣）、牛嶋　仁「地下水汚染・土壌汚染の現状と課題」ジュリスト増刊『環境問題の行方』（平一一）、大塚　直「市街地土壌汚染浄化をめぐる新たな動向と法的論点（一）（二）」自治研究七五巻一〇、一一号（平一一）、環境法政策学会『化学物質・土壌汚染と法政策』（平一三・商事法務研究会）

土壌は、岩石の風化物などの無機質および有機物から成り、流動的なガス状の要素ならびに生物を混合し、持続的に変遷する多様な自然体である。土壌は多様な機能を果たす。土壌は、一方において、自然の構成要素で人間および動植物の生活基盤であり、他方において、原料貯蔵地、居住地、農林業などの経済地として役に立つ。さらに、物質の変化の媒体あるいは自然および文化史の資料としても機能する。

土壌の汚染は、直接的には農業により、また間接的に産業施設またはゴミ捨て場のような土地の利用によって生じる。土壌の特殊性は、長期間にわたって土壌汚染を蓄積する点にある。土壌汚染が土壌の負荷能力を超えたときは、地下水および食料を通して、人間の健康の危険となる。さらに土壌の機能は、建物、道路、工場、飛行場などによる土地の密封化および大気・水を媒介とした重金属など有害物質の蓄積によって悪化する。

土壌保護法は、土壌に関する環境リスクを防止し、人間の生存に値する生活基盤＝環境の維持を持続的に確保し、または再生することを目的とすべきである。しかしわが国では、土壌保護のための一般法はなく、農地の汚染と地盤沈下についての規制法があるにすぎず、市街地の土壌汚染については、それを直接の目的とする法律は制定されていない。

第一節　農用地の土壌の汚染防止等に関する法律

(1)　法律の構成

農用地の土壌の汚染防止等に関する法律（昭和四五・一二・二五）は、一七カ条から成る。

付属法令

農用地の土壌の汚染防止等に関する法律施行令（昭和四六・六・二四）

農用地土壌汚染対策地域指定等に関する手続を定める総理府令（昭和四六・七・一）

農用地の土壌汚染対策計画の内容等を定める命令（昭和四六・七・一）

土壌の汚染に係る環境基準について（平成三・八・二三）

関係法令

農薬取締法（昭和二三・七・一）

廃棄物の処理及び清掃に関する法律（昭和四五・一二・二五）

(2)　法律の目的

農用地の土壌の汚染防止等に関する法律は、法律の目的を、「農用地の土壌の特定有害物質による汚染の防止及び除去並びにその汚染に係る農用地の利用の合理化を図るために必要な措置を講ずることにより、人の健康をそこなうおそれがある農畜産物が生産され、または農作物等の生育が阻害されることを防止し、もって国民の健康の保護および生活環境の保全に資することを目的とする。」と規定している（一条）。

(3)　概念規定

(1)「農用地」とは、耕作の目的または主として家畜の放牧の目的もしくは養畜の業務のための採草の目的に供される土地をいう（二条一項）。

(2)「特定有害物資」とは、カドミウム等その物質が農用地の土壌に含まれることに起因して人の健康をそこなうおそれがある農畜産物が生産され、または農作物等の生育が阻害されるおそれがある物質（放射性物質を除く。）であって、政令で定めるものをいう（二条三項）。現在、カドミウムおよびその化合物、銅およびその化合物、砒素およびその化合物の三種類の物質が政令で指定されている（施行令一条）。

(4)　法律の手法

(1)　計画的手法

①　環境基準　政府は、土壌の汚染に係る環境上の条件について、人の健康を保護し、および生活環境を

保全する上で維持されることが望ましい基準を定めるものとする（環境基一六条）。土壌の汚染に係る環境基準（平三・八・二三）は、農用地を含むすべての土壌を対象にカドミウム、シアン、有機燐等二五項目について設定されている（**図表XI―1**を見よ。）。

②　農用地土壌汚染対策地域の指定　都道府県知事は、当該都道府県の区域内の一定の地域で、その地域内にある農用地の土壌および当該農用地に生育する農作物等に含まれる特定有害物質の種類および量等からみて、当該農用地の利用に起因して人の健康をそこなうおそれがある農畜産物が生産され、もしくは当該農用地における農作物等の成育が阻害されると認められるものまたはそれらのおそれが著しいと認められるものとして政令で定める要件に該当するものを農用地土壌汚染対策地域として指定することができる（三条一項）。対策地域を指定しようとするときは、都道府県環境審議会および関係市長村長の意見を聴かなければならない（三条三項）。また、指定したときは、遅滞なく、その旨を公告するとともに、環境大臣に報告し、かつ、関係市町村長に通知しなければならない（三条四項）。

対策地域の指定の要件　ⅰカドミウム一ｐｐｍ以上を含む米が生産された地域（一号地域）およびその近傍の地域であって、カドミウム一ｐｐｍ以上を含む米が生産されるおそれが著しい地域（二号地域）、ⅱ農用地（田に限る）の土壌に含まれる銅の濃度が一二五ｐｐｍ以上である地域、ⅲ農用地（田に限る）の土壌に含まれる砒素の濃度が一五ｐｐｍ以上（都道府県知事が一〇ｐｐｍ～二〇ｐｐｍの範囲内で別に定めることができる）である地域である（施行令二条一項）。

③　農用地土壌汚染対策計画　都道府県知事は、対策地区を指定したときは、当該対策地域について、その区域内にある農用地の土壌の特定有害物質による汚染を防止し、もしくは除去し、またはその汚染にかかる農用

図表 XI―1　土壌の汚染に係る環境基準

項目	環境上の条件	項目	環境上の条件
カドミウム	検液１ℓにつき0.01mg以下であり、かつ、農用地においては、米１kgにつき１mg未満であること	1,2-ジクロロエタン	検液１ℓにつき0.004mg以下であること
		1,1-ジクロロエチレン	検液１ℓにつき0.02mg以下であること
全シアン	検液中に検出されないこと	シス-1.2-ジクロロエチレン	検液１ℓにつき0.04mg以下であること
有機燐	検液中に検出されないこと	1,1,1-トリクロロエタン	検液１ℓにつき１mg以下であること
鉛	検液１ℓにつき0.01mg以下であること	1,1,2-トリクロロエタン	検液１ℓにつき0.006mg以下であること
6価クロム	検液１ℓにつき0.05mg以下であること	トリクロロエチレン	検液１ℓにつき0.03mg以下であること
砒素	検液１ℓにつき0.01mg以下であり、かつ、農用地（田に限る）においては、土壌１kgにつき15mg未満であること	テトラクロロエチレン	検液１ℓにつき0.01mg以下であること
		1,3-ジクロロプロペン	検液１ℓにつき0.002mg以下であること
総水銀	検液１ℓにつき0.0005mg以下であること	チウラム	検液１ℓにつき0.006mg以下であること
アルキル水銀	検液中に検出されないこと	シマジン	検液１ℓにつき0.003mg以下であること
PCB	検液中に検出されないこと	チオベンカルブ	検液１ℓにつき0.02mg以下であること
銅	農用地(田に限る)において、土壌１kgにつき125mg未満であること	ベンゼン	検液１ℓにつき0.01mg以下であること
ジクロロメタン	検液１ℓにつき0.02mg以下であること	セレン	検液１ℓにつき0.01mg以下であること
4塩化炭素	検液１ℓにつき0.002mg以下であること		

〔備考〕 1　環境上の条件のうち検液中濃度に係るものにあっては、環境庁告示「土壌の汚染に係る環境基準について」の別表の測定方法の欄に掲げる方法により検液を作成し、これを用いて測定を行うものとする。

2　カドミウム、鉛、6価クロム、砒素、総水銀およびセレンに係る環境上の条件のうち検液中濃度に係る値にあっては、汚染土壌が地下水面から離れており、かつ、現状において当該地下水中のこれらの物質の濃度がそれぞれ地下水１ℓにつき0.01mg、0.01mg、0.05mg、0.01mg、0.0005mgおよび0.01mgを超えていない場合には、それぞれ検液１ℓにつき0.03mg、0.03mg、0.15mg、0.03mg、0.0015mgおよび0.03mgとする。

3　「検液中に検出されないこと」とは、測定方法の欄に揚げる方法により測定した場合において、その結果が当該方法の定量限界を下回ることをいう。

4　有機燐とは、パラチオン、メチルパラチオン、メチルジメトンおよびEPNをいう。

5　1,1,2-トリクロロエタンの測定方法で日本工業規格K0125の５に準ずる方法を用いる場合は、1,1,1-トリクロロエタンの測定方法のうち日本工業規格K0125の５に定める方法を準用することとする。この場合、「塩素化炭化水素類混合標準液」の1,1,2―トリクロロエタンの濃度は、溶媒抽出、ガスクロマトグラフ法にあっては２μg/mℓ、ヘッドスペース・ガスクロマトグラフ法にあっては２mg/mℓとする。

地の利用の合理化を図るため、遅滞なく、農用地土壌汚染対策計画を定めなければならない（五条）。この対策計画には、ⅰ農用地の利用上の区分および区分ごとの利用に関する基本方針、ⅱ次に掲げる事業で必要なものに関する事項、イかんがい排水施設その他の施設の新設、管理または変更、ロ汚染を除去するための客土その他の事業、ハ汚染農用地の合理化を図るための地目変換その他の事業、ⅲ汚染状況の調査測定に関する事項、ⅳその他必要な事項を定めるものとされている（五条二項）。ⅱの事項にかかる対策計画は、汚染の程度、事業費用、事業の効果および緊急度等を勘案し、本来の目的を達成するため必要かつ適切と認められるものでなければならない（五条三項）。

④　特別地域の指定　　都道府県知事は、対策地域の地域内にある農用地のうち、当該農用地の利用に起因して人の健康をそこなうおそれがある農畜産物が生産されると認められる農用地があるときは、当該農用地において作付けをすることが適当でない農作物または当該農用地に成育する農作物以外の植物で家畜の飼料の用に供することが適当でないものの範囲を定めて、当該農用地の区域を特別区として指定することができる（八条）。

⑵　規制的手法

①　排水基準等を定めるための都道府県知事の措置　　都道府県知事は、対策地域を指定し、またはその区域を変更した場合において、必要があると認めるときは、水質汚濁防止法三条三項または大気汚防止法四条一項の規定に基づき、一般よりも厳しい排水・排出基準を定めるために必要な措置をとるものとする（七条）。

②　農薬取締法の規制　　農薬取締法は農薬の登録制度を採用しているが（二条一項）、農林水産大臣は、当該農薬を使用する場合に、農地等の土壌の汚染が生じ、かつ、その汚染により汚染される農作物等の利用が原因となって人畜に被害を生ずるおそれがあるとき、当該農薬につき、その登録を職権で取り消すことができる（三

条五号、六条の三）。また、政府は、登録の使用方法等を遵守しないで使用される場合に、土壌汚染の原因となって農作物を汚染し、人畜に被害を生ずるおそれがある種類の農薬を、土壌残留性農薬として政令で指定し、環境大臣は、その使用に関する基準を定めなければならない（一二条の三）。使用基準違反は、三万円以下の罰金（一八条の二）。行為者のほか、法人なども罰金刑（一九条）。

③　廃棄物の処理及び清掃に関する法律の適用　土壌汚染によって、生活環境の保全上支障が生じ、または生ずるおそれがあると認められる場合には、都道府県知事等は、措置命令を発し（廃棄物一九条の四）、生活環境の保全上のの支障の除去等の措置を講ずべきことを命ずることができる（廃棄物一九条の五）。命令に違反したものは五年以下の懲役もしくは千万円以下の罰金、またはこれの併科（廃棄物二五条）。

④　その他　常時監視（一一条の二）、調査測定等（一二条）、立入調査（一三条）について規定がある。

⑤　行政指導　行政指導は、「農用地における土壌中の重金属等の蓄積防止に関する管理基準」（昭和五九）および「土壌・地下水汚染の調査・対策指針」（平六・一二）に基づいて行われている。「土壌・地下水汚染の調査・対策指針」は、「重金属に係る土壌汚染調査・対策指針」「有機塩素系化合物等に係る土壌・地下水汚染調査・対策暫定指針」からなる。

（4）　市街地土壌汚染

市街地の土壌汚染対策については、ダイオキシンを除いて具体的な規制法はまだ制定されていない。自治体レベルでは、条例や要綱などに基づいて市街地の土壌汚染対策をとっているものがある。例えば、秦野市地下水汚染の防止及び浄化に関する条例（平五・六・一施行）、横浜市工場跡地土壌汚染対策指導要綱（平七・七改定）、横浜市有機塩素系化合物等による土壌地下水汚染に関する浄化対策マニュアル（平一〇・三施行）、千葉市土壌汚染対策指導要綱（平一〇・四施行）、名古屋市土壌汚染対策指導要綱（平一一・五施行）などである。

第二節　地盤沈下についての規制法

地盤沈下を規制する主な法律として、工業用水法と建築物用地下水の採取の規制に関する法律（＝ビル用水法）がある。

第一款　工業用水法

（1）　法律の構成

工業用水法（昭和三一・六・一一）は四つの部分から構成されている。第一章は総則、第二章は井戸、第三章は削除、第四章は雑則、第五章は罰則である。

付属法令

工業用水法施行令（昭和三一・六・一〇）

工業用水法施行規則（昭和三一・六・二九）

関係法令

建築物用地下水の採取の規制に関する法律（昭和三七・五・一）

（2）　法律の目的

工業用水法は、法律の目的として、「特定の地域について、工業用水の合理的な供給を確保するとともに、地下水の水源の保全を図り、もってその地域における工業の健全な発達と地盤の沈下の防止に資することを目的とする。」と規定している（一条）。

（3）　概念規定

(1)　「井戸」とは、動力を用いて地下水を採取するための施設であって、揚水機の吐出口の断面積（吐出口が二以上あるときは、その断面積の合計。）が六平方センチメートルをこえるものをいう（二条一項）。

(2)　「工業」とは、製造業、電気供給業、ガス供給業および熱供給業をいう（二条二項）。

（4）　法律の手法

(1)　計画的手法

①　指定地域　指定地域は、地下水を採取したことにより、地下水の水位が異常に低下し、塩水もしくは汚水が地下水の水源に混入し、または地盤が沈下している一定の地域について、工業の用に供すべき水の量が大であり、地下水の水源の確保を図るためにはその合理的な利用を確保する必要があり、かつ、その地域に工業用水道がすでに布設され、または一年以内にその布設の工事が開始される見込みがある場合に定めるものとする（三条二項）。

(2)　規制的手法

①　許　可　指定地域内の井戸により地下水を採取してこれを工業の用に供しようとする者は、井戸ごとに、そのストレナーの位置および揚水機の吐出口の断面積を定めて、都道府県知事の許可を受けなければならない（三条一項）。許可を受けないで地下水を採取して工業の用に供した者は、一年以下の懲役または十万円以下の

罰金（二八条）。

許可の基準　都道府県知事は、その申請が環境省令で定める技術上の基準に適合しない場合には許可をしてはならない（五条一項）。ただし、地下水の保全に著しい支障を及ぼすおそれがない場合において、その工業の遂行上必要かつ適当であって、他の水源をもって代えることが著しく困難なときは、許可をすることができる（五条二項）。この場合、許可には条件をつけることができるが、条件は、地下水の水源の確保を図り、または許可に係る事項の確実な実施を図るため必要な最少限度のものに限り、かつ、その使用者に不当な義務を課するものであってはならない（八条）。

許可の取消し等　都道府県知事は、使用者が許可を受けるべき事項を許可を受けないでしたとき、または許可の条件に違反したときは、許可を取り消し、または一年以内の期限を定めて許可井戸により地下水を採取して工業の用に供することを停止すべき旨を命ずることができる（一三条）。命令に違反したものは、一年以下の懲役または十万円以下の罰金（二八条）。行為者のほか、法人等も罰金刑を科せられる（三〇条）。

② その他

緊急措置命令（一四条）、土地の立入（二二条）、報告の徴収（二四条）、立入検査（二五条）などの規定がある。

第二款　建築物用地下水の採取の規制に関する法律

(1) 法律の構成

建築物用地下水の採取の規制に関する法律（昭和三七・五・一）は、四つの部分から成り、第一章は総則、第二章は建築物用地下水の採取の規制、第三章は雑則、第四章は罰則である。

付属法令

建築物用地下水の採取の規制に関する法律施行令（昭和三七・八・二四）

建築物用地下水の採取の規制に関する法律施行規則（昭和三七・八・二七）

（2）　法律の目的

建築物用地下水の採取の規制に関する法律は、法律の目的として、「特定の地域内において、建築物用地下水の採取について、地盤の沈下の防止のため必要な規制を行うことにより、国民の生命及び財産の保護を図り、もって公共の福祉に寄与することを目的とする。」と規定している（一条）。

（3）　概念規定

(1)「建築物用地下水」とは、冷暖房設備、水洗便所、その他政令で定める設備の用に供する地下水をいう（二条一項）。自動車の洗車設備および公衆浴場（浴室床面積の合計が一五〇㎡以上）で使用する地下水はこれに当たる。

(2)「揚水設備」とは、動力を用いて地下水を採取するための設備で、揚水期の吐出口の断面積（吐出口が二以上あるときは、その断面積の合計）が六平方メートルをこえるものをいう（二条二項）。

（4）　法律の手法

建築物用地下水の採取の規制に関する法律の規制の枠組は工業用水法と同様である。

(1)　規制地域の指定

建築物用地下水の採取を規制する地域は、当該地域内において、地下水を採取したことにより地盤が沈下し、これに伴って高潮、出水等による災害が生ずるおそれがある場合に、政令で指定する（三条一項）。環境大臣は、政令の制定または改廃の立案をしようとする場合においては、関係都道府県知事および関係市（特別区）町村の長の意見をきかなければならない（三条二項）。

⑵　建築物用地下水の採取の許可

指定地域内の揚水設備により建築物用地下水を採取しようとする者は、揚水設備ごとに、そのストレナーの位置および揚水機の吐出口の断面積を定めて、環境省令で定めるところにより、都道府県知事（指定都市の長）の許可を受けなければならない（四条一項）。都道府県知事は、環境省令で定める技術的基準に適合していると認める場合でなければ、許可をしてはならないが（四条二項）、水洗便所の用に供する地下水の採取については、他の水源をもってその地下水に替えることが著しく困難であると認める場合に限り許可することができ（四条三項）、許可には、地盤沈下を防止するため必要な条件を附することができ、その条件は、許可を受けた者に不当な義務を課するものであってはならない（四条四項）。許可を受けないで地下水を採取したものは、一年以下の懲役または一〇万円以下の罰金（一七条）。

⑶　監督処分

都道府県知事は、虚偽または不正な手段により建築物用地下水の採取の許可を受けた者または許可の条件に違反した者に対して、その許可を取り消すことができ（一〇条一項）、その揚水設備については、その所有者や管理者または占有者に対して、当該揚水設備による建築物用地下水の採取を禁止し、制限し、または相当の猶予期限をつけて、その違反を是正するための措置をとることを命ずることができる（一〇条二項）。知事の処分に違反した者は一年以下の懲役または十万円以下の罰金（一七条）。

その他、土地の立入り（一一条）→土地の立入りを拒み、または妨げた者は三万円以下の罰金（一八条）、報告の徴収（一二条）→報告をせず、または虚偽の報告をした者は三万円以下の罰金（一八条）、立入検査（一四条）→立入検査を拒み、妨げ、または忌避した者は三万円以下の罰金（一八条）、意見の申出（一五条）、両罰主義（一九条）などについての規定がある。

もし、土壌がなければ、いま目にうつるような草木はない。草木が育たなければ、生物は地上に生き残れないだろう。

——レイチェル・カースン——

第一二章　騒音、振動および悪臭規制法

第一節　騒音規制法

文献　福田清明「航空騒音からの保護に関する法律」環境研究一〇八号（平一〇）、平岡久「一般鉄道騒音と行政施策」山村古稀『環境法学の生成と未来』（平一一・信山社）、金子芳雄「航空機騒音と法」関東学園九巻一号（平一一）

騒音の主たる発生源は、交通、産業施設、深夜営業、建築作業場などである。しかし近隣居住者による騒音も無視できない。騒音は直接人間の健在と健康を侵害し、主観的にはしばしば最も強烈な環境負荷であると感じられる。例年、地方公共団体に寄せられる各種公害の苦情のうち、騒音に関する件数が最も多い。騒音すなわち音の単位として、デシベルまたはホンを用いる（自動車の警笛は九〇ないし一一五、地下鉄・JRの電車の車内八〇、普通の会話四〇、図書館四〇デシルベ、そして八〇デシルベ以上が騒音とされる）。また最近は、人の耳には聞こえにくい低周波音が原因で頭痛・めまい・いらいら・不眠などが起こる低周波音症候群が問題になっている。

（1）法律の構成

騒音規制法（昭和四三・六・一〇、最終改正平成一一・七・一六）は、六つの章から成っている。第一章は総則、第二章は特定工場等に関する規制、第三章は特定建設作業に関する規制、第四章は自動車騒音に係る許容限度等、第五章は雑則、第六章は罰則について規定している。

付 属 法 令

騒音規制法施行令（昭和四三・一一・二七）
騒音規制法施行規則（昭和四六・六・二二）
騒音規制法第十七条第一項の規定に基づく指定地域内における自動車騒音の限度を定める命令（平成一二・三・二）
騒音規制法第二条第四項の自動車を定める省令（昭和四六・六・二三）
特定工場等において発生する騒音の規制に関する基準（昭和四三・一一・二七）
特定建設作業に伴って発生する騒音の規制に関する基準（昭和四三・一一・二七）
自動車騒音の要請基準（昭和四六・六・二三）
自動車騒音の大きさの許容限度（昭和五〇・九・四）
騒音に係る環境基準について（平成一〇・九・三〇）
航空機騒音に係る環境基準（昭和四八・一二・二七）
新幹線鉄道騒音に係る環境基準（昭和五〇・七・二九）

関 係 法 令

公共用飛行場周辺における航空機騒音による障害の防止等に関する法律（昭和四二・八・一）

特定空港周辺航空機騒音対策特別措置法（昭和五三・四・二〇）
幹線道路の沿道の整備に関する法律（昭和五五・五・一）

（２） 法律の目的

騒音規制法は、「工場及び事業場における事業活動並びに建設工事に伴って発生する相当範囲にわたる騒音について必要な規制を行なうとともに、自動車騒音に係る許容限度を定めること等により、生活環境を保全し、国民の健康の保護に資することを目的とする」（一条）。

（３） 概念規定

(1)「特定施設」とは、工場または事業場に設置される施設のうち、著しい騒音を発生する施設であって政令で定めるものをいう（二条一項）。

(2)「規制基準」とは、特定施設を設置する工場または事業場において発生する騒音の特定工場等の敷地の境界線における大きさの許容限度をいう（二条二項）。

(3)「特定建設作業」とは、建設工事として行われる作業のうち、著しい騒音を発生する作業であって政令で定めるものをいう（二条三項）。

(4)「自動車騒音」とは、自動車の運行に伴い発生する騒音をいう（二条四項）。

（４） 騒音規制法の手法

(1) 計画的手法

① 環境基準　政府は、騒音に係る環境上の条件について、人の健康を保護し、および生活環境を保全する上で維持されることが望ましい基準を定めるものとする（環境基一六条）。**図表XII—1**を見よ。

図表 XII—1　騒音に係る環境基準（平成10.9.30環告64）

<table>
<tr><th rowspan="2" colspan="2">地域の類型</th><th colspan="2">基　準　値</th><th rowspan="2">備　　考</th></tr>
<tr><th>昼　　間</th><th>夜　　間</th></tr>
<tr><td colspan="2">AA</td><td>50デシベル以下</td><td>40デシベル以下</td><td rowspan="7">(1) 道路に面する地域以外の地域については、施行後直ちに達成され、又は維持されるよう努めるものとする。
(2) 既設の道路に面する地域については、環境基準の施設後10年以内を目途として達成され、又は維持されるよう努めるものとする。
ただし、幹線交通を担う道路に面する地域であって、道路交通量が多くその達成が著しく困難な地域については、10年を超える期間で可及的速やかに達成されるよう努めるものとする。</td></tr>
<tr><td colspan="2">A及びB</td><td>55デシベル以下</td><td>45デシベル以下</td></tr>
<tr><td colspan="2">C</td><td>60デシベル以下</td><td>50デシベル以下</td></tr>
<tr><td rowspan="2"></td><td>A地域のうち2車線以上の車線を有する道路に面する地域</td><td>60デシベル以下</td><td>55デシベル以下</td></tr>
<tr><td>B地域のうち2車線以上の車線を有する道路に面する地域及びC地域のうち車線を有する道路に面する地域</td><td>65デシベル以下</td><td>60デシベル以下</td></tr>
<tr><td rowspan="2"></td><td rowspan="2">（幹線交通を担う道路に近接する空間）</td><td>70デシベル以下</td><td>65デシベル以下</td></tr>
<tr><td colspan="2">備考　個別の住居等において騒音の影響を受けやすい面の窓を主として閉めた生活が営まれていると認められるときは、屋内へ透過する騒音に係る基準（昼間にあっては45デシベル以下、夜間にあっては40デシベル以下）によることができる。</td></tr>
</table>

（注）　1　時間の区分は、昼間を午前6時から午後10時までの間とし、夜間を午後10時から翌日の午前6時までの間とする。

2　AAを当てはめる地域は、療養施設、社会福祉施設等が集合して設置される地域など特に静穏を要する地域とする。

3　Aを当てはめる地域は、専ら住居の用に供される地域とする。

4　Bを当てはめる地域は、主として住居の用に供される地域とする。

5　Cを当てはめる地域は、相当数の住居と併せて商業、工業等の用に供される地域とする。

6　車線とは、1縦列の自動車が安全かつ円滑に走行するために必要な一定の幅員を有する帯状の車線部分をいう。

②　計　画　i　周辺整備空港の指定があったときは、当該周辺整備空港に係る第一種区域を管轄する都道府県知事は、空港の設置者および国土交通大臣と協議し、その同意を得て、空港整備計画を策定しなければならない（航空騒音九条の三第二項・第三項）。空港周辺整備計画は、公害防止計画、都市計画その他の環境保全または地域の振興もしくは整備に関する国または地方公共団体の計画に適合したものでなければならない（航空騒音九条の三第五項）。

ii　都道府県知事は、沿道整備道路の道路管理者および都道府県公安委員会は、道路交通騒音減少計画を定めるものとする（幹線道整備七条）。

②　規制地域の指定　i　都道府県知事は、住居が集中している地域、病院または学校の周辺の地域その他の騒音を防止することにより住民の生活環境を保全する必要があると認める地域（図書館、老人ホーム、保育所などの施設の周辺地域）を、特定工場等において発生する騒音および特定建設作業に伴って発生する騒音について規制する地域として指定しなければならない（三条）。この場合、都道府県知事は、関係市長村長の意見をきき、指定地域を指定するときは、これを公示しなければならない（三条）。

ii　都道府県知事は、自動車交通量が特に大きく、道路交通騒音が沿道における生活環境に著しい影響を及ぼし、当該地域に相当数の住居が集中する場合、道路交通騒音により生ずる障害の防止を図るため必要があると認めるときは、区間を定めて、国土交通大臣に協議し、その同意を得て、沿道整備道路として指定することができる（幹線道整備五条）。

(2)　規制的手法

①　規制基準　都道府県知事は、規制地域を指定するときは、環境大臣が特定工場等において発生する騒

図表Ⅻ—2　○特定工場等の規制基準（昭和43.11.27厚・農・通・運告1）

区域の区分	時間の区分			備考
	昼間	朝・夕	夜間	
第一種区域	45〜50デシベル	40〜45デシベル	40〜45デシベル	規制基準は、この表の範囲内で都道府県知事が定める。 市町村は、この表の下限値以上の範囲で知事の定めた規制値と異なる規制値を定めることができる。
第二種区域	50〜60デシベル	45〜50デシベル	40〜50デシベル	
第三種区域	60〜65デシベル	55〜65デシベル	50〜55デシベル	
第四種区域	65〜70デシベル	60〜70デシベル	55〜65デシベル	

（注）　昼間とは、午前7時又は8時から午後6時、7時又は8時までとし、朝とは、午前5時又は6時から午前7時又は8時までとし、夕とは、午後6時、7時又は8時から午後9時、10時又は11時までとし、夜間とは、午後9時、10時又は11時から翌日の午前5時又は6時までとする。

第一種区域〜第四種区域は、以下に掲げる区域で、都道府県知事が指定する。

第一種区域　良好な住居の環境を保全するため、特に静穏の保持を必要とする区域。

第二種区域　住居の用に供されているため、静穏の保持を必要とする区域。

第三種区域　住居の用にあわせて商業、工事等の用に供されている区域であって、その区域内の住民の生活環境を保全するため、騒音の発生を防止する必要がある区域。

第四種区域　主として工業等の用に供されている区域であって、その区域内の住民の生活環境を悪化させないため、著しい騒音の発生を防止する必要がある区域。

○特定建設作業の規制基準（昭和43.11.27厚・建告1）

作業の種類	規制値	備考
くい打機、くい抜機又はくい打くい抜機を使用する作業	85デシベル	区域により、作業のできる時間帯、曜日、日数等が限定されている。
びよう打機を使用する作業	30デシベル	
さく岩機、空気圧縮機、コンクリートプラント又はアスファルトプラントを用いる作業	75デシベル	

音について規制する必要の程度に応じて、昼間、夜間その他の時間の区分および区域の区分ごとに定める基準の範囲内において、当該地域について、これらの区分に対応する時間および区域の区分ごとの規制基準を定めなければならない（四条一項、図表Ⅻ—2を見よ）。

市町村は、指定地域の全部または一部について、当該地域の自然的、社会的条件に特別の事情があるため、都道府県知事が定めた規制基準によっては当該地域の住民の生活環境を保全することが十分でないと認めるときは、条例で、環境大臣の定める範囲内において、規制基準にかえて適用すべき規制基準を定めることができる（四条二項）。指定地域内に特定工場等を設置している者は、当該特定工場等に係る規制基準を遵守しなければならない（五条）。

② 自動車騒音に係る許容限度　環境大臣は、自動車が一定の条件で運行する場合に発生する自動車騒音の大きさの許容限度を定めなければならない（一六条一項）。

自動車騒音に係る許容限度は、次の表の通りである（図表Ⅻ—3を見よ。）。

市町村長は、指定地域について騒音の測定を行った場合において、指定地域内における自動車騒音が環境省令で定める限度（＝自動車騒音の要請基準＝図表Ⅻ—4）をこえていることにより道路の周辺の生活環境が著しくそこなわれると認めるときは、都道府県公安委員会に対し、道路交通法の規定による措置を執るべきことを要請するものとし、道路管理省または関係行政機関の長に意見を述べることができる（一七条）。

③ 航空機騒音　航空機騒音に係る環境基準によると、ＷＥＣＰＮＬ（＝加重等価平均感覚騒音レベル）の値をもっぱら住居の用に供される地域については七〇以下、それ以外の地域であって、通常の生活を保全する必要がある地域については七五以下になるようにすること、地域の類型の当てはめは、都道府県知事が行う。

図XII—3　○自動車騒音の大きさの許可限度（昭和五〇年九月四日　環境庁告示第五三号）

改正　平成一〇年一二月八日

第一　検査を受けようとするもの

自動車の種別			自動車騒音の大きさの許容限度		
			定常走行騒音	近接排気騒音	加速走行騒音
普通自動車、小型自動車及び軽自動車（専ら乗用の用に供する乗車定員十人以下の自動車及び二輪自動車を除く。）	車両総重量が三・五トンを超え、原動機の最高出力が百五十キロワットを超えるもの	専ら乗用の用に供するもの	八十二デシベル	九十九デシベル	八十一デシベル
		専ら乗用の用に供するもの以外のもの	八十デシベル	百七デシベル	八十三デシベル
	車両総重量が三・三トンを超え、原動機の最高出力が百五十キロワット以下のもの	すべての車輪に動力を伝達できる構造の動力伝達装置を備えたもの	七十八デシベル	百五デシベル	八十三デシベル
		すべての車輪に動力を伝達できる構造の動力伝達装置を備えたもの以外のもの　専ら乗用の用に供するもの	七十九デシベル	九十八デシベル	八十デシベル
		すべての車輪に動力を伝達できる構造の動力伝達装置を備えたもの以外のもの　専ら乗用の用に供するもの以外のもの	七十八デシベル	百五デシベル	八十三デシベル
	車両総重量が三・五トン以下のもの		七十四デシベル	九十七デシベル	七十六デシベル
専ら乗用の用に供する乗車定員十人以下の普通自動車、小型自動車及び軽自動車（二輪自動車を除く。）	車両の後部に原動機を有するもの		七十二デシベル	百デシベル	七十六デシベル
	車両の後部に原動機を有するもの以外のもの		七十二デシベル	九十六デシベル	七十六デシベル
小型自動車（二輪自動車に限る。）			七十四デシベル	九十九デシベル	七十五デシベル
軽自動車（二輪自動車に限る。）			七十一デシベル	九十四デシベル	七十三デシベル
第一種原動機付自転車（規則第一条第二項に規定する第一種原動機付自転車をいう。以下同じ。）			六十五デシベル	八十四デシベル	七十一デシベル
第二種原動機付自転車（規則第一条第二項に規定する第二種原動機付自転車をいう。以下同じ。）			七十デシベル	九十五デシベル	七十二デシベル

第二　現に運行の用に供しているもの

自動車の種別				自動車騒音の大きさの許容限度	
				定常走行騒音	近接排気騒音
普通自動車、小型自動車及び軽自動車（専ら乗用の用に供する乗車定員十人以下の自動車及び二輪自動車を除く。）	車両総重量が三・五トンを超え、原動機の最高出力が百五十キロワットを超えるもの	専ら乗用の用に供するもの		八十五デシベル	九十九デシベル
		専ら乗用の用に供するもの以外のもの		八十五デシベル	百七デシベル
	車両総重量が三・五トンを超え、原動機の最高出力が百五十キロワット以下のもの	すべての車輪に動力を伝達できる構造の動力伝達装置を備えたもの		八十五デシベル	百五デシベル
		すべての車輪に動力を伝達できる構造の動力伝達装置を備えたもの以外のもの	専ら乗用の用に供するもの	八十五デシベル	九十八デシベル
			専ら乗用の用に供するもの以外のもの	八十五デシベル	百五デシベル
	車両総重量が三・五トン以下のもの	八十五デシベル		九十七デシベル	
専ら乗用の用に供する乗車定員十人以下の普通自動車、小型自動車及び軽自動車（二輪自動車を除く。）	車両の後部に原動機を有するもの			八十五デシベル	百デシベル
	車両の後部に原動機を有するもの以外のもの			八十五デシベル	九十六デシベル
小型自動車（二輪自動車に限る。）				八十五デシベル	九十九デシベル
軽自動車（二輪自動車に限る。）				八十五デシベル	九十四デシベル
第一種原動機付自転車				八十五デシベル	八十四デシベル
第二種原動機付自転車				八十五デシベル	九十五デシベル

平成一一年度、全国五六飛行場のうち、新東京国際空港（成田）、大阪国際空港（伊丹）など二三飛行場が環境基準に達しておらず、米軍の厚木基地はW値が最高九一で最悪である。環境基準および達成期間は図表Ⅻ—5の通りである。

④　新幹線騒音　新幹線鉄道騒音に係る環境基準は、地域の類型に応じ、主として住居の用に供される地域については七〇デシルべ以下、商工業の用に供される地域等については七五デシルべ以下として、これが維持され、または維持されるよう努めるものとしている。環境基準および達成期間は**図表XII―6**の通りである。

⑤　届出義務　i　特定施設の設置　指定地域内において工場または事業場に特定施設を設置しようとする者は、その特定施設の設置の工事の開始の日の三十日前ま

図表XII―4　自動車騒音の要請基準（昭和46.6.23総・厚令3）

区域の区分	車線数	時間の区分		
		昼間	朝・夕	夜間
第一種区域	一車線	55デシベル	50デシベル	45デシベル
	二車線	70デシベル	65デシベル	55デシベル
	二車線をこえる車線	75デシベル	70デシベル	60デシベル
第二種区域	一車線	60デシベル	55デシベル	50デシベル
	二車線	70デシベル	65デシベル	55デシベル
	二車線をこえる車線	75デシベル	70デシベル	60デシベル
第三種区域及び第四種区域	一車線	70デシベル	65デシベル	60デシベル
	二車線	75デシベル	70デシベル	65デシベル
	二車線をこえる車線	80デシベル	75デシベル	65デシベル

（注）　第一種区域～第四種区域はおおむね下記の地域に相当し、都道府県知事が決める。

第一種区域　良好な住居の環境を保全するため、特に静穏の保持を必要とする区域。

第二種区域　住居の用に供されているため、静穏の保持を必要とする区域。

第三種区域　住居の用にあわせて商業、工事等の用に供されている区域であって、その区域内の住民の生活環境を保全するため、騒音の発生を防止する必要がある区域。

第四種区域　主として工業等の用に供されている区域であって、その区域内の住民の生活環境を悪化させないため、著しい騒音の発生を防止する必要がある区域。

図表XII—5　航空機騒音に係る環境基準（昭和48.12.27環告154）

地域の類型	基準値（単位WECPNL）	地域の指定	造成期間
I	70以下	各類型をあてはめる地域は、都道府県知事が指定する。 Iをあてはめる地域は専ら住居の用に供される地域とし、IIをあてはめる地域はI以外の地域であって通常の生活を保全する必要がある地域とする。	環境基準は、公共用飛行場等の周辺地域においては、飛行場の区分ごとに次表の達成期間の欄に掲げる期間で達成され、又は維持されるものとする。この場合において、達成期間が5年をこえる地域においては。中間的に同表の改善目標の欄に掲げる目標を達成しつつ、段階的に環境基準が達成されるようにするものとする。
II	75以下		

飛行場の区分			達成期間	改善目標
新設飛行場			直ちに	
既設飛行場	第三種空港及びこれに準ずるもの		直ちに	
既設飛行場	第二種空港（福岡空港を除く。）	A	5年以内	
既設飛行場	第二種空港（福岡空港を除く。）	B	10年以内	5年以内に、85WECPNL未満とすること又は85WECPNL以上の地域において屋内で65WECPNL以下とすること。
既設飛行場	新東京国際空港		10年以内	5年以内に、85WECPNL未満とすること又は85WECPNL以上の地域において屋内で65WECPNL以下とすること。
既設飛行場	第一種空港（新東京国際空港を除く。）及び福岡空港		10年をこえる期間内に可及的速やかに	1　5年以内に、85WECPNL未満とすること又は85WECPNL以上の地域において屋内で65WECPNL以下とすること。 2　10年以内に、75WECPNL未満とすること又は75WECPNL以上の地域において屋内で60WECPNL以下とすること。

達成期間の欄の表について

（注）1　既設飛行場の区分は、環境基準が定められた日における区分とする。

2　第二種空港のうち、Bとはターボジェット発動機を有する航空機が定期航空運送事業として離着陸するものをいい、AとはBを除くものをいう。

3　達成期間の欄に掲げる期間及び各改善目標を達成するための期間は、環境基準が定めらた日から起算する。

図表Ⅻ—6　新幹線鉄道騒音に係る環境基準（昭和50.7.29環告46）

<table>
<tr><th>地域の類　型</th><th>基準値</th><th>地域の指定</th><th>造　成　期　間</th></tr>
<tr><td>Ⅰ</td><td>70デシベル以下</td><td rowspan="3">各類型をあてはめる地域は、都道府県知事が指定する。
Ⅰをあてはめる地域は主として住居の用に供される地域とし、Ⅱをあてはめる地域は商工業の用に供される地域等Ⅰ以外の地域であって通常の生活を保全する必要がある地域とする。</td><td rowspan="3">次表の達成目標期間の欄に掲げる期間を目途として達成され、又は維持されるよう努めるものとする。この場合において、新幹線鉄道騒音の防止施策を総合的に講じても当該達成目標期間で環境基準を達成することが困難と考えられる区域においては、家屋の防音工事等を行うことにより環境基準が達成された場合と同等の屋内環境が保持されるようにするものとする。
なお、環境基準の達成努力にもかかわらず、達成目標期間内にその達成ができなかった区域が生じた場合においても、可及的速やかに環境基準が達成されるよう努めるものとする。
<table>
<tr><th colspan="3" rowspan="2">新幹線鉄道の沿線区域の区分</th><th colspan="3">達　成　目　標　期　間</th></tr>
<tr><th>既設新幹線鉄道に係る期間</th><th>工事中新幹線鉄道に係る期間</th><th>新設新幹線鉄道に係る期間</th></tr>
<tr><td>a</td><td colspan="2">80デシベル以上の区域</td><td>3年以内</td><td>開業時に直ちに</td><td rowspan="4">開業時に直ちに</td></tr>
<tr><td rowspan="2">b</td><td rowspan="2">75デシベルを超え80デシベル未満の区域</td><td>イ</td><td>7年以内</td><td rowspan="2">開業時から3年以内</td></tr>
<tr><td>ロ</td><td>10年以内</td></tr>
<tr><td>c</td><td colspan="2">70デシベルを超え75デシベル以下の区域</td><td>10年以内</td><td>開業時から5年以内</td></tr>
</table>
</td></tr>
<tr><td>Ⅱ</td><td>75デシベル以下</td></tr>
<tr><td></td><td></td></tr>
</table>

達成期間の欄の表について

（注）　1　新幹線鉄道の沿線区域の区分の欄のbの区域中イとは地域の類型Ⅰに該当する地域が連続する沿線地域内の区域をいい、ロとはイを除く区域をいう。

2　達成目標期間の欄中既設新幹線鉄道、工事中新幹線鉄道及び新設新幹線鉄道とは、それぞれ次の各号に該当する新幹線鉄道をいう。

(1)　既設新幹線鉄道　東京・博多間の区間の新幹線鉄道

(2)　工事中新幹線鉄道　東京・盛岡間、大宮・新潟間及び東京・成田間の区間の新幹線鉄道

(3)　新設新幹線鉄道　(1)及び(2)を除く新幹線鉄道

3　達成目標期間の欄に掲げる期間のうち既設新幹線鉄道に係る期間は、環境基準が定められた日から起算する。

でに、騒音の防止の方法等を市町村長に届け出なければならない（七条）。特定施設の数等の変更についても同様（八条）。届出義務違反は三万円以下の罰金（三一条）。

ii　特定施設作業の実施　指定地域内において特定建設作業を伴う建設工事を施行しようとする者は、当該特定建設作業の開始の日の七日前までに、騒音の防止の方法等を市町村長に届け出なければならない（一四条一項）。届出義務違反は三万円以下の罰金（三一条）。ただし、災害その他非常の事態の発生により特定建設作業を緊急に行う必要がある場合には、この限りでない。この場合は、速やかに騒音の防止の方法等を市町村長に届け出なければならない（一四条二項）。届出義務違反は一万円以下の過料（三三条）。

⑥　計画変更勧告　市町村長は、特定施設の設置の届出または特定施設の数等の変更の届出があった場合において、届出事項に係る特定工場等において発生する騒音が規制基準に適合しないことにより周辺の生活環境が損なわれると認めるときは、その届出を受理した日から三十日以内に限り、騒音の防止の方法または特定施設の使用の方法もしくは配置に関する計画を変更すべきことを勧告することができる（九条）。

⑦　改善勧告　市町村長は、指定地域内に設置されている特定工場等において発生する騒音が規制基準に適合しないことによりその特定工場等の周辺の生活環境が損なわれると認めるときは、当該特定工場等を設置している者に対し、期限を定めて、その事態を除去するために必要な限度において、騒音の防止の方法を改善し、または特定施設の使用の方法もしくは配置を変更すべきことを勧告することができる（一二条一項）。

市町村長は、指定地域内において行われる特定建設事業に伴って発生する騒音が環境大臣の定める基準に適合しないことによりその特定建設作業の場所の周辺の生活環境が著しく損なわれると認めるときは、改善勧告をすることができる（一五条一項）。以上、勧告に従わない場合について、罰則の規定はない。

条)。

⑧　改善命令　市町村長は、計画変更勧告に従わないで特定施設を設置した者、または改善勧告に従わない者に対しては、期限を定めて、騒音の防止の方法を改善し、または特定施設の使用の方法もしくは配置を変更を命ずることができる(一二条二項)。改善命令に違反した者は、一年以下の懲役または十万円以下の罰金(二九条)。

市町村長は、小規模の事業者に対する計画変更勧告または改善勧告もしくは改善命令を出す場合には、その者の事業活動の遂行に著しい支障を生ずることのないよう当該勧告または命令について特に配慮しなければならない(一三条)。

市町村長は、改善勧告に従わないで特定建設作業を行っている者に対しては、期限を定めて、騒音の防止の方法の改善または特定建設作業の作業時間に変更を命ずることができる(一五条二項)。改善命令に違反した者は、五万円以下の罰金(三〇条)。市町村長は、公共性のある施設または工作物に係る建設工事として行われる特定建設作業について改善勧告または改善命令を行うに当たっては、当該建設工事の円滑な実施についてとくに配慮しなければならない(一五条三項)。

⑨　深夜騒音等の規制　飲食店営業等に係る深夜における騒音、拡声機を使用する放送に係る騒音等の規制については、地方公共団体が、住民の生活環境を保全するため必要があると認めるときは、当該地域の自然的、社会的条件に応じて、営業時間を制限すること等により必要な措置を講ずるようにしなければならない(二八条)。

⑩　その他　騒音の測定に基づく要請および意見(一七条)、報告および検査(二〇条)、騒音の測定(二一条の二)、両罰規定(三二条)などについて規定がある。

図表XII―7　騒音規制法の体系

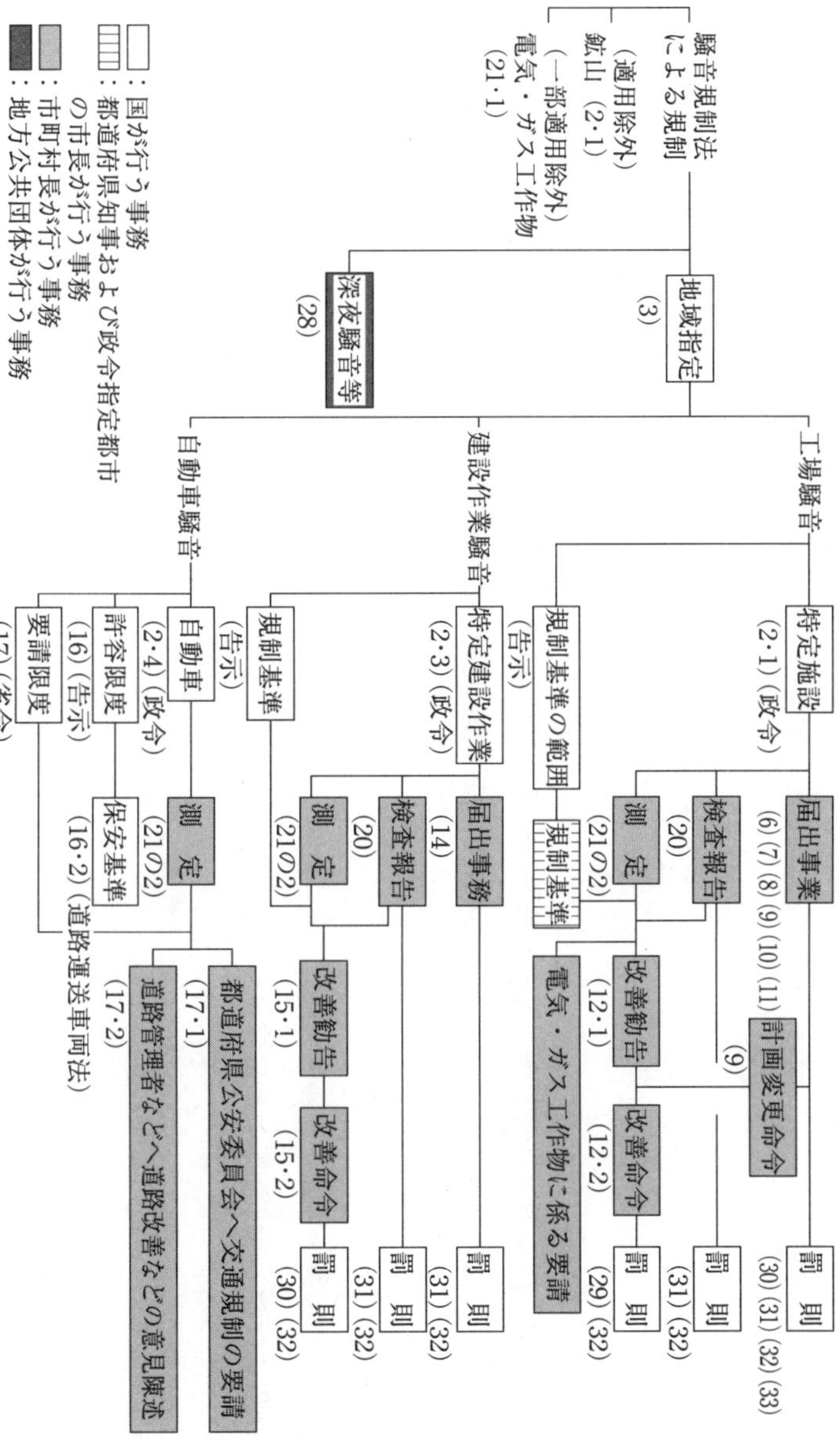

（注）1．図にあげた項目以外に、条例との関係（24）などについて定めてある。
2．図中の（　）内は条文である。例えば（2・1）は法第2条第1項を示す。
資料：最新環境キーワード2版167頁

日本の騒音は世界的に見て最も深刻な事態である。

――日本学術会議――

第二節　振動規制法

振動公害とは、振動により家具が揺れたり、睡眠を妨げられたり、戸やドア等にくるいが生ずるなど平穏な生活に支障が生じ、精神的ないし物的被害が生ずる状態をいう。主として、工場・事業場・道路・鉄道の沿線地帯、飛行場の隣接地域などで発生する。

(1)　法律の構成

振動規制法（昭和五一・一二・一）は、騒音規制法とほぼ同様の構成で、六つの章から成っている。第一章は総則、第二章は特定工場等に関する規制、第三章は特定建設作業に関する規制、第四章は道路交通振動に係る要請、第五章は雑則、第六章は罰則について規定している。

付属法令

振動規制法施行令（昭和五一・一〇・二二）

振動規制法施行規則（昭和五一・一一・一〇）

関係法令

特定工場等において発生する振動の規制に関する基準（昭和五一・一一・一〇）

道路交通法（昭和三五・六・二五）

（2） 法律の目的

振動規制法は、「工場及び事業場における事業活動並びに建設工事に伴って発生する相当範囲にわたる振動について必要な規制を行なうとともに、道路交通振動に係る要請の措置を定めること等により、生活環境を保全し、国民の健康の保護に資することを目的とする」（一条）。

（3） 概念規定

(1) 「特定施設」とは、工場または事業場に設置される施設のうち、著しい振動を発生する施設であって政令で定めるものをいう（二条一項）。

(2) 「規制基準」とは、特定施設を設置する工場または事業場において発生する振動の特定工場等の敷地の境界線における大きさの許容限度をいう（二条二項）。

(3) 「特定建設作業」とは、建設工事として行われる作業のうち、著しい振動を発生する作業であって政令で定めるものをいう（二条三項）。

(4) 「道路交通振動」とは、自動車が道路を通行することに伴い発生する振動騒音をいう（二条四項）。

（4） 振動規制法の手法

(1) 計画的手法

① 規制地域の指定　都道府県知事は、住居が集中している地域、病院または学校の周辺の地域その他の地域で振動を防止することにより住民の生活環境を保全する必要があると認めるものを指定しなければならない。この場合、都道府県知事は、関係市長村長の意見を聴き、指定をするときは、これを公示しなければならない

（三条）。

⑵　規制的手法

①　規制基準　都道府県知事は、規制地域を指定するときは、環境大臣が特定工場等において発生する振動について規制する必要の程度に応じて、昼間、夜間その他の時間の区分および区域の区分ごとに定める基準の範囲内において、当該地域について、これらの区分に対応する時間および区域の区分ごとの規制基準を定めなければならない（四条一項）。

市町村は、指定地域の全部または一部について、都道府県知事が定めた規制基準によっては当該地域の住民の生活環境を保全することが十分でないと認めるときは、条例で、環境大臣の定める範囲内において、規制基準に代えて適用すべき規制基準を定めることができる（四条二項）。

指定地域内に特定工場等を設置している者は、当該特定工場等に係る規制基準を遵守しなければならない（五条）。規制基準については**図表Ⅻ—8**を見よ。

②　届出義務　指定地域内において工場または事業場に特定施設を設置しようとする者は、その特定施設の設置の工事の開始の日の三十日前までに、環境省令で定めるところにより、振動の防止の方法等を市町村長に届け出なければならない（六条）。届出義務違反は三十万円以下の罰金（二六条）。特定施設の変更についても同様（八条）。この場合の届出義務違反は十万円以下の罰金（二七条）。

指定地域内において特定建設作業を伴う建設工事を施行しようとする者は、当該特定建設作業の開始の日の七日前までに、環境省令で定めるところにより、騒音の防止の方法等を市町村長に届け出なければならない（一四条一項）。届出義務違反は、十万円以下の罰金（二七条）。ただし、災害その他非常の事態の発生により特定建

図表XII—8　規制基準（振動）

	道路交通振動の限度（要請基準）（振動規制法施行規則第12条）		特定工業等の規制基準（昭和51・11・10環告90）		特定建設作業の規制基準（振動規制法施行規則第11条）
	昼　間	夜　間	昼　間	夜　間	
第一種区域	65デシベル	60デシベル	60～65デシベル	55～60デシベル	75デシベル
第二種区域	70デシベル	65デシベル	65～70デシベル	60～65デシベル	
備　　考	基準を越えている場合、都道府県知事は、道路管理者又は公安委員会に措置の要請をする。		この表の範囲内で都道府県知事が定める。市町村は、この表の下限値以上の範囲で、知事の定めた基準と異なる基準を定めることができる。		区域により、作業のできる時間帯、曜日、日数等が限定されている。

（注）第一種区域及び第二種区域とは、それぞれ次の各号に掲げる区域をいう。ただし、必要があると認める場合は、それぞれの区域を更に２区分することができる。

一　第一種区域　良好な住居の環境を保全するため、特に静穏の保持を必要とする区域及び住居の用に供されているため、静穏の保持を必要とする区域

二　第二種区域　住居の用に併せて商業、工業等の用に供されている区域であって、その区域内の住民の生活環境を保全するため、振動の発生を防止する必要がある区域及び主として工業等の用に供されている区域であって、その区域内の住民の生活環境を悪化させないため、著しい振動の発生を防止する必要がある区域

設作業を緊急に行う必要がある場合には、この限りでない。この場合は、速やかに騒音の防止の方法等を市町村長に届け出なければならない（一四条二項）。届出義務違反は三万円以下の過料（二九条）。

④　計画変更勧告　市町村長は、特定施設の設置の届出または特定施設の数等の変更の届出があった場合において、届出事項に係る特定工場等において発生する振動が規制基準に適合しないことにより周辺の生活環境が損なわれると認めるときは、その届出を受理した日から三十日以内に限り、その事態を除去するために必要な限度において、騒音の防止の方法又は特定施設の使用の方法もしくは配置に関する計画を変更すべきことを勧告することができる（九条）。勧告に従わない場合については、罰則の規定がない。

⑤　改善勧告　市町村長は、指定地域内に設置されている特定工場等において発生する騒音が規制基準に適合しないことによりその特定工場等の周辺の生活環境が損なわれると認めるときは、当該特定工場等を設置している者に対し、期限を定めて、その事態を除去するために必要な限度において、振動の防止の方法を改善し、または特定施設の使用の方法もしくは配置を変更すべきことを勧告することができる（一二条一項）。

市町村長は、指定地域内において行われる特定建設事業に伴って発生する騒音が環境大臣の定める基準に適合しないことによりその特定建設作業の場所の周辺の生活環境が著しく損なわれると認めるときは、当該建設工事を施行する者に対し、期限を定めて、振動の防止の方法を改善し、または特定建設作業の作業時間を変更すべきことを勧告することができる（一五条一項）。

⑥　改善命令　市町村長は、計画変更勧告に従わないで特定施設を設置した者、または改善勧告に従わない者に対しては、期限を定めて、その勧告に従うべきことを命ずることができる（一二条二項）。改善命令に違反した者は、一年以下の懲役または五十万円以下の罰金（二五条）。市町村長は、小規模の事業者に対する計画変

更勧告または改善勧告もしくは改善命令を出す場合には、その者の事業活動の遂行に著しい支障を生ずることのないよう当該勧告または命令の内容について特に配慮しなければならない（一三条）。

市町村長は、改善勧告に従わないで特定建設作業を行っている者に対しては、期限を定めて、その勧告に従うべきことを命ずることができる（一五条二項）。改善命令に違反した者は、三十万円以下の罰金（二六条）。

市町村長は、当該施設または工作物に係る建設工事の工期が遅延することによって公共の福祉に著しい障害を及ぼすおそれのあるときは、当該施設または工作物に係る建設工事として行われる特定建設作業について改善勧告または改善命令を行うに当たっては、生活環境の保全に十分留意しつつ、当該建設工事の実施に著しい支障を生じないよう配慮しなければならない（一五条三項）。

⑧　振動の測定に基づく要請　市町村長は、振動の測定を行った場合において、指定地域内における道路交通振動が環境省令で定める限度を超えていることにより道路の周辺の生活環境が著しく損なわれていると認めるときは、道路管理者に対し当該道路の部分につき道路交通振動の防止のための舗装、維持または修繕の措置を執るべきことを要請し、または都道府県公安委員会に対し道路交通法の規定による措置を執るべきことを要請するものとする（一六条）。

⑨　その他　報告および検査（一七条）、振動の測定（一九条）などについて規定がある。

第三節　悪臭防止法

文献　悪臭法令研究会編『ハンドブック悪臭防止法』（平一一・ぎょうせい）

図表XII―9　振動規制法の体系

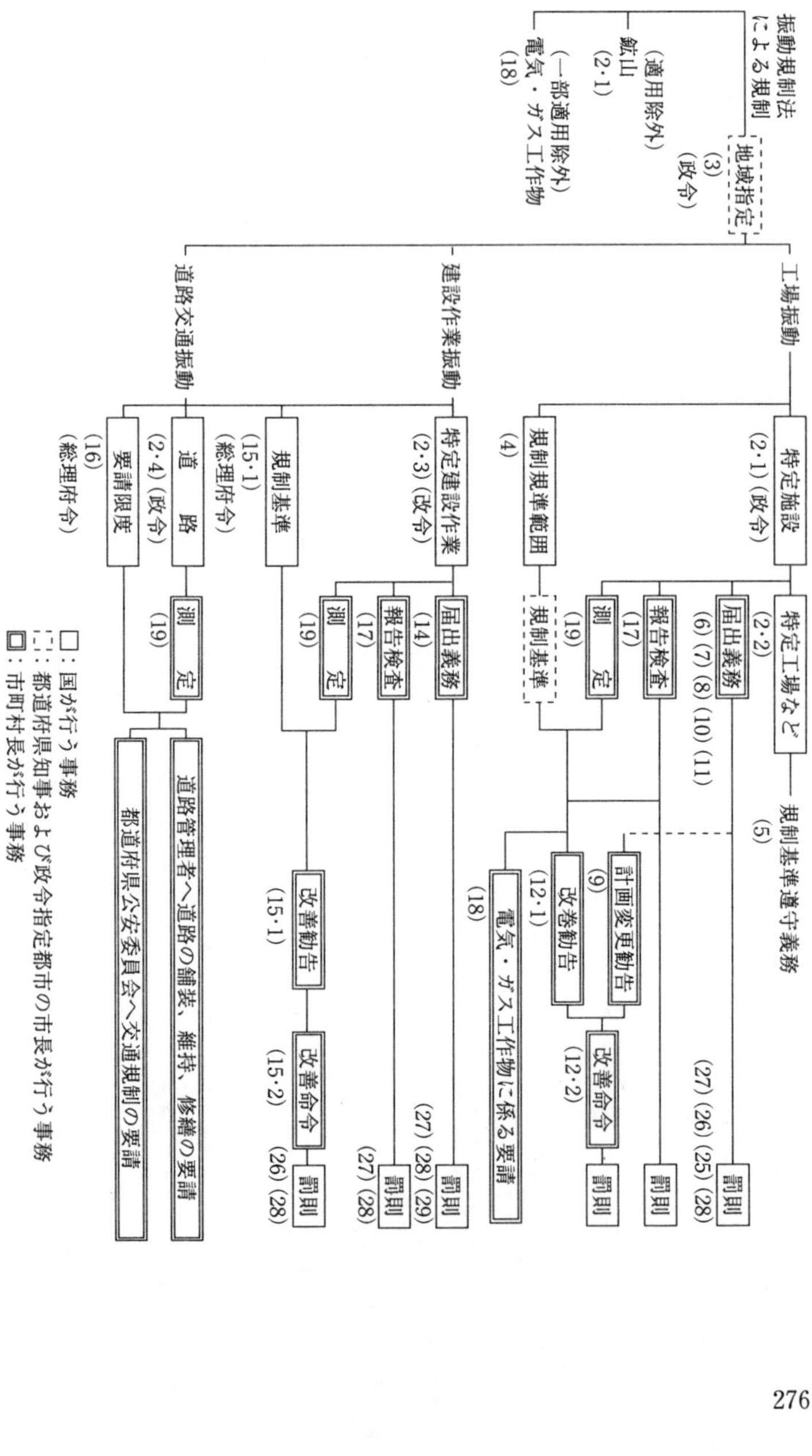

（注）　1．図に掲げた項目以外に、事務の委任（23）、条例との関係（24）などについて定めてある。
2．図中の（　）内は条文である。例えば（2・1）は法第2条第1項を示す。
資料：最新環境キーワード2版175頁

いる。

悪臭は、騒音・振動と同様に、人に不快感をあたえる。悪臭の発生源は、石油関連工場・クラフトパルプ工場などの事業場や養豚場・養鶏場などの畜産関係である。住宅地が郊外に拡大するに伴い悪臭の苦情が多くなっている。

（1）法律の構成

悪臭防止法（昭和四六・六・一）は、五つの部分により構成されている。第一章は総則、第二章は規制、第三章は悪臭防止対策の推進、第四章は雑則、第五章は罰則について規定している。

付属法令

悪臭防止法施行令（昭和四七・五・三〇）

悪臭防止法施行規則（昭和四七・五・三〇）

（2）法律の目的

悪臭防止法は、法律の目的を、「工場その他の事業場における事業活動に伴って発生する悪臭について必要な規制を行い、その他悪臭防止対策を推進することにより、生活環境を保全し、国民の健康の保護に資することを目的とする。」と規定している（一条）。

（3）規制の対象

規制の対象は、「工場その他の事業場における事業活動に伴って発生する悪臭」であり、船舶、航空機、自動車等の移動発生源や建設工事の作業場など一時的なものは規制の対象とならない。悪臭のうち、アンモニア、メチルカプタンその他の不快なにおいの原因となり、生活環境を損なうおそれのある物質であって政令で定めるも

図表XII—10　悪臭防止施行令で定められている特定悪臭物質

物　質　名	化　学　式	に　お　い
アンモニア	NH_3	し尿のようなにおい
メチルメカルプタン	CH_3SH	腐った玉ねぎのようなにおい
硫化水素	H_2S	腐った卵のようなにおい
硫化メチル	$(CH_3)_2S$	腐ったキャベツのようなにおい
二硫化メチル	CH_3SSCH_1	腐ったキャベツのようなにおい
トリメチルアミン	$(CH_3)_3N$	腐った魚のようなにおい
アセトアルデヒド	CH_3CHO	刺激的な青くさいにおい
プロピオンアルデヒド	CH_3CH_2CHO	刺激的な甘酸っぱい焦げたにおい
ノルマルブチルアルデヒド	$CH_3(CH_2)_2CHO$	刺激的な甘酸っぱい焦げたにおい
イソブチルアルデヒド	$(CH_3)_2CHCHO$	刺激的な甘酸っぱい焦げたにおい
ノルマルバレルアルデヒド	$CH_3(CH_2)_3CHO$	むせるように甘酸っぱい焦げたにおい
イソバレルアルデヒド	$(CH_3)_2CHCH_2CHO$	むせるような甘酸っぱい焦げたにおい
イソブタノール	$(CH_3)_2CHCH_2OH$	刺激的な発酵したにおい
酢酸エチル	$CH_3CO_2C_2H_5$	刺激的なシンナーのようなにおい
メチルイソブチルケトン	$CH_3COCH_2CH(CH_3)_2$	刺激的なシンナーのようなにおい
トルエン	$C_6H_5CH_4$	ガソリンのようなにおい
スチレン	$C_6H_5CH \parallel CH_2$	都市ガスのようなにおい
キシレン	$C_6H_4(CH_4)_2$	ガソリンのようなにおい
プロピオン酸	CH_3CH_2COOH	刺激的な酸っぱいにおい
ノルマル酪酸	$CH_4(CH_2)_2COOH$	汗くさいにおい
ノルマル吉草酸	$CH_4(CH_2)_3COOH$	むれた靴下のようなにおい
イソ吉草酸	$(CH_4)_2CHCH_2COOH$	むれた靴下のようなにおい

資料：最新環境キーワード（２版）177頁

のを「特定悪臭物質」といい（二条一項）、現在までに二二物質が定められている。**図表XII—10**を見よ。

（4）悪臭防止法の手法

(1) 計画的手法

① 規制地域の指定　都道府県知事は、住民の生活環境を保全するための悪臭を防止する必要があると認める住居が集合している地域その他の地域を、工場その他の事業場における事業活動に伴って発生する悪臭原因物の排出を規制する地域として指定しなければならない（三条）。規制地域の指定をし、または変更・解除・廃止しようとするときは、当該規制地域を管轄する市町村長の意見をきかなければならなず、必要があると認めるときは、当該規制地域の周辺地域を管轄する市町村長の意見をきくものとす

る（五条）。また、これらの場合、環境省令の定めるところにより、公示しなければならない（六条）。

(2)　規制的手法

①　規制基準　都道府県知事は、規制地域について、その自然的、社会的条件を考慮して、必要に応じ当該地域を区分し、特定悪臭物質の種類ごとに次のような規制基準を定めなければならない。

i　事業場の敷地の境界線の地表における規制基準　環境省令で定める範囲内において、大気中の特定悪臭物質の濃度の許容限度として定める。

ii　事業場の煙突その他の気体排出施設から排出されるものの当該排出口における規制基準　iの許容限度を基礎として、環境省令で定める方法により、排出口の高さに応じて、特定悪臭物質の流量または排出気体中の特定物質の濃度の許容限度として定める。

iii　事業場の敷地外における規制基準　iの許容限度を基礎として、環境省令で定める方法により、排出水中の特定悪臭物質の濃度の許容限度として定める（四条一項）。この基準は、メチルメルカプタン、硫化水素、硫化メチル、二硫化メチルの四つの物質に適用される。

②　上乗せ基準　都道府県知事は、規制地域のうちに、規制基準によっては生活環境を保全することが十分でないと認められる区域があるときは、その区域における悪臭原因物の排出については、規制基準に代えて、次のような規制基準を定めることができる。

i　事業場の敷地の境界線の地表における規制基準　環境省令で定める範囲内において、大気の臭気指数（気体または水に係る悪臭の程度に関する値であって、環境省令で定めるところにより、人間の臭覚でその臭気を感知することができなくなるまで気体または水の希釈をした場合におけるその希釈の倍数を基礎として算定されるもの）の許容限度として定める。

ii　事業場の煙突その他の気体排出施設から排出されるものの当該排出口における規制基準　iの許容限度を基礎として、環境省令で定める方法により、排出口の高さに応じて、臭気排出強度（排出気体の臭気指数および流量を基礎として算定される値をいう）または排出気体の臭気指数の許容限度として定める。

iii　事業場の敷地外における規制基準　iの許容限度を基礎として、環境省令で定める方法により、排出水の臭気指数の濃度の許容限度として定める（四条二項）。

都道府県知事は、規制基準を定め、または廃止しようとするときは、当該規制地域を管轄する市町村長の意見をきかなければならなず、必要があると認めるときは、当該規制地域の周辺地域を管轄する市町村長の意見をきくものとする（五条）。また、これらの場合、環境省令の定めるところにより、公示しなければならない（六条）。

③　規制基準の遵守義務　規制区域内に事業場を設置している者は、当該規制地域についての規制基準を遵守しなければならない（七条）。

④　改善勧告および改善命令　市町村長は、規制地域内の事業場における事業活動に伴って発生する悪臭原因物の排出が規制基準に適合しない場合において、その不快なにおいにより住民の生活環境が損なわれると認めるときは、当該事業場を設置している者に対し、相当の期限を定めて、悪臭原因物を発生させている施設の運用の改善、悪臭原因物の排出防止設備の改良その他悪臭原因物の排出を減少させるための措置を執るべきことを勧告することができる（八条一項）。

市町村長は、改善勧告を受けた者がその勧告に従わないときは、相当の期限を定めて、その勧告に係る措置を執るべきことを命ずることができる（八条二項）。改善命令に違反した者は、一年以下の懲役または百万以下の罰金（二五条）、この場合、法人等についても罰金刑が科せられる（三二条）。ただし、改善命令は、当該事業場の存する地域が規制地域となった日から一年間は当該事業場を設置した者について、当該事業場において発生する悪臭原因物の排出についての規制基準が新たに設けられた日から一年間は当該事業場を設置している者の当該悪臭原因物の排出について、とることができない（八条三項）。市町村長は、小規模の事業者に対して改善勧告および改善命令の措置を執るときは、その者の事業活動に及ぼす影響について配慮しなければならない（八条五項）。

⑤　報告の徴収および立入検査　市町村長は、改善勧告または改善命令の措置に関し必要があると認めるときは、当該事業場を設置している者に対し、悪臭原因物を発生させている施設の運用の状況、悪臭原因物の排出防止設備の設置の状況その他悪臭の防止に関し必要な事項の報告を求め、またはその職員に、当該事業場に立ち入り、悪臭の防止に関し、悪臭原因物を発生させている施設その他の物件を検査させることができる（二〇条一項）。この報告および検査に従わない者は三十万以下の罰金（二九条）。

⑥　一般的義務　i　国民の責務　何人も、住居が集中している地域においては、飲食物の調理、愛がん動物の飼養その他の日常生活における行為に伴い悪臭が発生し、周辺地域における住民の生活環境が損なわれることのないように努めるとともに、国または地方公共団体による悪臭防止による生活環境の保全に関する施策に協力しなければならない（一四条）。

ii　悪臭が生ずる物の焼却の禁止　何人も、住居が集中している地域においては、みだりに、ゴム、皮革、合成樹脂、廃油その他の燃焼に伴って悪臭が生ずる物を野外で多量に焼却してはならない（一三条）。

iii　水路等における悪臭の防止　下水溝、河川、池沼、港湾その他の汚水が流入する水路または場所を管理する者は、その管理する水路または場所から悪臭が発生し、周辺地域における住民の生活環境が損なわれることのないように、その水路または場所を適切に管理しなければならない（一六条）。

iv　国および地方公共団体の責務　　地方公共団体は、その区域の自然的、社会的条件に応じ、悪臭の防止のための住民の努力に対する支援、必要な情報の提供その他の悪臭の防止による生活環境の保全に関する施策を策定し、および実施するように努めなければならない（一七条一項）。

国は、悪臭の防止に関する啓発および知識の普及その他の悪臭の防止による生活環境の保全に関する施策を総合的に策定し、および実施するとともに、地方公共団体が実施する悪臭の防止による生活環境の保全に関する施策を推進するために必要な助言その他の措置を講ずるように努めなければならない（一七条二項）。

⑦　その他　　市長村長の都道府県知事に対する要請（九条）、事故時の措置（一〇条）、悪臭の測定（一一条）などについての規定がある。

図表XII—11【悪臭防止法体系図】

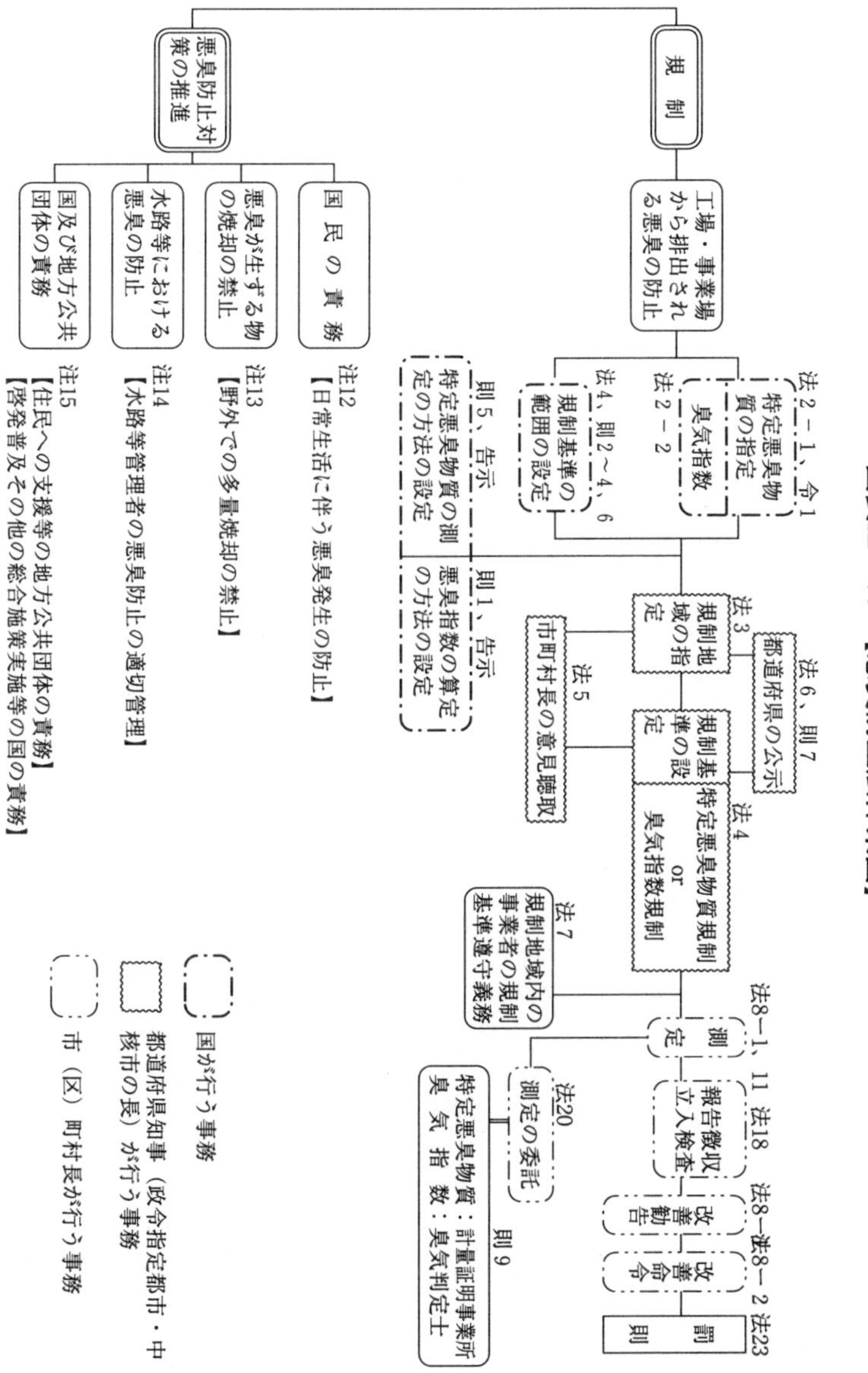
規制
悪臭防止対策の推進
工場・事業場から排出される悪臭の防止
法2－1、令1
特定悪臭物質の指定
法2－2
臭気指数
法4、則2～4、6
規制基準の範囲の設定
則5、告示
特定悪臭物質の測定の方法の設定
則1、告示
悪臭指数の算定の方法の設定
法3
規制地域の指定
法6、則7
都道府県の公示
法5
市町村長の意見聴取
規制基準の設定
法4
特定悪臭物質規制
or
臭気指数規制
法7
規制地域内の事業者の規制基準遵守義務
法8－1、11
測定
法18
報告徴収
立入検査
法20
測定の委託
則9
特定悪臭物質：計量証明事業所
臭気指数：臭気判定士
法8－
改善勧告
法8－2
改善命令
法23
罰則
国民の責務
注12
【日常生活に伴う悪臭発生の防止】
悪臭が生ずる物の焼却の禁止
注13
【野外での多量焼却の禁止】
水路等における悪臭の防止
注14
【水路等管理者の悪臭防止の適切管理】
国及び地方公共団体の責務
注15
【住民への支援等の地方公共団体の責務】
【啓発普及その他の総合施策実施等の国の責務】
国が行う事務
都道府県知事（政令指定都市・中核市の長）が行う事務
市（区）町村長が行う事務

第一三章　有害物質規制法

文献　中杉修身「化学物質対策法の現状と課題」ジュリスト増刊『環境問題の行方』（平一一）、環境法政策学会『化学物質・土壌汚染と法政策』（平一三・商事法務研究会）

現代文明生活は、例えば医療の領域または農業の化学肥料および農薬あるいは消費財におけるように、化学合成物質なしには成り立たない。世界的に、最近三十年間において化学物質の総生産量は二〇倍にのぼり、毎年三億トンの化学製品が生産され、一〇万種類の有機および無機の化学製品が流通しているといわれる。ＥＵで一九八二年以来新たに流通した化学物質の約五三パーセントは、その性質上危険なものとされた。とくに発ガン性物質の増加が憂慮される。発ガン性の疑いがある化学物質の数は最近十年間に十倍になった。化学物質は、化学肥料、溶剤または医薬品などの有益な効果とともに、人の健康および環境に対する有害な副作用による危険（生態有毒性）があり、それは早期に認識され、克服されなければならない。

有害物質の規制については、化学物質の審査及び製造等の規制に関する法律、特定化学物質の環境への排出量の把握及び管理の改善の促進に関する法律および農薬取締法がある。

第一節　化学物質の審査及び製造等の規制に関する法律

（1）　法律の構成

化学物質の審査及び製造等の規制に関する法律（昭和四八・一〇・一六）は、六つの部分により構成されている。第一章は総則、第二章は新規化学物質に関する審査及び規制、第三章は第一種特定化学物質に関する規制、第四章は第二種特定化学物質に関する規制等、第五章雑則、第六章は罰則について規定している。

付属法令

化学物質の審査及び製造等の規制に関する法律施行令（昭和四九・六・七）
化学物質の審査及び製造等の規制に関する法律施行規則（昭和六一・一一・二八）
厚生省関係化学物質の審査及び製造等の規制に関する法律施行規則（昭和六一・一一・二八）
経済産業省関係化学物質の審査及び製造等の規制に関する法律施行規則（昭和四九・六・七）
国土交通省関係化学物質の審査及び製造等の規制に関する法律施行規則（昭和四九・六・八）
既存化学物質名簿に関する省令（昭和四八・一二・五）
新規化学物質に係る試験及び指定化学物質に係る有害性の調査の項目等を定める命令（総・厚・通産）（昭和四九・七・一二）

（2）　法律の目的

化学物質の審査及び製造等の規制に関する法律（以下、化審法と略す。）は、法律の目的を、「難分解性の性状を有し、かつ、人の健康を損なうおそれがある化学物質による環境の汚染を防止するため、新規の化学物質の製造又は輸入に際し事前にその化学物質が難分解性の性状を有するかどうかを審査する制度を設けるとともに、その有する性状等に応じ、化学物質の製造、輸入、使用等について必要な規制を行うことを目的とする。」（一条）と規定している。

（3）概念規定

(1)「化学物質」とは、元素または化合物に化学反応を起こさせることにより得られる化合物（放射性物質、特定毒物、覚せい剤原料、麻薬を除く。）をいう（二条一項）。

(2)「第一種特定化学物質」とは、次のⅰ、ⅱの一に該当する化学物質で政令で定めるものをいう。ⅰイおよびロに該当するものであること。イ　自然的作用による化学的変化を生じにくいものであり、かつ、生物の体内に蓄積されやすいものであること。ロ　継続的に摂取される場合には、人の健康を損なうおそれがあるものであること。ⅱ当該化学物質が自然的作用による化学的変化を生じやすいものである場合には、自然的作用による化学的変化により生成する化学物質（元素を含む。）が右のⅰのイおよびロに該当するものであること（二条二項）。現在、難分解性、生物に濃縮しやすい蓄積性があり、かつ、毒性の高い化学物質で、製造・使用が禁止されている第一種特定化学物質として、ＰＣＢなど九物質が指定されている。

(3)「第二種特定化学物質」とは、次のⅰ、ⅱに該当し、かつ、その製造、輸入、使用等の状況からみて相当広範な地域の環境において当該化学物質が相当程度残留しているか、または近くその状況に至ることが確実であると見込まれることにより、人の健康に係る被害を生ずるおそれがあると認められる化学物質で政令で定めるものをいう。ⅰ自然的作用による化学的変化を生じにくいものであり、かつ、継続的に摂取される場合には、人の健康を損なうおそれがある化学物質であること。ii当該化学物質が自然的作用による科学的変化を生じやすいものである場合には、自然的作用による科学的変化により生成する化学物質（元素を含む。）が右のｉに該当するものであること（二条三項）。生物濃縮性は低いが、難分解性で、高い毒性を有するおそれがあると認められる第二種特定化学物質として、トリクロロエチレンなど二三種類が政令で指定されている。

(4)「指定化学物質」とは、(3)に該当する疑いのある化学物質で厚生労働大臣、経済産業大臣および環境大臣が指定するものをいう（二条四項）。生物濃縮性は低いが、難分解性で、高い毒性を有する疑いがるため、毒性試験を行う化学物質として、クロロホルムなど二五七種類が政令で指定されている。

（4）　法律の規制

(1)　新規化学物質に関する規制

①　製造等の届出　　新規化学物質（厚生労働大臣、経済産業大臣および環境大臣が公示した化学物質、第一種特定化学物質、第二種特定化学物質、指定化学物質および、既存化学物質名簿に記載されている化学物質以外の化学物質）を製造し、または輸出しようとする者は、あらかじめ、新規化学物質の名称その他省令で定める事項を厚生労働大臣、経済産業大臣および環境大臣に届け出なければならない（三条）。届出をせずに、新規化学物質を製造し、または輸入した者は、一年以下の懲役もしくは三十万円以下の罰金、またはこれの併科（四二条）。

②　審　査　　厚生労働大臣、経済産業大臣および環境大臣は、新規化学物質についての届出があったときは、それを受理した日から三月以内に、その新規化学物質が化学物質のどの種類に該当するかなどを判定し、その結果を届出をした者に通知しなければならない（四条）。届出をした者は、通知を受けた後でなければ、その新規化学物質を製造し、または輸入してはならない（五条）。違反者は、一年以下の懲役もしくは三十万円以下の罰金、

またはこれの併科（四二条）。

⑵　第一種特定化学物質に関する規制

①　製造の許可　第一種特定化学物質の製造の事業を営もうとする者は、第一種特定化学物質および事業所ごとに、経済産業大臣の許可を受けなければならない（六条）。許可を受けた後でなければ、第一種特定化学物質を製造してはならない（七条）。許可を受けないで第一種特定化学物質の製造の事業を営んだ者および許可を受けずに第一種特定化学物質を製造した者は、三年以下の懲役もしくは百万円以下の罰金、またはこれの併科（四一条）。

許可要件として、人的要件（欠格条項）と一般的要件がある。

次のいずれかに該当する者には、許可を与えない。ⅰこの法律またはこの法律に基づく命令に違反し、罰金以上の刑に処せられ、その執行を終わり、または執行を受けることがなくなった日から二年を経過しない者、ⅱ許可を取り消され、その取消しの日から二年を経過しない者、ⅲ成年被後見人、ⅳ法人であって、その業務を行う役員のうちⅰⅱⅲのいずれかに該当する者があるもの（八条）。

経済産業大臣は、許可の申請が次のⅰⅱに適合していると認めるときでなければ、許可をしてはならない。ⅰその許可をすることによって当該第一種特定化学物質の製造の能力が当該第一種特定化学物質の需要に照らして過大とならないこと。ⅱその事業を適確に遂行するに足りる経理的基盤および技術的能力を有すること（九条）。

第一種特定化学物質の輸入の場合も同様（一一条、一二条）。

②　使用の制限　何人も、次の要件に適合するものとして第一種特定化学物質ごとに政令で定める用途以外の用途に第一種特定化学物質を使用してはならない。ⅰ当該用途について他の物による代替が困難であること。

ⅱ当該用途が主として一般消費者の生活の用に供される製品の製造または加工に関するものでないことその他当該用途に当該第一種特定化学物質が使用されることにより環境汚染が生じるおそれがないこと（一四条）。違反者は、三年以下の懲役もしくは一〇〇万円以下の罰金、またはこれの併科（四一条）。

③　使用の届出　第一種特定化学物質を業として使用しようとする者は、事業所ごとに、あらかじめ、次の事項を主務大臣（＝事業を所管する大臣）に届け出なければならない。ⅰ氏名または名称および住所ならびに法人にあってはその代表者の氏名、ⅱ事業所の所在地、ⅲ第一種特定化学物質の名称およびその用途（一五条）。届出をせず、または虚偽の届出をした者は、六月以下の懲役もしくは二〇万円以下の罰金、またはこれの併科（四三条）。

④　改善命令　経済産業大臣は、許可製造業者の製造設備が厚生労働省令、経済産業省令、環境省令で定める技術上の基準に適合していないと認めるときは、当該許可製造業者に対し、製造設備についてその修理または改造その他必要な措置をとるべきことを命ずることができる（一八条一項）。

主務大臣（＝事業を所管する大臣）は、届出使用者に対し、主務省令で定める技術上の基準に従って第一種特定化学物質を使用していないと認めるときは、当該許届出使用者に対し、第一種特定化学物質の使用の方法の改善に関し必要な措置をとるべきことを命ずることができる（一八条二項）。命令に違反した者は、六月以下の懲役もしくは二十万円以下の罰金、またはこれの併科（四三条）。

⑤　第一種特定化学物質の指定に伴う措置命令　主務大臣（＝事業を所管する大臣）は、一の化学物質が第一種特定化学物質として指定された場合において、当該化学物質による環境の汚染の進行を防止するため特に必要があると認めるときは、必要な限度において、製品の製造または輸入の事業を営んでいた者に対し、当該化学

物質または当該製品の回収を図ることその他当該化学物質による環境の汚染の進行を防止するために必要な措置をとるべきことを命ずることができる（二二条）。命令に違反した者は、六月以下の懲役もしくは二十万円以下の罰金、またはこれの併科（四三条）。

⑶　第二種特定化学物質に関する規制

①　指定化学物質に対する措置

i　製造数量等の届出　指定化学物質を製造し、または輸入した者は、指定化学物質ごとに、毎年度、前年度の製造数量または輸入数量その他経済産業省令で定める事項を経済産業大臣に届け出なければならない（二三条）。届出をせず、または虚偽の届出をした者は、一〇万円以下の罰金（四四条）。

ii　有毒性の調査　厚生労働大臣、経済産業大臣および環境大臣は、一の指定化学物質につき、当該指定化学物質による環境の汚染により人の健康に係る被害を生ずるおそれがあると見込まれるため、当該指定化学物質について、その判定をする必要があると認めるに至ったときは、当該指定化学物質の製造または輸入の事業を営む者に対し、有毒性の調査（当該化学物質が継続的に摂取される場合における人の健康に及ぼす影響についての調査をいう。）を行い、その結果を報告すべきことを指示することができる（二四条）。指示に違反した者は、一年以下の懲役もしくは三十万円以下の罰金、またはこれの併科（四二条）。

②　第二種特定化学物質に関する規制

i　製造予定数の届出　第二種特定化学物質を製造し、または輸入する者または第二種特定化学物質が使用されているものを輸入する者は、第二種特定化学物質または第二種特定化学物質使用製品ごとに、毎年度、当該第二種特定化学物質の製造予定数量もしくは輸入予定数量または当該第二種特定化学物質使用製品の輸入予定数量その他経済産業省令で定める事項を経済産業大臣に届け出なければならない（二六条一項）。届出をした者は、その届出に係る製造予定数量または輸入予定数量を超えて製造し、または輸入してはならない（二六条三項）。違反者は、一年以下の懲役もしくは三〇万円以下の罰金、またはこれの併科（四二条）。届出をした者は、その届出に係る製造予定数量または輸入予定数量を超えて製造し、または輸入してはならない（二六条三項）。違反者は、一年以下の懲役もしくは三〇万円以下の罰金、またはこれの併科（四二条）。

ii　製造予定数量等の制限　厚生労働大臣、経済産業大臣および環境大臣は、第二種特定化学物質による環境の汚染により人の健康に係る被害が生じることを防止するためには、当該第二種特定化学物質の製造もしくは輸入または第二種特定化学物質使用製品の輸入を制限することが必要である事態が生じたときは、その旨の認定をするものとする（二六条四項）。認定があったときは、届出をした者に対し、その届出に係る製造予定数量または輸入予定数量を変更すべきことを命ずることができる（二六条五項）。命令に違反して第二種特定化学物質を製造し、または輸入した者は、一年以下の懲役もしくは三〇万円以下の罰金、またはこれの併科（四二条）。

iii　技術上の指針の公表　主務大臣（＝事業を所管する大臣）は、第二種特定化学物質ごとに、その製造業者、使用業者その他の取扱業者が環境の汚染を防止するためにとるべき措置に関する技術上の指針を公表するものとする。この場合、必要があると認めるときは、当該取扱業者に対し、環境の汚染を防止するためにとるべき措置について必要な勧告をすることができる（二七条）。

iv　表示等　厚生労働大臣、経済産業大臣および環境大臣は、第二種特定化学物質ごとに、第二種特定化学物質または政令で定める製品で第二種特定化学物質が使用されているものの容器、包装または送り状に当該第二種特定化学物質による環境の汚染を防止するための措置等に関し表示すべき事項を定め、これを告示するものとする（二八条）。

(4)　両 罰 主 義

以上の罰則規定については、行為者のほか、法人など対して、各本条の罰金刑を科する（四六条）。

(5)　その他の規制

以上のほか、勧告（二九条）、指導および助言（三〇条）、報告の徴収（三二条）、立入検査等（三三条）などについて規定がある。

第二節　特定化学物質の環境への排出量の把握及び管理の改善の促進に関する法律

文献　環境庁環境保健部環境安全課「特定科学物質の環境への排出量の把握等及び管理の改善の促進に関する法律について」、大塚　直「PRTR法の法的評価」以上、ジュリスト一一六三号（平一一）

(1)　法律の構成

特定化学物質の環境への排出量の把握及び管理の改善の促進に関する法律（平成一一・七・一三）［Pollutant Release and Transfer Register＝PRTR法］は、五つの部分により構成されている。第一章は総則、第二章は第一種特定化学物質の排出量等の把握等、第三章は指定化学物質等取扱事業者による情報の提供等、第四章は雑則、第五種は罰則について規定している。

付属法令

特定化学物質の環境への排出量の把握及び管理の改善の促進に関する法律施行令（平成一一・三・二九）

化学物質等の性状及び取扱いに関する情報の提供の方法等を定める省令（平成一二・三・三〇）

特定化学物質等取扱事業者が講ずべき第一種指定化学物質及び第二種指定化学物質等の管理に係る措置に関する指針（環境・通産）（平成一二・三・三〇）

（2）法律の目的

特定化学物質の環境への排出量の把握及び管理の改善の促進に関する法律は、法律の目的を、法律の規制の対象になっていない特定の化学物質について、「特定の化学物質の環境への排出量等の把握に関する措置並びに事業者による特定の化学物質の性状及び取扱に関する情報の提供に関する措置等を講ずることにより、事業者による化学物質の自主的な管理の改善を促進し、環境の保全上の支障を未然に防止することを目的とする。」と規定している。

（3）概念規定

(1)「化学物質」とは、元素および化合物（それぞれ放射性物質を除く。）をいう（二条一項）。

(2)「第一種指定化学物質」とは、次のいずれかに該当し、かつ、その有する物理的化学的性状、その製造、輸入、使用または生成の状況等からみて、相当広範な地域の環境において当該化学物質が継続して存すると認められる化学物質で政令で定めるものをいう。i当該化学物質が人の健康を損なうおそれ、または動植物の生息もしくは成育に支障を及ぼすおそれがあるものであること。ii当該化学物質がiに該当しない場合には、当該化学物質の自然的作用による化学的変化により容易に生成する化学物質がiに該当するものであること。iii当該化学物質がオゾン層を破壊し、太陽紫外放射の地表に到達する量を増加させることにより人の健康を損なうおそれがあるものであること（二条二項）。ベンゼン、ダイオキシン、ポリ塩化ビフェニール（ＰＣＢ）、ホルムアルデヒド、オゾン層を破壊するフロン類など、三五四物質が政令で指定されている。

(3)「第二種指定化学物質」とは、(2)のｉⅱⅲのいずれかに該当し、かつ、その有する物理的化学的性状からみて、その製造量、輸入量、または使用量の増加等により、相当広範な地域の環境において当該化学物質が継続して存することとなることが見込まれる化学物質（第一種指定化学物質を除く。）で政令で定めるものをいう（二条三項）。

(4)「第一種指定化学物質等取扱事業者」とは、次のｉⅱのいずれかに該当する事業者のうち、政令で定める要件に該当するものをいう。ｉ第一種指定化学物質の製造業者、使用者、その他取扱者、ⅱｉ以外の者で事業活動に伴って付随的に第一種指定化学物質を生成させ、または排出することが見込まれる者（二条五項）。常用雇用者が二人以上で、対象物質を年間一トン以上（発がん性物質については〇・五トン以上）取り扱う者である。

(4)　法律の手法

(1)　化学物質管理指針

主務大臣（＝経済産業・環境大臣）は、指定化学物質等取扱者が講ずべき第一種指定化学物質等および第二種特定化学物質等の管理に係る措置に関する指針を定めるものとする。化学物質管理指針においては次の事項を定めるものとする。ｉ指定化学物質等の製造、使用その他の取扱に係る設備の改善その他の指定化学物質等の管理の方法に関する事項、ⅱ指定化学物質等の製造の過程における回収、再利用その他の指定化学物質等の使用の合理化に関する事項、ⅲ指定化学物質等の管理の方法および使用の合理化ならびに第一種指定化学物質の排出の状況に関する国民の理解の増進に関する事項、ⅳ指定化学物質等の正常および取扱に関する情報の活用に関する事項。主務大臣は、化学物質管理指針を定め、または変更したときは、遅滞なく、これを公表するものとする（三条）。

(2) 第一種指定化学物質の排出量等の把握（PRTR＝Pollutant Relwase and Transfer Register）

① 排出量等の把握および届出　第一種化学物質等取扱事業者は、その事業活動に伴う第一種指定化学物質の排出量および移動量を主務省令の定めるところにより把握しなければならない。第一種化学物質等取扱事業者は、第一種化学物質および事業所ごとに、毎年度、前年度の第一種化学物質の排出量および移動量に関し主務省令で定める事項を主務大臣（＝事業を所管する大臣）に届け出なければならない。届出は、当該届出に係る事業所の所在地を管轄する都道府県知事を経由して行わなければならない。この場合、当該都道府県知事は、当該届出に係る事項に関し意見を付することができる（五条）。届出をせず、または虚偽の届出をした者は、二十万円以下の過料（二四条）。

② 対応化学物質分類名への変更　第一種化学物質等取扱事業者は、届出に係る第一種指定化学物質の使用その他の取扱いに関する情報が秘密として管理されている生産方法その他の事業活動に有用な技術上の情報であって公然と知られてないものに該当する場合、当該第一種指定化学物質の名称を変えて、環境大臣および経済産業大臣に通知するよう主務大臣に請求を行うことができる（六条）。

③ 届出事項の集計等　経済産業大臣および環境大臣は、通知された事項について、経済産業省令、環境省令で定めるところにより電子計算機に備えられたファイルに記録し、ファイル記録事項を関係する事業所管の主務大臣、関係都道府県知事に通知するとともに、物質ごとに業種別・地域別などに集計し、公表するものとする

（八条）。

④　届け出られた排出量以外の排出量の算出　　経済産業大臣および環境大臣は、届け出られた排出量以外の、家庭、農地、自動車等からの排出量を算出し、集計し、その結果を届け出られた排出量として集計した結果と併せて公表するものとする（九条）。

⑶　指定化学物質等取扱者による情報の提供等（MSDS＝Material Safty Data Sheet）

①　指定化学物質等の性状および取扱に関する情報の提供　　指定化学物質等取扱事業者は、指定化学物質等を他の事業者に譲渡し、または提供するときは、その相手方に対し、当該指定化学物質の性状および取扱に関する情報を文書または磁気ディスクの交付その他経済産業省令で定める方法により提供しなければならない（一四条）。情報の提供等の対象物質は第一種指定化学物質と第二種指定化学物質である。

②　勧告および公表　　経済産業大臣は、情報提供をしない事業者があるときは、当該指定化学物質等取扱事業者に対し、必要な情報を提供すべきことを勧告することができ、勧告に従わなかったときは、その旨を公表することができる（一五条）。

③　報告の徴収　　経済産業大臣は、必要な限度において、指定化学物指定化学物質者に対し、その指定化学物質等の性状および取扱に関する情報の提供に関し報告をさせることができる（一六条）。報告をせず、または虚偽の報告をした者は、二十万円以下の過料（二四条）。

⑷　見直し

政府は、この法律の施行後七年を経過した場合において、この法律の施行の状況について検討を加え、その結果に基づいて必要な措置を講ずるものとする（附則三条項）。

第三節　農薬取締法

（1）法律の構成

農薬取締法（昭和二三・七・一）は、四六ヵ条から成っている。

付属法令

農薬取締法施行令（昭和四六・三・三〇）

農薬取締法施行規則（昭和二六・四・二〇）

作物残留性農薬又は土壌残留性農薬に該当する農薬を使用する場合における適用病害虫の範囲及びその使用方法に関しその使用者が遵守すべき基準を定める省令（昭和四六・四・一）

有機塩素系農薬の販売の禁止及び制限を定める省令（昭和四六・四・一七）

農薬安全使用基準（平成四・一一・三〇）

（2）法律の目的

農薬取締法は、「農薬について登録の制度を設け、販売及び使用の規制を行うことにより、農薬の品質の適正化とその安全かつ適正な使用の確保を図り、もって農業生産の安定と国民の健康の保護に資するとともに、国民の生活環境の保全に寄与することを目的とする。」（一条）と規定している。

（3）法律の手法

⑴　公定規格

農林水産大臣は、農薬につき、その種類ごとに、含有すべき有効成分の量、含有を許される有害成分の最大量その他必要な事項についての規格を定めることができる。公定規格を設定し、変更し、または廃止しようとするときは、その期日の少なくとも三〇日前までに、これを公告しなければならない（一条の三）。

⑵　農薬の登録

製造業者または輸入業者は、その製造しもしくは加工し、又は輸入した農薬について、農林水産大臣の登録を受けなければ、これを販売してはならない（二条一項）。違反者は一年以下の懲役または五万円以下の罰金（一七条）。農林水産大臣が、登録の申請を受けたときは、農薬の検査職員に農薬の見本について検査をさせ、別に指示する場合を除き、遅滞なく当該農薬を登録し、かつ、登録票を交付しなければならない（二条三項）。農林水産大臣は、製造業者または輸入業者が農薬取締法の規定に違反したときは、これらの者に対し、農薬の販売を制限し、もしくは禁止し、又は製造業者もしくは輸入業者の登録を取り消すことができる（一四条一項）。違反者は一年以下の懲役又は五万円以下の罰金（一七条）。

⑶　農薬の使用の制限

①　作物残留性農薬　政府は、政令をもって、当該種類の農薬が有する農作物等についての残留性からみて、法律の規定する容器または包装の表示に係る事項を遵守しないで使用される場合には、その使用に係る農作物等の汚染が生じ、かつ、その汚染に係る農作物等の利用が原因となって人畜に被害を生ずるおそれがある種類の農薬を、作物残留性農薬として指定する（一二条の二第一項）。環境大臣は、作物残留性農薬の指定があった場合、

遅滞なく、当該農薬を使用する場合における適用病害虫の範囲およびその使用方法に関しその使用者が遵守すべき基準を定めなければならない。作物残留性農薬に該当する農薬は、右の基準に違反して使用してはならない（一二条の二第二項・第三項）。違反者は三万円以下の罰金（一八条の二）。

② 土壌残留性農薬　政府は、政令をもって、当該種類の農薬が有する土壌についての残留性からみて、法律の規定する容器または包装の表示に係る事項を遵守しないで使用される場合には、その使用に係る農地等の土壌の汚染が生じ、かつ、その汚染により汚染された農作物等の利用が原因となって人畜に被害を生ずるおそれがある種類の農薬を、土壌残留性農薬として指定する。土壌残留性農薬に該当する農薬の使用の規制については、作物残留性農薬の場合と同様（一二条の三）。

③ 水質汚濁性農薬　政府は、政令をもって、次の要件のすべてを備える種類の農薬を水質汚濁性農薬として指定する。ｉ当該種類の農薬が、相当広範な地域においてまとまって使用されているか、または当該種類の農薬の普及の状況からみて近くその状態に達する見込みが確実であること、ⅱ当該種類の農薬が、相当広範な地域においてまとまって使用されるときは、一定の気象条件、地理的条件その他の自然条件のもとでは、その使用に伴うと認められる水産動植物の被害が発生し、かつ、その被害が著しいものとなるおそれがあるか、またはその使用に伴うと認められる公共用水域の水質の汚濁が生じ、かつ、その汚濁に係る水の利用が原因となって人畜に被害を生ずるおそれがあるかのいずれかであること（一二条の四第一項）。

都道府県知事は、水質汚濁性農薬に該当する農薬につき、右の事態の発生を防止するため必要な範囲内において、規則をもって、地域を限り、当該農薬の使用につきあらかじめ都道府県知事の許可を受けるべき旨（国の機関が行う当該農薬の使用については、あらかじめ都道府県知事に協議すべき旨）を定めることができる（一二条の四第二項）。都道府県知事の許可を受けないで水質汚濁性農薬に該当する農薬を使用した者は、三万円以下の罰金（一八条の二）。

(4)　両罰主義

行為者のほか、法人なども罰金刑、ただし、法人などが使用人や従業者の違反行為を防止するため、相当の注意および監督が尽くされたことの証明があったときは、この限りでない（一九条）。

(5)　農薬安全使用基準

農林水産大臣は、農薬の安全かつ適正な使用を確保するため必要があると認めるときは、農薬の種類ごとに、その使用の時期および方法その他の事項について農薬を使用する者が遵守することが望ましい基準を定め、これを公表するものとする（一二条の六）。

沈黙の春だ。毎朝、あんなに我々の耳を楽しませてくれたコマドリやツグミ、……そして何十という鳥の暁のコーラスはもうまったく聞こえない。沈黙のみが野原をおおい、森をつつみ、沼にひろがる。

——レイチェル・カースン——

第一四章　原子力法および放射線障害防止法

文献　下山俊次「原子力」下山俊次ほか『未来社会と法』（昭五一・筑摩書房）、宮田三郎「原子力行政の法律問題」専修大学社会科学年報一三号（昭五四）、金沢良雄編『日独比較原子力法』（昭五五・第一法規）、塩野　宏編『核燃料サイクルと法規制』（昭五五・第一法規）、金沢良雄編『放射線防護法の体系と新たな展開』（昭五九・第一法規）、雄川一郎編『原発立地の行政過程と司法過程』（昭五九・第一法規）、高橋　滋「原子力発電所の安全基準とその裁判統制」一橋論叢九四巻五号（昭六〇）、同『先端技術の行政法理』（平一〇・岩波書店）、保木本一郎「原子力と環境保全」ジュリスト増刊『環境問題の行方』（平一一）、原子力防災法令研究会編著『原子力災害対策特別措置法解説』（平一二・大成出版）

原子力法は、その機能上、まず第一に放射線防止法であり、したがって特殊な環境汚染防止法であるが、それとともに、核エネルギー法でもある。

核エネルギー生産の場合、とくに軽水炉におけるウラン２３５の原子核の連鎖反応による核分裂に伴って放出されるエネルギーがタービンにより電流に変換する。このプロセスで放出される放射線が外部に達すると、健康に有害な放射線被爆となり、環境の放射能汚染となる。この場合の危険閾については議論があるが、環境リスクがあることに疑いはない。放射能は、エネルギー生産自体の通常の操業の場合だけでなく、核分裂による製品、放射をする物質および装置からも放出される。それはさらに、製造、輸送、貯蔵、再加工および燃焼部分の廃棄のようなプロセスにおいても放出される。連鎖反応が技術的にコントロールできない原子炉事故の場合には、破滅的結果となることが予想される。

このような環境危険により、核エネルギーの利用がそもそも責任を負うことのできるものであるかどうかが争われている。オーストリヤ、スイス、スェーデンなどでは核エネルギーの利用を罷め、あるいは原子力発電所の建設を停止した。またドイツでは、二〇〇一年六月に原発からの前面撤退を決めた。政府と電力業界代表が原発の寿命を運転開始から平均三二年とし、国内一九基の原発を順次廃棄する協定に調印し、原子力法を改正して原発の新規建設を禁止する。わが国では、経済産業省が、二〇一〇年度までの原発の新設目標を一三基とし、引き続き原発の建設を推進している。しかし原発の新設は、地元住民の反対が強く、極めて困難になっているのが現状である。わが国の公的な電力供給に対する核エネルギーの割合は、一九の操業原発で現在約三四％に達しているが、世界的には四三三原発（さらに四六原子炉が建設中または操業開始の段階にある）三一ヵ国、電力の一八を％を生産している。

放射線防止は、放射線汚染による人間および環境のリスクを考えれば、核エネルギーの平和的利用の場合だけの問題でない。核エネルギー以外の放射線防止は、例えば放射線物質およびイオン放射線・レントゲン放射線について考えられる。

第一節　基　　礎

(1)　法律の構成

(1)　原子力基本法（昭三〇・一二・九）は、九つの部分により構成されている。第一章は総則、第二章は原子力委員会及び原子力安全委員会、第三章は原子力の開発機関、第四章は原子力に関する鉱物の開発取得、第五章は核燃料物資の管理、第六章は原子炉の管理、第七章は特許発明等に対する措置、第八章は放射線による障害の防止、第九章は補償について規定している。

(2)　核原料物質、核燃料物質及び原子炉の規制に関する法律（昭三二・六・一〇、以下、原子炉等規制法と略す。）は、一三の部分により構成されている。第一章は総則、第二章は製錬の事業に関する規制、第三章は加工の事業に関する規制、第四章は原子炉の設置、運転等に関する規制、第四章の二は貯蔵の事業に関する規制、第五章は再処理の事業に関する規制、第五章の二は廃業の事業に関する規制、第六章は核燃料物質等の使用等に関する規制、第六章の二は国際規制物質の使用等に関する規制、第六章の三は指定検査等、第七章は雑則、第八章は罰則、第九章は外国船に係る担保金等の提供による釈放等について規定している。

付属法令

核原料物質、核燃料物質及び原子炉の規制に関する法律施行令（昭和三二・一一・二一）
核燃料物質の工場又は事業所の外における廃棄に関する規則（昭和五三・一二・二八）
核燃料物質又は核燃料物質によって汚染された物の廃棄物管理の事業に関する規則（昭和六三・一一・七）

原子炉の設置、運転等に関する規則（昭和三三総理府令八三）等に基づき許容被曝線量等を定める件（昭和三五科技庁告示二一号）

特定放射性廃棄物の最終処分に関する法律（平成一二・六・七）

関係法令

原子力損害の賠償に関する法律（昭三六・六・一七）

原子力災害対策特別措置法（平成一一・一二・一七）

(3)　放射線同位元素等による放射線障害の防止に関する法律（昭和三二・六・一〇、以下放射防止法と略す。）は、九つの部分により構成されている。第一章は総則、第二章は使用の許可及び届出並びに販売、賃貸及び廃棄の業の許可、第二章の二は放射線障害防止機構に係る設計の承認等、第三章は使用者、販売業者、賃貸業者、廃棄業者等の義務、第四章は放射線取扱主任者、第五章は指定機構確認機関等、第六章は雑則、第七章は罰則、第八章は外国船に係る担保金等の提供による釈放等について規定している。

付属法令

放射線同位元素等による放射線障害の防止に関する法律施行令（昭三五・九・三〇）

放射線同位元素等による放射線障害の防止に関する法律施行規則（昭三五・九・三〇）

放射線障害防止の技術的基準に関する法律（昭三三・五・二一）

職員の放射線障害防止（昭三八・九・二五人規一〇—五）

(4)　原子力損害の賠償に関する法律（昭三六・六・一七）は、七つの部分により構成されている。第一章は総則、第二章は原子力損害賠償責任、第三章は損害賠償措置、第四章は国の措置、第五章は原子力損害賠償紛争審査会、第六章は雑則、第七章は罰則について規定している。

付属法令

原子力損害の賠償に関する法律施行令（昭和三七・三・六）

原子力損害の賠償に関する法律施行規則（昭和三七・三・一三）

原子力損害賠償紛争審査会の設置に関する政令（平成一一・一〇・二二）

（2）法律の目的

(1) 原子力基本法は、法律の目的を、「原子力の研究、開発及び利用を促進することによって、将来におけるエネルギー資源を確保し、学術の進歩と産業の振興とを図り、もって人類社会の福祉と国民生活の水準向上とに寄与することを目的とする。」（一条）と規定している。

(2) 原子炉等規制法は、「原子力基本法の精神にのっとり、核原料物質、核燃料物質及び原子炉の利用が平和の目的に限られ、かつ、これらの利用が計画的に行われることをを確保するとともに、これらによる災害を防止し、及び核燃料物質を防護して、公共の安全を図るために、精練、加工、貯蔵、再処理及び廃棄の事業並びに原子炉の設置及び運転等に関する必要な規制を行うほか、原子力の利用等に関する条約その他の国際約束を実施するために、国際規制物質の使用等に関する必要な規制等を行うことを目的とする。」（一条）と規定している。

(3) 放射性同意元素等による放射線障害の防止に関する法律は、「原子力基本法の精神にのっとり、放射性同位元素の使用、販売、賃貸、廃棄その他の取扱い、放射性発生装置の使用及び放射性同位元素によって汚染された物の廃棄その他の取扱いを規制することにより、これらによる放射線障害を防止し、公共の安全を確保することを目的とする。」（一条）と規定している。

(4) 原子力損害の賠償に関する法律は、「原子炉の運転等により原子力損害が生じた場合における損害賠償に関する基本的制度を定め、もって被害者の保護を図り、及び原子力事業の健全な発達に資することを目的とする。」（一条）。

（3）　非核三原則と生命・健康・財産の保護

原子力基本法は、法律の目的として、平和目的、原子力の開発および利用の計画的遂行を挙げ、基本方針として、いわゆる民主、自主、公開の非核三原則を強調するほか、原子炉等規制法は「災害を防止し、公共の安全を図る」ことを挙げ、また放射線防止法も「公共の安全の確保」を挙げるに止まり、核エネルギーおよび放射線の有害な影響の危険に対する周辺住民・放射線取扱者の生命・健康および財産の保護目的を認める明文の規定を置いていない。これは、立法者が、原子力の開発および利用がもたらす環境危険・リスクについての対応が消極的であったことを示しているといえよう。(1)

（1）　ちなみに、ドイツ原子力法一条（法律の目的）は、次のように規定している。

「この法律の目的は次のとおりである。

一　平和目的のために、核エネルギーの研究、開発及び利用を助成すること。

二　核エネルギー及び放射線有害作用の危険に対して、生命、健康及び財産を保護し、並びに核エネルギーまたは放射線を原因とする損害を補償すること。

三　核エネルギーの応用又は自由化による連邦共和国内外の安全の危険を阻止すること。

四　核エネルギー及び放射線防護の領域における連邦共和国の国際的義務の履行を保障すること。」

法律は、第一順位に核エネルルーの研究、開発および利用という助成目的をあげ、生命、健康および財産の保護目的を第二順位に規定しているが、ドイツ連邦行政裁判所は、保護目的が助成目的より優先するという判断を示している（BVerwG, Urteil vom 16. 3. 1972 (Würgassen-urteil), DVBl, 1972, S. 680)。

第二節　原子炉等規制法の手法

（1）　計画的手法

(1)　原子力基本法の基本方針

原子力基本法は、民主、自主、公開の非核三原則を基本方針とし、「原子力の研究、開発及び利用は、平和の目的に限り、安全の確保を旨とし、民主的運営の下に、自主的にこれを行うものとし、その成果を公開し、進んで国際協力に資するものとする。」（原基二条）と規定している。

(2)　電源開発基本計画

原子力法には、環境利害を考慮して、原子力発電所の適当な計画立地を判断し、不適当な計画立地を排除をするための独自の計画手法は存在しない。具体的な原子力発電所の計画地点の選定は、行政指導による環境影響調査などに基づいて、電気事業者によって行われる。電気事業者は、立地予定地の土地所有者、漁業権者と土地や漁業権の買収交渉を行い、地元住民の同意を得るための説明会も行う。立地点の用地取得、漁業補償などの問題が殆ど解決し、立地点の都道府県知事の同意が得られ、さらに中央省庁の合意が得られると、個別の原子力発電所の建設計画を、電源開発促進法三条に基づく電源開発基本計画に組み入れる。電源開発基本計画によって各年度に着工する発電所の立地計画が最終的に確定する。この基本計画は原子力発電所建設のゴー・サインとなり、発電所建設に必要な各法律による許・認可手続が進められる。原子力発電所の建設に関連する国の法律は三三以上もあり、電気事業者が受けなければならない許可・認可・同意等の数は六五以上にも及ぶといわれる。

(3)　原子炉の運転計画

原子炉設置者は、その設置に係る原子炉の運転計画を作成し、主務大臣（発電の用に供するものについては文部科学大臣および経済産業大臣）に届け出なければならない。これを変更したときも、同様とする（原子炉等規制三〇条）。

(4)　使用済燃料貯蔵施設の貯蔵計画

使用済燃料貯蔵者は、使用済燃料貯蔵施設の貯蔵計画を作成し、経済産業大臣に届け出なければならない。これを変更したときも、同様とする（原子炉等規制四三条の一三）。

(5)　再処理施設の使用計画

再処理事業者は、再処理施設の使用計画を作成し、経済産業大臣に届け出なければならない。これを変更したときも、同様とする（原子炉等規制四六条の四）。

(6)　放射性廃棄物処理

特定放射性廃棄物の最終処分については、特定放射性廃棄物の最終処分に関する法律（平成一二・六・七）がある。年々大量の放射能残存物質が生じ、そのための十分な廃棄物処理能力がなく、廃棄物処理施設が必要である。他方、原発の増設が疑問視され、近い将来において、原子力エネルギーからの離脱が国家目標となった場合、原子炉の解体を含め廃棄物処理問題は原子力法の最も重大な問題になるといえよう。

(2) 規制的手法

(1) 規　制

① 核燃料物質に関する規制　核燃料物質を生産し、輸入し、輸出し、所有し、所持し、譲渡し、譲り受け、使用し、または輸送しようとする者は、政府の行う規制に従わなければならない（原基一二条）。

② 原子炉の建設等の規制　原子炉の建設、改造、移動もしくは譲渡、譲り受けは、政府の行う規制に従わなければならない（原基一四条・一五条）。

(2) 指定・許可・認可による事前のコントロール

① 許・認可を受けるべき者　核原料物質または核燃料物質の精練の事業を行おうとする者（指定―原子炉等規制三条）、加工の事業を行おうとする者（許可―原子炉等規制一三条）、原子炉を設置しようとする者（許可―原子炉等規制二三条）、使用済燃料の貯蔵の事業を行おうとする者（許可―原子炉等規制四三条の四）、核燃料サイクル開発機構及び日本原子力研究所以外の者で再処理の事業を行おうとするもの（指定―原子炉等規制四四条）、再処理事業者の再処理施設に関する設計及び工事の方法（認可―原子炉等規制四五条）、廃棄物埋設および廃棄物管理の事業を行おうとする者（許可―原子炉等規制五一条の二）、核燃料物質を使用しようとする者（許可―原子炉等規制五二条）、国際規制物質を使用しようとする者（許可―原子炉等規制六一条の三）は、それぞれ、指定、許可、認可を受けなければならない。

② 原子炉の設置許可　原子力法には多くの指定・許可・認可手続があるが、そのうち、原子炉等規制法二三条一項による原子炉の設置許可が最も重要である。

許可要件　原子炉等規制法二四条一項は、二三条一項の許可申請が、「次の各号に適合していると認めるときでなければ、同項の許可をしてはならない。」というように、許可要件を拒否理由の形式で定めている。許可要件のうち重要なのは、四号の「……原子炉による災害の防止上支障がないものであること。」という要件で、この要件の解釈・適用がいわゆる原子炉の安全審査といわれる。(1) 原子炉の安全審査には技術的安全についての高い水準が要求され、最新の科学的認識が考慮されなければならない。しかし環境保護という視点から見れば、原子炉施設の設置許可要件として、環境に配慮すべきことを要請する要件が明確に規定されていない点は問題であるというべきであろう。(2)

（1）　この点についての最高裁判決は、次の通りである。

最判平四・一〇・二九民集四六巻八号一一七四頁（＝行政判例百選Ⅰ83「裁量と専門技術性」＝伊方原発訴訟）は、原子炉等規制法にいう「災害の防止上支障がないもの」の認定につき、「原子炉施設の安全性に関する審査は、原子力工学はもとより、多方面にわたる極めて高度な最新の科学的、専門技術的知見に基づく総合的判断が必要とされるものであることは明らかである。そして、規制法二四条二項が、内閣総理大臣は、原子炉設置の許可をする場合においては、同条一項三号（技術的能力に係る部分に限る。）及び四号所定の基準の適用について、あらかじめ原子力委員会の意見を聴き、これを尊重してしなければならないと定めているのは、右のような原子炉施設の安全性に関する審査の特質を考慮し、右各号所定の基準の適合性については、各専門分野の学識経験者等を擁する原子力委員会の科学的、専門技術的知見に基づく意見を尊重して行う内閣総理大臣の合理的な判断にゆだねる趣旨と解するのが相当である。」

「原子炉施設の安全性に関する判断の適否が争われる原子炉設置許可処分の取消訴訟における裁判所の審理、判断は、原子力委員会若しくは原子炉安全専門審査会の専門技術的な調査審議及び判断を基にしてされた被告行政庁の判断に不合理な点があるか否かという観点から行われるべきであって、現在の科学技術水準に照らし、右調査審議において用いられた具体的審査基準に不合理な点があり、あるいは当該原子炉施設が右の具体的審査基準に適合するとした原子力委員会若しくは原子炉安全専門審査会の調査審議及び判断の過程に看過し難い過誤、欠落があり、被告行政庁の判断がこれに依拠してされたと認められる場合には、被告行政庁の右判断に不合理な点があるものとして、右判断に基づく原子炉設置許可処分は違法と解すべきである。」と判示した。

（2）ドイツ原子力法七条（施設の許可）二項六号は、許可要件の一つとして、「五　優越的公益が、特に水、大気及び土地の清浄維持に関して、施設の立地点の選択に対立しないとき。」と規定している。この規定は、施設の立地点の選択には技術的な安全性という要素と環境保護という視点とが考慮されなければならないことを示している。

第三節　放射線防止法の手法

放射線防止法の手法としては許可・届出義務および施設検査・定期検査を受ける義務などの規制的手法が中心になっている。

放射性同位元素または放射線発生装置の使用（放射防三条）、放射性同位元素を業としてする販売・賃貸（放射防止法四条）、放射性同位元素または放射性同位元素によって汚染された物を業としてする廃棄（放射防止四条の二）には、文部科学大臣の許可を受けなければならない。また、表示付放射性同位元素装備機器または密封された放射性同位元素で政令で定める数量以下のものを使用しようとする者は、文部科学大臣に届け出なければならない（放射防止三条の二）。

許可使用者、販売業者、賃貸業者、廃棄業者には、施設検査（放射防止一二条の八）、定期検査（放射防止法一二条の九）を受ける義務が課せられ、また使用施設等の基準適合義務（放射防止一三条）、一定事項についての記帳義務（二五条）などが課せられている。

第四節　原子力損害賠償責任

原子力法における損害賠償問題は原子力事故に基づいて第三者に損害が発生した場合に生じる。原子力損害賠償責任は原子力損害の賠償に関する法律（昭三六・六・一七）に規定されている。

（1）概念規定

(1)「原子力事業者」とは、原子炉等規制法により、原子炉の設置、外国原子力船の本邦の水域への立入、加工、貯蔵、再処理、廃棄、核燃料物質の使用の許可を受けた者および日本原子力研究所、核燃料サイクル開発機構をいう（原賠二条三項）。

(2)「原子炉の運転等」とは、原子炉の運転、加工、再処理、核燃料物質の使用、使用済燃料の貯蔵、核燃料物質または核燃料物質によって汚染された物の廃棄およびこれらに付随する核燃料物質または核燃料物質によって汚染された物の運搬、貯蔵または廃棄であって、政令で定めるものをいう（原賠二条一項）。

(3)「原子力損害」とは、核燃料物質の原子核分裂の過程の作用または核燃料物質等の放射線の作用もしくは毒性作用（これらを摂取し、または吸収することにより人体に中毒およびその続発症を及ぼすものをいう。）により生じた損害をいう（原賠二条一項）。

（2）事業者の責任

原子炉の運転等により原子力損害を与えたときは、当該原子炉の運転等に係る原子力事業者がその損害を賠償する責めに任ずる（原賠三条一項）。これは原子力事業者の純粋な危険責任（無過失責任）を定めるものである。過失は問題でない。損害賠償にとって、原子炉の運転等と原子力損害との間に因果関係が証明されれば十分である。その場合、最も問題となるのは、放射線の大量被曝による急性障害のほか、ガン、白血病、白内障などの人体に対する放射線障害の晩発性と非特異性障害である。

危険責任の免責事由は、その損害が異常に巨大な天然地変または社会的動乱によって生じた場合だけである（原賠三条一項ただし書）。

核物質等の運搬中の責任については、原子力事業者間では契約主義を原則とするが、当事者間に特約がない限り、核燃料物質等の発送人である原子力事業者が損害賠償の責任を負う（原賠三条二項）。責任の集中の原則により、損害賠償の責任を負うべき原子力事業者以外の者は、その損害を賠償する責任を負わない（原賠四条一項）。したがって、運搬業者は、原子力事業者たり得ないので、賠償責任は負わない。

（3）　求 償 権

責任の集中の原則により責任を原子力事業者に集中した場合、帰責原因を有する真の責任者に対する求償の問題が生じる。現行法は、損害が原子力事業者以外の第三者の故意によって損害が生じた場合、損害を賠償した原子力事業者は、その者に対して求償権を有することを認めている（原賠五条）。

（4）　損害賠償措置

原子力事業者は損害賠償措置を講じていなければ、原子炉の運転等をしてはならない（原賠六条）。損害賠償措置を講ずべき義務に違反した者は、一年以下の懲役もしくは五十万円以下の罰金、またはこれの併科（原賠二四条）。損害賠償措置の内容は、原子力損害賠償責任保険契約および原子力損害賠償保証契約の締結もしくは供託であって、その措置により、一工場もしくは一事業所当たりもしくは一原子力船当たり六百億円を原子力損害の賠償に充てることができるものとして文部科学大臣の承認を受けたもの、である（原賠七条）。

（5）国の措置

政府は、原子力事業者の賠償責任額が賠償措置額をこえ、かつ、必要があると認めるときは、原子力事業者に対し、必要な援助を行うものとする（原賠一六条）。

執行官は共同体が何らの損害をも受けざるように注意すべし

——キケロ——

一般廃棄物の総排出量は、平成八年度が約五、一一五万トン（東京ドーム一三八杯分）、国民一人一日当たり一、一一四グラムで、ここ数年横ばい状態にあるがやや増加している。中間処理を行った後の埋立量は約一、四一四万トンで全体の約二八％である。東京都の場合、一般廃棄物排出量のうち、事務系の一般廃棄物がその半分を超えている。産業廃棄物の総排出量は、四億五〇〇〇万トンであり、全廃棄物排出量の約八割を占め、最終処分量は約六、八〇〇〇万トンである。食品の生ゴミは一日約一、九四〇万トン、そのうち家庭生ゴミは一、〇〇〇万トン、外食食品メーカーが九四〇万トン排出している。

ドイツでは、廃棄物抑止のための努力および再利用率の上昇によって、一九九〇年から一九九三年までの廃棄物排出量は約一〇％減少した。一九九三年には、総排出量は約三億三、八五〇万トンであった。これは国民一人当たり約四三二キログラムに相当する。廃棄物の約五〇％は建築物破片、残土および道路の掘起しであり、約三三％は産業および営業からの特殊な産業廃棄物であり、残りの一七％は住宅地からのゴミであった。住宅地からのゴミは、家庭ゴミ、家庭ゴミに類する営業ゴミ、粗大ゴミのほか、塵芥、公園・市場のゴミならびに汚水浄化装置からの残滓である。

従来、廃棄物処理法は、生じた廃棄物の再利用と処分が中心問題であったが、今や法律の規制は、循環経済的視点から、物質の流れの生態的な操作を目標とする。自然科学的―技術的に可能な限り、経済的に製品を生産し、その物資的要素を再利用し、その結果、最終的に処分すべき廃棄物の発生を最小限に抑制すべきであるとする。

事業者は、製品について廃棄物となった場合を考え、その製品の環境調和性についての法的責任を引き受けなければならない。すなわち、廃棄物の抑制・減量化（reduce）がゴミ処理に優先し、再利用（reuse）および再資源化（recycle）が最終処分に優先する。

第一節　循環型社会形成推進基本法

（1）法律の構成

循環型社会形成推進基本法（平成一二・六・二）は、三つの部分により構成されている。第一章は総則、第二章は循環型社会形成推進基本計画、第三章は循環型社会の形成に関する基本的施策について規定している。

付属法令

廃棄物の処理及び清掃に関する法律（昭和四五・一二・二五）
容器包装に係る分別収集及び再商品化の促進等に関する法律（平成七・六・一六）
資源の有効な利用の促進に関する法律（平成三・四・二六）
特定家庭用機器再商品化法（平成一〇・六・五）
建設工事に係る資材の再資源化等に関する法律（平成一二・五・三一）
食品循環資源の再生利用等の促進に関する法律（平成一二・六・七）
国等による環境物品等の調達の推進等に関する法律（平成一二・五・三一）

（2）法律の目的

循環型社会形成推進基本法は、法律の目的を、「環境基本法の基本理念にのっとり、循環型社会の形成について、基本原則を定め、並びに国、地方公共団体、事業者及び国民の責務を明らかにするとともに、循環型社会形成推進基本計画の策定その他循環型社会の形成に関する施策を総合的かつ計画的に推進し、もって現在及び将来の国民の健康で文化的な生活の確保に寄与することを目的とする。」と規定している。

（3）概念規定

(1)「循環型社会」とは、製品等が廃棄物等となることが抑制され、ならびに製品等が循環資源となった場合においてはこれについて適正に循環的な利用が行われることが促進され、および循環的利用が行われない循環資源については適正な処分が確保され、もって天然資源の消費を抑制し、環境への負荷ができる限り低減される社会をいう（二条一項）。

(2)「廃棄物等」とは、ⅰ廃棄物およびⅱ一度使用され、もしくは使用されずに回収され、もしくは廃棄された物品または製品の製造、加工、修理もしくは販売、エネルギーの供給、土木建築に関する工事、農畜産物の生産その他の人の活動に伴い副次的に得られた物品をいう（二条二項）。

(3)「循環資源」とは、廃棄物等のうち有用なものをいう（二条三項）。

(4)「循環的な利用」とは、再使用、再生利用および熱回収をいう（二条四項）。

(5)「再使用」とは、ⅰ循環資源を製品としてそのまま使用すること（修理を行って使用することを含む。）、ⅱ循環資源の全部または一部を部品その他製品の一部として使用することをいう（二条五項）。

(6)「再生利用」とは、循環資源の全部または一部を原材料として利用することをいう（二条六項）。

(7)「熱回収」とは、循環資源の全部または一部であって、燃料の用に供することができるものまたはその可能性のあるものを熱を得ることに利用することをいう（二条七項）。

（4）　基本原則

法律は、循環型社会の形成についての基本原則として、「環境への負荷の少ない健全な経済の発展を図りながら持続的に発展することができる社会の実現が推進されること」（三条）、「このために必要な措置が国、地方公共団体、事業者及び国民の適切な役割分担の下に講じられ、かつ、当該措置に要する費用がこれらの者により適正かつ公平に負担されること」（四条）、さらに、ⅰ廃棄物等の発生の抑制（五条）、ⅱ循環資源の循環的な利用（六条一項）および適正な処分の確保（六条二項）を挙げる。

また法律は、廃棄物・リサイクル対策として、第一に廃棄物の発生抑制、第二に再使用、第三に再利用、第四に熱回収、最後に適正処分という優先順位を定めている。なお、ただちに適正に処分すべき場合など、環境への負荷の低減にとって有効であると認められるときは、この優先順位に従う必要はない（七条）。

（5）　国、地方公共団体、事業者および国民の責務

循環型社会の形成のためには、国、地方公共団体、事業者および国民のそれぞれが適切に役割を分担して取り組むことが重要である。このため、これらの主体の責務について規定している。

(1)　国の責務

循環型社会の形成に関する基本的かつ総合的な施策を策定し、および実施する責務を有する（九条）。

(2)　地方公共団体の責務

循環資源について適正に循環的利用および処分が行われることを確保するために必要な措置を実施するほか、

自然的社会的条件に応じた施策を策定し、および実施する責務を有する（一〇条）。

(3)　事業者の責務

①　原材料等がその事業活動において廃棄物等となることを抑制するために必要な措置を講ずるとともに、原材料等が循環資源となった場合には、自ら適正に循環的利用を行い、もしくは必要な措置を講じ、または自らの責任で適正に処分をする責務（排出者責任）。

②　製品、容器等の製造、販売等を行う事業者は、当該製品、容器等の耐久性の向上および修理の実施体制の充実その他廃棄物となることを抑制するために必要な措置を講ずるとともに、当該製品、容器等の設計の工夫および材質または成分の表示その他適正に循環的な利用が行われることを促進し、およびその適正な処分が困難とならないようにするために必要な措置を講ずる責務（拡大生産者責任）。

③　自ら、製品、容器等が循環資源となったものを引き取り、もしくは引き渡し、またはこれについて適正に循環的な利用を行う責務（拡大生産者責任）。

④　循環資源であってその循環的な利用を行うことが技術的および経済的に可能であり、かつ、その循環的な利用の促進が重要であると認められるものについては、これについて適正に循環的な利用を行う責務。

⑤　国または地方公共団体が実施する循環型社会に形成に関する施策に協力する責務、を有する（一一条）。

(4)　国民の責務

①　製品をなるべく長期に使用すること、再生品を使用すること、循環資源が分別して回収されることに協力すること等により、その適正な処分に関し国および地方公共団体の施策に協力する責務（排出者責任）。

②　循環資源を回収する事業者に当該循環資源を適切に引き渡すことにより事業者が行う措置に協力する責務

（排出者責任）。

③　国または地方公共団体が実施する施策に協力する責務、を有する（一一条）。

(6)　法律の手法

(1)　循環型社会形成推進基本計画の策定

政府は、循環型社会の形成に関する施策の総合的かつ計画的な推進のため、循環型社会の形成に関する基本的な計画を定めなければならない（一五条一項）。計画は、ⅰ循環型社会の形成に関する施策についての基本的な方針、ⅱ循環型社会の形成に関し、政府が総合的かつ計画的に講ずべき施策、ⅲそのほか、循環型社会の形成に関する施策を総合的かつ計画的に推進するために重要な事項について定めるものとする（一五条二項）。

(2)　循環型社会形成推進基本計画策定の手続

中央環境審議会は、平成十四年四月一日までに循環型社会推進基本計画の策定のための具体的指針について、環境大臣に意見を述べるものとする（一五条三項）。環境大臣は、中央環境審議会の意見を聴いて、循環型社会形成推進基本計画の案を作成し、平成十五年十月一日までに、閣議の決定を求めなければならない。閣議の決定があったときは、遅滞なく、国会に報告するとともに、公表しなければならない（一五条四項、六項）。案の作成は、大臣官房廃棄物・リサイクル対策部が中心になってこれを担当する。中央環境審議会から二度にわたって意見を聴き、第三者機関としての役割を発揮できる仕組みになっており、また中央環境審議会におけるヒアリングやパブリック・コメント手続等を活用して、基本計画に国民の幅広い意見が反映されることを確保することにしている。

(3)　基本計画の見直し

循環型社会形成推進基本計画の見直しは、おおむね五年ごとに行うものとする（一五条七項）。見直しに際しては、基本計画に基づく施策の進捗状況等を把握し、施策の効果や問題点の分析を適切に行い、その結果を見直しに反映させて行くことが必要である。このようなフォローアップの仕組みとして、政府が、毎年、国会に、循環型社会の形成に関して講じた施策等に関する報告を提出しなければならない（一四条）。

(4)　国の他の計画との関係（基本計画の基本性）

循環型社会形成推進基本計画は、環境基本法に規定する環境基本計画を基本として策定するものとする。また、環境基本計画および循環型社会形成推進基本計画以外の国の計画は、循環型社会の形成に関しては、循環型社会形成推進基本計画を基本とするものとする（一六条）。

(5)　基本的施策

①　廃棄物の抑制　　国は、原材料等や製品等が廃棄物等になることを抑制するよう、規制その他の必要な措置を講ずるものとする（一七条）。

②　循環資源の適正な循環的な利用および処分のための措置　　国は、循環資源の適正な循環的な利用および処分が行われるよう、排出事業者に対する規制その他の必要な措置を講ずるものとする（一八条）。

③　再生品の使用の促進　　国は、自ら率先して再生品を使用するとともに、再生品の使用が促進されるよう、必要な措置を講ずるものとする（一九条）。

④　製品、容器等に関する事前評価の促進等の措置　　国は、事業者が製品、容器等に関し、自ら評価を行い、各種の工夫をするよう、技術的支援その他の必要な措置を講じ、また当該製品の材質または成分、その処分の方

図表 XV―1　循環型社会形成推進基本法の仕組み

循環型社会の形成

循環型社会：①廃棄物等の発生の抑制、
②循環資源の循環的な利用（再使用、再生利用、熱回収）の促進、
③適正な処分の確保により、
天然資源の消費を抑制し、環境への負荷が低減される社会

有価・無価を問わず、廃棄物等のうち有用なものを「循環資源」と定義

基本原則等

◇　循環型社会の形成に関する行動が、自主的・積極的に行われることにより、環境への負荷の少ない持続的発展が可能な社会の実現を推進

◇　①発生抑制（リデュース）、②再使用（リユース）、③再生利用（マテリアル・リサイクル）、④熱回収（サーマル・リサイクル）、⑤適正処分の優先順位により、対策を推進

◇　自然界における物質の適正な循環の確保に関する施策等と有機的な連携

責　務

国	地方公共団体	事業者	国　民
○基本的・総合的な施策の策定・実施	○循環資源の循環的な利用及び処分のための措置の実施 ○自然的社会的条件に応じた施策の策定・実施	○循環資源を自らの責任で適正に処分（排出者責任） ○製品、容器等の設計の工夫、引取り、循環的な利用等（拡大生産者責任）	○製品の長期使用 ○再生品の使用 ○分別回収への協力

循環型社会形成推進基本計画

◇　循環型社会の形成に関する基本方針、総合的・計画的に講ずべき施策等を定める

・原案は、中央環境審議会が意見を述べる指針に即して、環境大臣が策定
・計画の策定に当たっては、中央環境審議会の意見を徴収
・政府一丸となって取り組むため、関係大臣と協議し、閣議決定により策定
・計画の閣議決定があったときは、これを国会に報告
・計画の策定期限、５年ごとの見直しを明記
・国の他の計画は、この基本計画を基本とする

循環型社会の形成に関する基本的施策

○発生の抑制のための措置
○適正な循環的な利用・処分のための措置
○再生品の使用の促進
○製品、容器等に関する事前評価の促進等
○環境の保全上の支障の防止
○環境の保全上の支障の除去等の措置
○発生の抑制等に係る経済的措置
○公共的施設の整備
○地方公共団体の施策の適切な策定等の確保
○教育及び学習の振興等
○民間団体等の自発的な活動の促進
○調査の実施
○科学技術の振興
○国際的強調のための措置

○地方公共団体の施策

図表 XV—2　循環型社会の形成の推進のための法体系

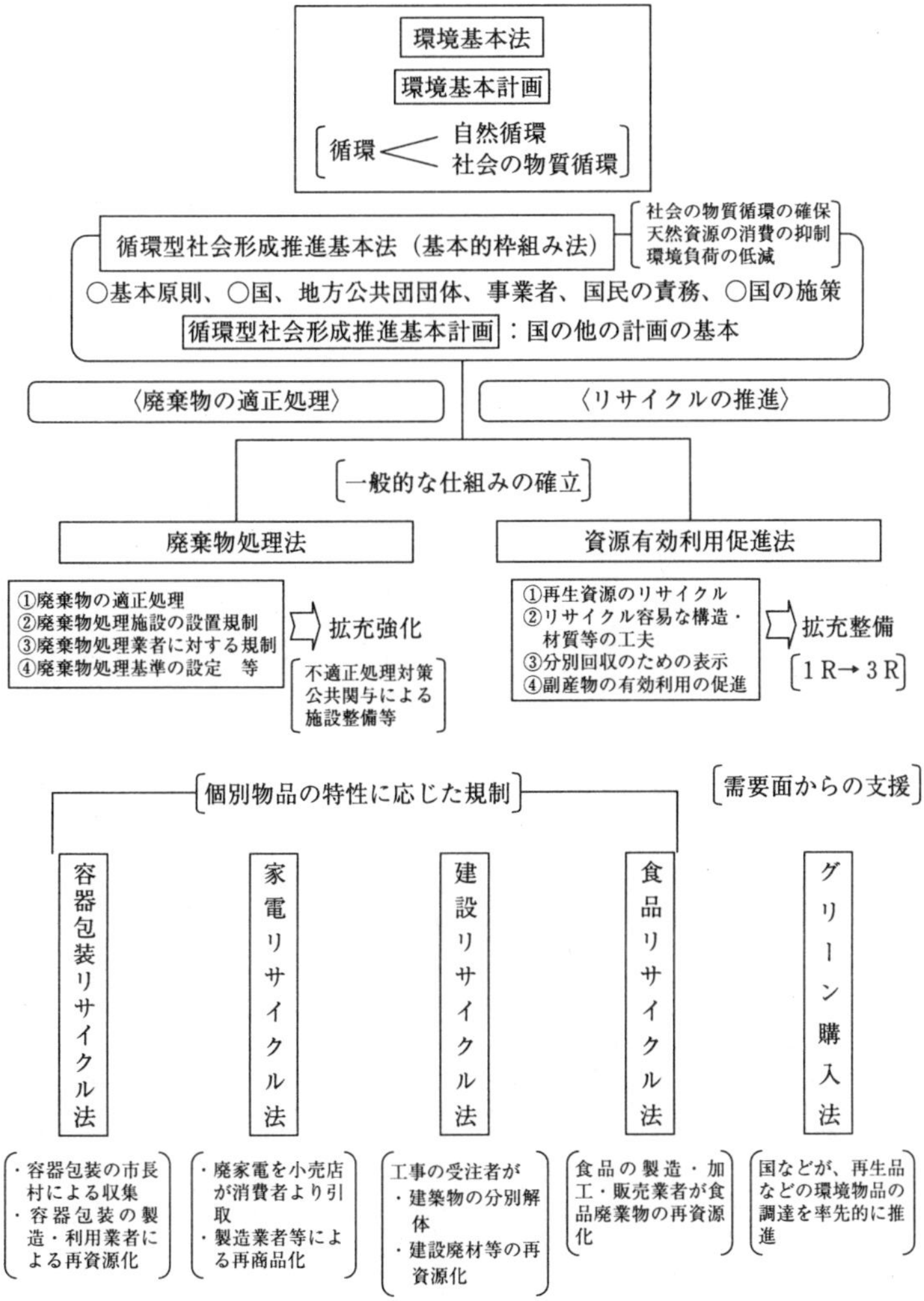
環境基本法
環境基本計画
循環
自然循環
社会の物質循環
循環型社会形成推進基本法（基本的枠組み法）
社会の物質循環の確保
天然資源の消費の抑制
環境負荷の低減
○基本原則、○国、地方公共団団体、事業者、国民の責務、○国の施策
循環型社会形成推進基本計画
：国の他の計画の基本
〈廃棄物の適正処理〉
〈リサイクルの推進〉
一般的な仕組みの確立
廃棄物処理法
資源有効利用促進法
①廃棄物の適正処理
②廃棄物処理施設の設置規制
③廃棄物処理業者に対する規制
④廃棄物処理基準の設定　等
拡充強化
不適正処理対策
公共関与による
施設整備等
①再生資源のリサイクル
②リサイクル容易な構造・材質等の工夫
③分別回収のための表示
④副産物の有効利用の促進
拡充整備
1 R→ 3 R
個別物品の特性に応じた規制
需要面からの支援
容器包装リサイクル法
家電リサイクル法
建設リサイクル法
食品リサイクル法
グリーン購入法
・容器包装の市町村による収集
・容器包装の製造・利用業者による再資源化
・廃家電を小売店が消費者より引取
・製造業者等による再商品化
工事の受注者が
・建築物の分別解体
・建設廃材等の再資源化
食品の製造・加工・販売業者が食品廃棄物の再資源化
国などが、再生品などの環境物品の調達を率先的に推進

法その他の情報を、事業者、国民等に提供するよう、規制その他の必要な措置を講ずるものとする（二〇条）。
⑤　環境保全上の支障の防止　国は、廃棄物の抑制および循環資源の循環的利用・処分を行う際の環境保全上の支障を防止するため、公害の原因となる物質の排出の規制その他の必要な措置を講じなければならない（二一条）。
⑥　環境の保全上の支障の除去等の措置　国は、不法投棄等により環境の保全上の支障が生ずると認められる場合において、排出事業者に対して、環境の保全上の支障を除去し、および原状を回復させるために必要な費用を負担させるため、必要な措置を講ずるものとする（二二条）。
⑦　経済的措置　国は、必要かつ適正な経済的助成を行うために必要な措置を講ずるように努めるとともに、経済的負担を課す措置の効果、経済に与える影響等を適切に調査・研究し、国民の理解と協力を得るように努めるものとする（二三条）。例えば、デポジット制度の導入などがある。

（7）　関連個別法の整備

循環型社会形成推進基本法は、単独では執行できない法律であり、廃棄物処理法、資源有効利用促進法、食品リサイクル法、建設リサイクル法、グリーン購入法などの個別法と一体的に適用されることになろう。

第二節　廃棄物の処理及び清掃に関する法律

文献　音田正己「廃棄物処理法の現代的意義とその問題」ジュリスト四七一号（昭四六）、曽根田郁夫「廃棄物の処理及び清掃に関する法律」自治研究四七巻三号（昭四六）、阿部泰隆「廃棄物法制課題」ジュリスト九四四〜九四六号（平元）、阿部泰隆「廃棄物処理法の改正と残された法的課題」自治研究六九巻六、八〜一一号（平五）、近藤哲雄「産業廃棄物処理場に係る法的問題」自治研究七三巻一二号（平九）、佐藤　泉「産業廃棄物処理問題の本質と今後の展望」法律のひろば五二巻七号（平一一）、環境法政策学会編『リサイクル社会を目指して』（平一一・商事法務研究会）

第一款　基　礎

（1）法律の構成

廃棄物の処理及び清掃に関する法律（昭和四五・一二・二五、平成九年六月改正）（以下、廃棄物法と略す。）は、六つの部分により構成されている。第一章は総則、第二章は一般廃棄物、第三章は産業廃棄物、第三章の二は廃棄物処理センター、第四章は雑則、第五章は罰則について規定している。

付属法令

廃棄物の処理及び清掃に関する法律施行令（昭和四六・九・二三）

廃棄物の処理及び清掃に関する法律施行規則（昭和四六・九・二三）

一般廃棄物の最終処分場及び産業廃棄物の最終処分場に係る技術場の基準を定める命令（昭和五二・三・一四）

関係法令

廃棄物処理施設整備緊急措置法（昭和四七・六・二三）

下水道の整備等に伴う一般廃棄物処理等の合理化に関する特別措置法（昭和五〇・五・二三）

産業廃棄物の処理に係る特定施設の整備の促進に関する法律（平成四・五・二七）

特定有害廃棄物当の輸出入の規制等に関する法律（平成四・一二・一六）

（2）法律の目的

廃棄物の処理及び清掃に関する法律は、法律の目的を、「廃棄物の排出を抑制し、及び廃棄物の適正な分別、保管、収集、運搬、再生、処分等の処理をし、並びに生活環境を清潔にすることにより、生活環境の保全及び公衆衛生の向上を図ることを目的とする。」と規定している（一条）。

（3）概念規定

①「廃棄物」とは、ごみ、粗大ごみ、燃え殻、汚泥、ふん尿、廃油、廃酸、廃アルカリ、動物の死体その他の汚物または不要物であって、固形状または液状のもの（放射性物質及びこれによって汚染された物を除く。）をいう（二条一項）。

②「一般廃棄物」とは、産業廃棄物以外の廃棄物をいう（二条二項）。一般廃棄物は事務系の一般廃棄物（オフィスの紙、ホテルの食べ物の残りなど）と家庭系の一般廃棄物に区別される。

③「特別管理一般廃棄物」とは、一般廃棄物のうち、爆発性、毒性、感染性その他の人の健康または生活環境に係る被害を生ずるおそれがある性状を有するものとして政令で定めるものをいう（二条三項）。B型肝炎の血液が付着した注射器やカドミウムなどを含むばいじんなどである。

④「産業廃棄物」とは、ⅰ事業活動に伴って生じた廃棄物のうち、燃え殻、汚泥、廃油、廃酸、廃アルカリ、廃プラスチック類その他政令で定める廃棄物、ⅱ輸入された廃棄物ならびに本邦に入国する者が携帯する廃棄物をいう（二条四項）。現在、法律が列挙する六品目のほか、政令で一九種類の廃棄物が産業廃棄物として指定されている。したがって事業活動に伴って生じた廃棄物がすべて産業廃棄物とされるわけではない。

⑤「特別管理産業廃棄物」とは、産業廃棄物のうち、爆発性、毒性、感染性その他の人の健康または生活環境に係る被害を生ずるおそれがある性状を有するものとして政令で定めるものをいう（二条五項）。

（4）「廃棄物」概念

⑴　不要物

廃棄物とは、廃棄物法二条一項によれば「不要物」をいうが、この点について、厚生省環境整備課長通知（昭和四六・一〇・二五環整四四）は、「占有者が自ら、利用し、又は他人に有償で売却することができないために、不要になったものをいい、これに該当するか、否かは占有者の意思、その性状等を総合的に勘案すべきものであって、排出された時点で客観的に廃棄物として観念できるものでない」という解説を加えている。このような理解によれば、環境に有害で環境危険を惹起する物であっても、自ら使用する物、または他人に有償で売却できる物は、廃棄物法の適用を受けないことになる。わが国の廃棄物概念は客観的要件を廃棄物の概念要素としないために、リサイクルを名目とした不適正な廃棄物処理（保管）を可能にする余地を残しているといえよう。これに対し、EU指令は廃棄物を、「保有者が廃棄するか、廃棄ようとし、または廃棄する必要がある付属書Iに記載された廃棄物の範疇にある物質又は物体」と定義し、それを受けて、ドイツ循環経済及び廃棄物法は「別表I に掲げるいずれかの群に該当し、かつ、その占有者が廃棄し、廃棄しようとし（＝主観的廃棄物概念）または廃棄しなければならない（＝客観的廃棄物概念）すべての動産」と定義し、再利用できる廃棄物を再利用向け廃棄物、再利用できない廃棄物を処分向け廃棄物とした（三条）。その結果、再利用できる物を廃棄物と判定しなかった旧法に対して、廃棄物法の適用範囲が著しく拡大され、いまや、廃棄物とは、実際上は、意図せずに生産および消費において発生するあらゆる動産であるとされている。わが国では、中央環境審議会の専門委員会で、「廃棄物」の法的定義の見直しを検討している。

(2)　一般廃棄物と産業廃棄物

一般廃棄物と産業廃棄物の分類は必ずしも適切といえない状況が生じている。例えば、事務系一般廃棄物と産業廃棄物の区別あるいは適正処理困難物の概念の導入などの問題がある。適正処理困難物とは、「一般廃棄物のうちから、現に市町村がその処理を行っているものであって、市町村の一般廃棄物の処理に関する設備及び技術に照らしその適正な処理が全国各地で困難となっていると認められるもの」で、厚生労働大臣が指定するものをいう（六条の三）。指定されている品目は、廃タイヤ、廃テレビ、廃電気冷蔵、廃スプリングマットの四品目である。

（5）　原　則

(1)　国民の責務

国民は、廃棄物の排出を抑制し、再生品の使用等により廃棄物の再利用を図り、廃棄物を分別して排出し、その生じた廃棄物をなるべく自ら処分すること等により、廃棄物の減量その他その適正な処理に関し国および地方公共団体の施策に協力しなければならない（二条の三）。しかし、廃棄物を処理する場所・方法の点で自己処理は問題がある。したがって、家庭系廃棄物は、市町村によって処理されることが原則となっている。

(2)　廃棄物発生者・製造者の廃棄物抑制の原則

事業者は、基本理念にのっとり、環境の保全上の支障を防止するため、物の製造、加工または販売その他の事業活動を行うに当たって、その事業活動に係る製品その他の物が廃棄物となった場合にその適正な処理が図られるように必要な措置を講ずる責務を有する（環境基八条二項）。事業者は、環境の保全上の支障を防止するため、物の製造、加工または販売その他の事業活動を行うに当たって、その事業活動に係る製品その他の物が使用されまたは廃棄されることによる環境への負荷の低減に資するように努めるとともに、その事業活動において、再生資源その他の環境への負荷の低減に資する原材料、役務等を利用するように努めなければならない（環境基八条三項）。

(3)　廃棄物発生者の自己責任処理の原則

事業者は、その事業活動に伴って生じた廃棄物を自らの責任において適正に処理しなければならない（三条一項）。事業者は、その産業廃棄物を自ら処理しなければならない（一一条一項）。事業者は、自らその産業廃棄物の運搬または処分を行う場合には、政令で定める産業廃棄物の収集、運搬および処分に関する基準に従わなければならない（一二条一項）。

事業者は、その産業廃棄物の運搬または処分を他人に委託する場合には、政令で定める基準に従い、その運搬については産業廃棄物収集運搬業者その他環境省令で定める者に、その処分については産業廃棄物処分業者その他環境省令で定める者にそれぞれ委託しなければならない（一二条三項）。事業者は産業廃棄物について自己処理の責任を負うが、その処理方法は任意であるため、産業廃棄物の処理はほとんどが処理業者に委託されている。

都道府県または市町村は、産業廃棄物の処理施設の設置その他当該都道府県または市町村が行なう産業廃棄物の収集、運搬及び処分に要する費用を、条例の定めるところにより、徴収するものとする（一三条二項）。

(4)　再生利用（リサイクル）の原則

事業者は、その事業活動に伴って生じた廃棄物の再生利用等を行うことによりその減量に努めるとともに、物の製造、加工、販売等に際して、その製品、容器等が廃棄物となった場合における処理の困難性についてあらかじめ自ら評価し、適正な処理が困難にならないような製品、容器等に係る廃棄物の適正な処理の方法についての情報を提供すること等により、その製品、容器等が廃棄物となった場合においてその適正な処理が困難になることのないようにしなければならない（三条二項）。

(4)　計画的処理の原則

市町村は、一般廃棄物の処理について、減量化を含め、廃棄物処理を計画的に行わなければならない（六条）。都道府県は、産業廃棄物の処理について、発生抑制を含め、廃棄物処理を計画的に行わなければならない（一一条）。産業廃棄物の発生者も、産業廃棄物の減量その他の処理を計画的に行わなければならないし（一二条五項参照）、産業廃棄物処理施設の設置者は、計画に従って施設を維持管理しなければならない（一五条の二の二）。

(5)　廃棄物処理原則の優先順位

環境基本法一五条一項の規定に基づく環境基本計画（平成六・一二・一二八総理府告示）第三部第一章第四節「廃棄物・リサイクル対策」では、「廃棄物・リサイクル対策の考え方としては、まず、第一に、廃棄物の発生抑制、第二に、使用済製品の再使用、そして第三に、回収されたものを原材料として利用するリサイクルを行い、それが技術的な困難性、環境への負荷の程度等の観点から適切でない場合、環境保全対策に万全を期しつつ、エネルギーとしての利用を推進する。最後に、発生した廃棄物について適切な処理を行うこととする。」という廃棄物処理原則の優先順位が示された。

（6）　廃棄物処理の過程

(1)　廃棄物の収集

廃棄物は、収集車により、中間堆積所か最終処分所に運搬される。一般廃棄物の場合は、通常、市町村のパッカー車により、中間処理所に運搬されている。家庭ゴミの場合、国民は、廃棄物を分別して排出し、地方公共団体の施策に協力しなければならない（二条の三）。

(2)　廃棄物の処理

廃棄物の処理は、廃棄物の容積、重量を減少させることから始まる。

①　粗大ゴミ処理　粗大ゴミを大きな回転式ハンマーなどで破砕し、巨大な磁石などで金属類を取り除き、家電廃棄物は巨大な風力選別機で分別し、これらを資源回収業者に売却し、残りを可燃物と不燃物に分け、可燃物は焼却処理施設へ、不燃物は最終処理場へ運搬される。

②　焼　却　わが国の中間処理の大部分は焼却の方法による。各地方公共団体は、高性能の大型焼却炉を建設し、大量の廃棄物を焼却する。焼却により、生ゴミは容量で一〇分の一ないし二〇分の一に、重量で六分の一に減少する。

(3)　埋　立

廃棄物は、最終的に、地中への埋立の方法によつて処理される。しかし最近、新しい埋立場の設置は極めて困難になっている。最終処分場は、産業廃棄物について全国で二、六八一ヵ所あり、三つの形態がある。

①　安定型最終処分場　処理場の周囲を堤防で囲む方式で、ガラス、陶器くず、廃プラスチック、ゴムくず、

建設廃材などはこれによる。わが国で最も多いタイプの最終処理場で、産業廃棄物については全国で一六五三ヵ所ある（平成一〇年版『厚生白書』）。

② 管理型最終処分場　安定型最終処分の対象以外の廃棄物で、法令で定められた試験を行い、重金属等の有毒物質が雨水・海水に溶け出さないことが証明された物質が埋立の対象となる。しかしこのような物質でも、有機性の汚水が周囲や地下に浸透するおそれがあるので、処分場は粘土、ゴム、合成樹脂などのシートを貼り、汚水の浸出を防止し、これらの汚水の浄化処理をする。産業廃棄物については全国で九八八ヵ所ある（平成一〇年版『厚生白書』）。

③ 遮断型最終処分場　有毒物質を含む廃棄物は、通常、コンクリートなどで固められ、それらが水に溶けないように処理された上で、厚さ一五センチメートル以上のコンクリートで底および周囲を囲い、かつ雨水が入らないよう屋根を設けた場所に埋立て、満杯になるとコンクリートで蓋をする。産業廃棄物については全国で四〇ヵ所ある（平成一〇年版『厚生白書』）。

第二款　法律の手法

(1) 計画的手法

(1) 一般廃棄物処理計画

市町村は、当該市町村の区域内の一般廃棄物の処理に関する計画を定めなければならない（六条一項）。計画には、ｉ一般廃棄物の発生量および処理量の見込み、ⅱ一般廃棄物の排出の抑制のための方策に関する事項、ⅲ

分別して収集するものとした一般廃棄物の種類および分別の区分、ⅳ一般廃棄物の適正な処理およびこれを実施する者に関する基本的事項、ⅴ一般廃棄物の処理施設の整備に関する事項、ⅵその他一般廃棄物の処理に関し必要な事項を定めるものとする（六条二項）。

市町村は、地方自治法第二条第四項の基本構想に即して、一般廃棄物処理計画を定め、その場合、関係を有する他の市町村の一般廃棄物処理計画と調和を保つよう努めなければならない（六条三項、四項）。一般廃棄物処理計画を定め、これを変更したときは、遅滞なく、これを公表しなければならない（六条五項）。

市町村は、一般廃棄物処理計画に従って、その区域内に於ける一般廃棄物を生活環境の保全上支障が生じないうちに収集し、これを運搬し、および処分しなければならない（六条の二第一項）。市町村が行うべき一般廃棄物の収集、運搬および処分に関する基準ならびに市町村が一般廃棄物の収集、運搬または処分を市町村以外の者に委託する場合の基準は、政令で定める。特別管理一般廃棄物についても同様に政令で定める（六条の二第二項、第三項）。

(2)　産業廃棄物処理

①　事業者の処理　事業者は、その産業廃棄物を自ら処理しなければならない（一一条一項）。

事業者が、産業廃棄物の運搬または処分を行う場合には、産業廃棄物処理基準に従わなければならず、またその産業廃棄物が運搬されるまでの間、産業廃棄物保管基準に従い、生活環境の保全上支障がないようにこれを保管しなければならず（一二条）、さらに、特別管理産業廃棄物の運搬または処分を行う場合には、特別管理産業廃棄物処理基準に従わなければならない（一二条の二）。

②　地方公共団体の処理　市町村は、単独にまたは共同して、一般廃棄物とあわせて処理することができる

産業廃棄物その他市町村が処理することが必要であると認める産業廃棄物の処理をその事務として行うことができる（一一条二項）。都道府県は、産業廃棄物の適正な処理を確保するために都道府県が処理することが必要であると認める産業廃棄物の処理をその事務として行うことができる（一一条三項）。市町村または都道府県が運搬または処分を行う場合の処理基準は、産業廃棄物処理基準、特別管理産業廃棄物処理基準とする（一三条一項）。都道府県または市町村は、産業廃棄物の収集、運搬および処分に要する費用を、条例で定めるところにより、徴収するものとする（一三条二項）。

（2）　規制的手法

⑴　一般廃棄物処理業の許可

一般廃棄物の収集または運搬を業として行おうとする者は、当該事業を行おうとする区域を管轄する市町村長の許可を受けなければならない。ただし、事業者（自らその一般廃棄物を運搬する場合に限る。）、専ら再生利用の目的となる一般廃棄物のみの収集または運搬を業として行う者その他環境省令で定める者については、この限りでない（七条一項）。許可要件としては、暴力団による不当な行為の防止等に関する法律の違反者や許可を取り消された法人の役員を欠格要件とし、いわゆる「黒幕規定」を設けて、法人に対して役員と同等以上の支配力を有すると認められる者は役員と同様に欠格要件に該当すれば許可しない（七条三項）。一般廃棄物の処分を業として行おうとする者についても同様（七条四項）。

市町村長は、一般廃棄物収集運搬業者もしくは一般廃棄物処分業者が、この法律もしくはこの法律に基づく処分に違反する行為をしたとき、または他人に対して違反行為をすることを要求し、依頼し、もしくは唆し、もしくは他人が違反行為をすることを助けたとき、またはその者の事業の用に供する施設またはその者の能力が法律の規定する基準に適合しなくなったときは、その許可を取り消し、または期間を定めてその事業の全部もしくは一部の停止を命ずることができる（七条の三）。違反者は五年以下の懲役もしくは千万円以下の罰金、またはこれを併科（二五条）。

一般廃棄物収集運搬業者および一般廃棄物処分業者は、自己の名義をもって、他人に一般廃棄物の収集もしくは運搬または処分を業として行わせてはならない（七条の四）。無許可営業および名義貸しは、は五年以下の懲役もしくは千万円以下の罰金、またはこれを併科（二五条）。

(2)　産業廃棄物処理業の許可

産業廃棄物の収集・運搬または処分を業として行おうとする者は、当該業を行おうとする区域を管轄する都道府県知事の許可を受けなければならない（一四条一項）。いわゆる「黒幕規定」は、一般廃棄物処理業の許可の場合と同様である（一四条三項）。産業廃棄物収集運搬業者および産業廃棄物処分業者は、自己の名義をもって、他人に産業廃棄物の収集もしくは運搬または処分を業として行わせてはならない（一四条の三の二）。無許可営業および名義貸しは、五年以下の懲役もしくは千万円以下の罰金、またはこれの併科（二五条）。

特別管理産業廃棄物の収集・運搬または処分を業として行おうとする者についても同様（一四条の四、一四条の七、二五条）。

許可の取消し等　都道府県知事は、特別管理産業廃棄物収集運搬業者および特別管理産業廃棄物処分業者について、一般廃棄物処理業者の場合と同様に、許可の取消等ができる（一四条の六）。命令に違反した者は五年以下の懲役もしくは千万円以下の罰金、またはこれを併科（二五条）。

(3)　一般廃棄物処理施設の許可

一般廃棄物処理施設を設置しようとする者は、当該一般廃棄物処理施設を設置しようとする地を管轄する都道府県知事（保健所を設置する市または特別区にあっては、市長または区長とする。）の許可を受けなければならない（八条）。都道府県知事は、許可の申請があった場合には、遅滞なく、申請事項、申請年月日および縦覧場所を告示するとともに、申請書等を告示の日から一月間公衆の縦覧に供しなければならず、告示をしたときは、遅滞なく、その旨を当該一般廃棄物処理施設の設置に関し生活環境の保全上関係がある市町村の長に通知し、期間を指定して当該市町村長の生活環境の保全上の見地からの意見を聴かなければならない（八条四項、五項）。当該一般廃棄物処理施設の設置に関し利害関係を有する者は、縦覧期間満了の日の翌日から起算して二週間を経過する日までに、当該都道府県知事に生活環境の保全上の見地からの意見書を提出することができる（八条六項）。

①　許可の基準　都道府県知事は、一般廃棄物処理施設が次のいずれにも適合していると認めるときでなければ、許可をしてはならない。ｉその設置に関する計画が環境省令で定める技術上の基準に適合していること、ⅱその設置に関する計画および維持管理に関する計画が当該一般廃棄物処理施設に係る周辺地域の生活環境の保全について適正な配慮がなされたものであること、ⅲ申請者の能力が設置計画および維持管理計画に従って施設の設備および維持管理を的確に、かつ継続して行うに足りるものとして環境省令で定める基準に適合するものであること（八条の二第一項）。その場合、都道府県知事は、廃棄物処理施設の過度の集中により大気環境基準の確保が困難と認めるときは、施設設置の許可をしないことができる（八条の二第二項）。また、都道府県知事は、あらかじめ、専門的知識を有する者の意見を聴かなければならない（八条の二第三項）。許可には、生活環境の保全上必要な条件を付することができる（八条の二第四項）。

②　維持管理積立金制度　特定一般廃棄物最終処分場について許可を受けた者は、当該最終処分場に係る埋立処分の終了後における維持管理を適正に行うため、埋立処分の終了までの間、毎年度、特定一般廃棄物最終処分場ごとに、都道府県知事が通知する額の金額を維持管理積立金として、環境事業団に、積み立てなければならなず、最終処分場の設置者は、埋立終了後、毎年度、環境事業団から維持管理費用を取り戻すことができる（八条の五）。

③　変更の許可等　一般廃棄物最終処分場の場合、あらかじめ当該最終処分場の状況が環境省令で定める技術上の基準に適合していることについて都道府県知事の確認を受けたときに限り、当該最終処分場を廃止することができる（九条五項）。

(4)　一般廃棄物処理施設の譲受け等に関する許可等

一般廃棄物の処理施設の許可を受けた者から当該許可に係る施設を譲り受け、または借り受けようとする者は、環境省令で定めるところにより、都道府県知事の許可を受けなければならない（九条の五）。

(5)　産業廃棄物処理施設の設置許可

産業廃棄物処理施設（廃プラスチック類処理施設、産業廃棄物の最終処分場など）を設置しようとする者は、当該産業廃棄物処理施設を設置しようとする地を管轄する都道府県知事の許可を受けなければならない（一五条一項）。許可の申請書には、当該産業廃棄物処理施設を設置することが周辺地域の生活環境に及ぼす影響についての調査の結果を記載した書類を添付しなければならない（一五条三項）。都道府県知事は、許可申請があった場合には、遅滞なく告示をし、申請書および生活環境影響調査書を告示の日から一か月間公衆の縦覧に供し（一五条四項）、期間を指定して関係市町村長の生活環境の保全上の見地からの意見を聴かなければならず（一五条五項）、利害関係を有する者は、縦覧期間満了の日の翌日から起算して二週間を経過する日までに、都道府県知事に生活環境上の見地からの意見書を提出することができる（一五条六項）。

① 許可の基準等　産業廃棄物処理施設の許可基準は、一般廃棄物処理施設の場合と同様である（一五条の二）。法律が要求する許可要件のほかに、大半の都道府県は、申請業者に対し、指導要綱などに基づいて、周辺住民の同意書の提出を求めている。しかし、事業者が許可申請に周辺住民の同意書を添付できないことを理由に、許可申請の受理を拒否（返戻も含む）し、あるいは不許可処分とするのは、法律による行政の原理に反し、違法というべきであろう(1)。

② 許可の取消し等　都道府県知事は、産業廃棄物処理施設について、一般廃棄物処理施設の場合と同様、その許可の取消し等をすることができる（一五条の三）。命令に違反した者は三年以下の懲役もしくは三百万円以下の罰金（二六条）。

(6) 産業廃棄物の輸入の許可

廃棄物を輸入しようとする者は、環境大臣の許可を受けなければならない（一五条の四の三）。違反者は三年以下の懲役もしくは三百万円以下の罰金（二六条）。

(7) 一般廃棄物の再利用に係る認定

一般廃棄物の再利用を行い、または行おうとする者は、環境省令で定めるところにより、次のいずれにも適合していることについて、環境大臣の認定を受けることができる。i再利用の内容が、生活環境の保全上支障のないものとして環境省令で定める基準に適合していること、ii再利用を行い、または行おうとしている者が環境省令で定める基準に適合していること、iii再利用を行い、または行おうとしている者が設置し、または設置しようとする再利用の用に供する施設が環境省令で定める基準に適合すること（九条の八第一項）。認定を受けた者は、一般廃棄物処理業の許可および一般廃棄物処理施設の許可を受けないで、認定に係る一般廃棄物の収集もしくは運搬もしくは処分を業として行い、または認定に係る一般廃棄物処理施設を設置することができる（九条の八第三項）。

(8)　一般廃棄物の輸出の確認

一般廃棄物を輸出しようとする者は、その輸出が次の要件に該当するものであることについて、環境大臣の確認を受けなければならない。ⅰ国内においては適正に処理されることが困難であると認められる一般廃棄物の輸出であること、ⅱⅰ以外の一般廃棄物にあっては、国内における一般廃棄物の適正な処理に支障を及ぼさないものとして環境省令で定める基準に適合する一般廃棄物の輸出であること、ⅲその輸出に係る一般廃棄物が一般廃棄物処理基準・特別管理一般廃棄物処理基準を下回らない方法により処理されることが確実であることが認められること、ⅳ申請者が、市町村、その他環境省令で定める者であること（一〇条）。産業廃棄物の輸出についても同様である（一五条の四の五）。違反者は五十万円以下の罰金（二八条）。

(9)　市町村の設置に係る一般廃棄物処理施設の届出

市町村は、一般廃棄物の処分を行うために、一般廃棄物処理施設を設置しようとするときは、一般廃棄物処理施設の許可申請の事項を記載した書類および当該一般廃棄物処理施設を設置することが周辺地域の生活環境に及ぼす影響についての調査の結果を記載した書類を添えて、その旨を都道府県知事に届け出なければならない（九条の三第一項）。その場合、市町村の長は、調査の結果を記載した書類を公衆の縦覧に供し、一般廃棄物処理施設の設置に関し利害関係を有する者に生活環境の保全上の見地からの意見書を提出する機会を付与するものとする

（九条の三第二項）。

⑽　産業廃棄物管理票（マニフェスト）制度

これは、廃棄物の不法投棄に対し、産業廃棄物管理票により、廃棄物の流れを明確にし、その責任の所在を明らかにしようとする制度である。

産業廃棄物を排出する事業者は、当該廃棄物の運搬、処分を他人に委託する場合、当該産業廃棄物の種類・数量、受託者の氏名または名称その他環境省令で定める事項を記載した産業廃棄物管理票を、当該受託者に交付しなければならない（一二条の三第一項）。管理票を交付せず、定められた事項を記載せず、もしくは虚偽の記載をして管理票を交付した者は、五〇万円以下の罰金（二九条）。

産業廃棄物の運搬受託者または処分受託者が、運搬または処分を終了したときは、交付された管理票に環境省令で定める事項（最終処分である場合には、最終処分が終了した旨）を記載し、環境省令で定める期間内（引渡し後・処分完了後一〇日以内）に、管理票交付者にその写しを送付しなければならない（一二条の三第二項・第三項）。管理票の写しを送付せず、定められた事項を記載せず、もしくは虚偽の記載をして管理票の写しを送付した者は、五〇万円以下の罰金（二九条）。

管理票交付者は、管理票の写しの送付を受けたときは、一定期間（五年間）これを保存し、当該管理票に関する報告書を作成し、これを都道府県知事に提出しなければならない。管理票の写しの送付を受けないときは、速やかに当該委託にかかる産業廃棄物の運搬または処分の状況を把握するとともに、適切な措置を講じなければならない（一二条の三第四～第七項）。また、産業廃棄物処理業者は、産業廃棄物の処理を受託していないにもかかわらず、虚偽の記載をして管理票を交付してはならない（一二条の四）。さらに、電子マニフェストが認められる

（一二条の五）。管理票の写しを保存しなかった者、虚偽の記載をして管理票を交付した者は、五十万円以下の罰金（二九条）。

⑾　廃棄物処理センター

環境大臣は、特別管理廃棄物の適正かつ広域な処理の確保に資することを目的として設立された国もしくは地方公共団体の出資もしくは拠出に係る法人その他これらに準ずるものとして政令で定める法人または「民間資金等の活用による公共施設等の整備等の促進に関する法律」に規定する選定事業者であって、廃棄物処理センターの業務を適正かつ確実に行うことができると認められるものを、その申請により、廃棄物処理センターとして、指定することができる（一五条の五）。

廃棄物処理センターの業務は、市町村の委託を受けた特別管理一般廃棄物や市町村において処理が困難とされる一般廃棄物、産業廃棄物、特別管理産業廃棄物などのの処理のための施設の建設および改良、維持その他の管理を行うことである（一五条の六）。廃棄物処理センターは、現在、岩手県、大分県、長野県、愛媛県、香川県、新潟県、高知県、兵庫県、三重県において指定されている。

⑿　その他

①　投棄禁止　　何人も、みだりに廃棄物を捨ててはならない（一六条）。違反して産業廃棄物を捨てた者は五年以下の懲役もしくは千万円以下の罰金、またはこれを併科（二五条八号）。行為者のほか、法人などに対しても一億円以下の罰金刑（三二条）。一般廃棄物を捨てた者は、三年以下の懲役または三百万円以下の罰金（二六条）。

②　焼却禁止　　何人も、次に掲げる方法による場合を除き、廃棄物を焼却してはならない。ⅰ一般廃棄物処理基準、特別管理一般廃棄物処理基準、産業廃棄物処理基準、または特別管理産業廃棄物処理基準にしたがって

行う廃棄物の焼却、ii他の法令またはこれに基づく処分により行う廃棄物の焼却、iii公益上もしくは社会の慣習上やむを得ない廃棄物の焼却または周辺地域の生活環境に与える影響が軽微である廃棄物の焼却として政令で定めるもの（一六条の二）。違反して、廃棄物を焼却した者は、三年以下の懲役もしくは三百万円以下の罰金、またはこれの併科（二六条）。焼却禁止の例外として政令で定めるのは、i国または地方公共団体がその施設の管理を行うために必要な廃棄物の焼却、ii震災・風水害・火災・凍霜害その他の災害の予防、応急対策または復旧のために必要な廃棄物の焼却、iii風俗習慣上または宗教上の行事を行うために必要な廃棄物の焼却、iv農業、林業または漁業を営むためにやむを得ないものとして行われる廃棄物の焼却、vたき火その他日常生活を営む上で通常行われる廃棄物の焼却であって軽微なもの、である。

③　ふん尿の使用方法の制限　　ふん尿は、環境省令で定める基準に適合した方法によるのでなければ、肥料として使用してはならない（一七条）。

④　報告の徴収および立入検査　　都道府県知事または市町村長は、産業廃棄物または一般廃棄物の処理について、事業者、廃棄物処理業者、廃棄物処理施設設置者に対し、処理に関する報告の徴収あるいは立入検査をすることができる（一八条、一九条）。報告・検査を拒み、虚偽の報告をし、検査を妨げ・忌避した者は三十万円以下の罰金（三〇条）。

⑤　改善命令　　都道府県知事または市町村長は、産業廃棄物または一般廃棄物の処理基準に適合しない保管、収集、運搬、処分を行った事業者や廃棄物処理業者に対して、期限を定めて、処理方法の変更その他必要な措置を講ずべきことを命ずることができる（一九条の三）。命令に違反した者は、三年以下の懲役または三百万円以下の罰金（二六条）。

⑥　措置命令　市町村長または都道府県知事は、生活環境の保全に支障が生じ、または生ずるおそれがあると認められるときは、必要な限度において、一般廃棄物または産業廃棄物の処理基準に適合しない処分や委託基準に適合しない委託を行った者に対して、期限を定めて、その支障の除去または発生の防止のために必要な措置を講ずべきことを命ずることができる（一九条の四、一九条の五）。命令に違反した者は五年以下の懲役もしくは千万円以下の罰金またはこれの併科（二五条）。また、措置命令をすることができる場合に、i措置を命ぜられた者が命令に係る措置を講じないとき、または講ずる見込みがないとき、ii過失がなくて当該支障の除去等の措置を命ずべき処分者等を確知することができないとき、iii緊急に支障の除去等の措置を講ずる必要がある場合において、支障の除去等の措置を講ずべきことを命ずるいとまがないときは、市長村長は、自ら支障の除去等の措置の全部または一部を講ずることができる。この場合において、iiに該当すると認められるときは、相当の期限を定めて、当該支障の除去等の措置を講ずべき旨およびその期限までに当該措置を講じないときは、自ら当該措置を講じ、当該措置に要した費用を徴収する旨を、あらかじめ、公告しなければならない。市町村長は、支障の除去等の措置の全部または一部を講じたときは、それに要した費用について、環境省令で定めるところにより、当該処分者に負担させることができる。負担させる費用については行政代執法の費用の徴収に関する規定を準用する。（一九条の七）。

⑦　不法投棄対策　附則（平成三・一〇・五）二条は、「政府は、廃棄物の処理の実態を勘案して、産業廃棄物管理表制度の適用範囲及び廃棄物が不法に処分された場合における適切かつ迅速な原状回復のための方策について、速やかに検討を加えるものとする。」と規定している。平成一〇年度不法投棄の件数は、一、二七三件、投棄量は四四・三万トンである（図表XV—4を見よ）。

図表XV—3　一般廃棄物の処理の仕組み

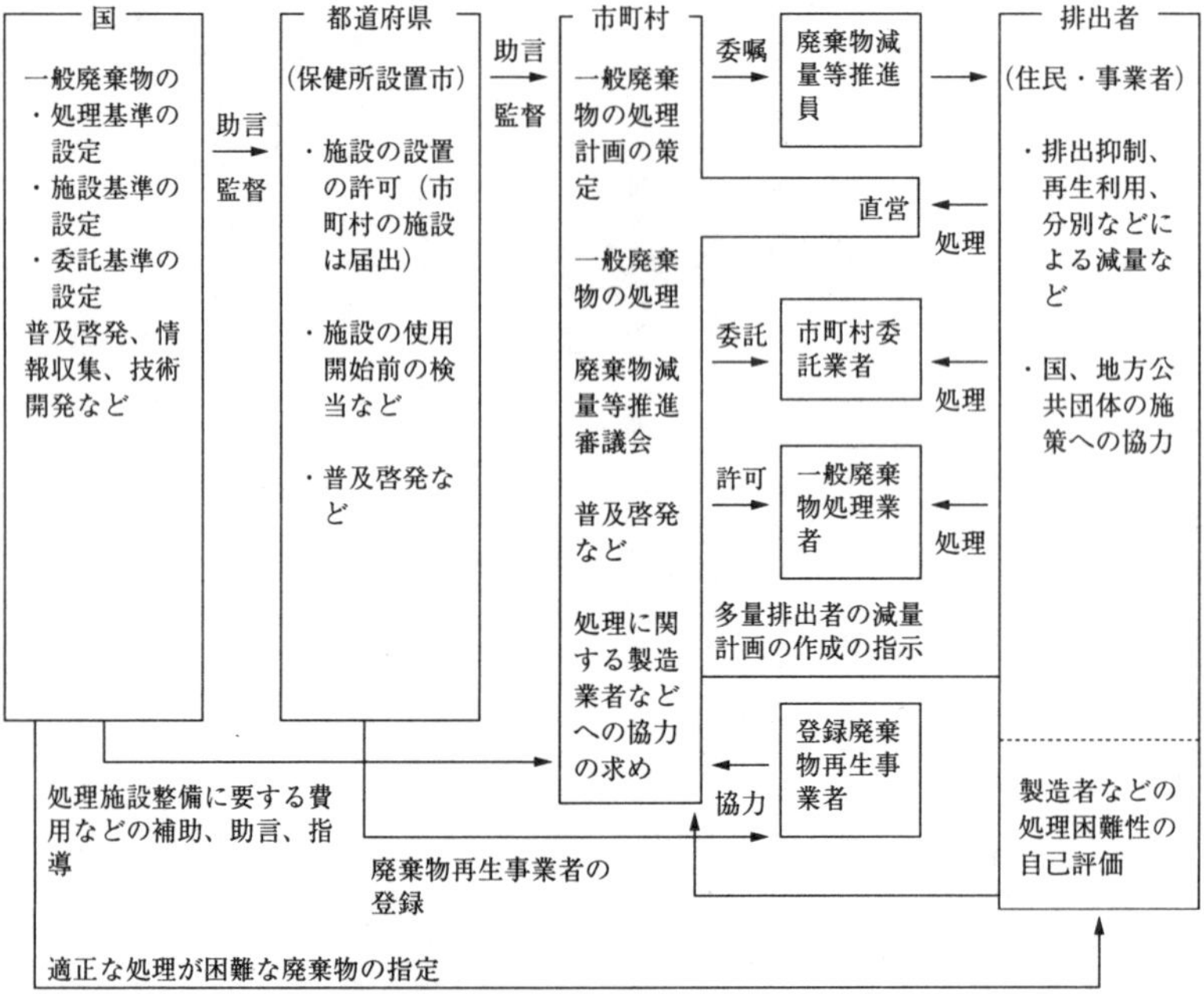
国
一般廃棄物の
・処理基準の設定
・施設基準の設定
・委託基準の設定
普及啓発、情報収集、技術開発など
助言
監督
都道府県
（保健所設置市）
・施設の設置の許可（市町村の施設は届出）
・施設の使用開始前の検当など
・普及啓発など
助言
監督
市町村
一般廃棄物の処理計画の策定
一般廃棄物の処理
廃棄物減量等推進審議会
普及啓発など
処理に関する製造業者などへの協力の求め
委嘱
廃棄物減量等推進員
直営
委託
市町村委託業者
許可
一般廃棄物処理業者
処理
処理
処理
多量排出者の減量計画の作成の指示
登録廃棄物再生事業者
協力
排出者
（住民・事業者）
・排出抑制、再生利用、分別などによる減量など
・国、地方公共団体の施策への協力
製造者などの処理困難性の自己評価
処理施設整備に要する費用などの補助、助言、指導
廃棄物再生事業者の登録
適正な処理が困難な廃棄物の指定

産業廃棄物の処理の仕組み

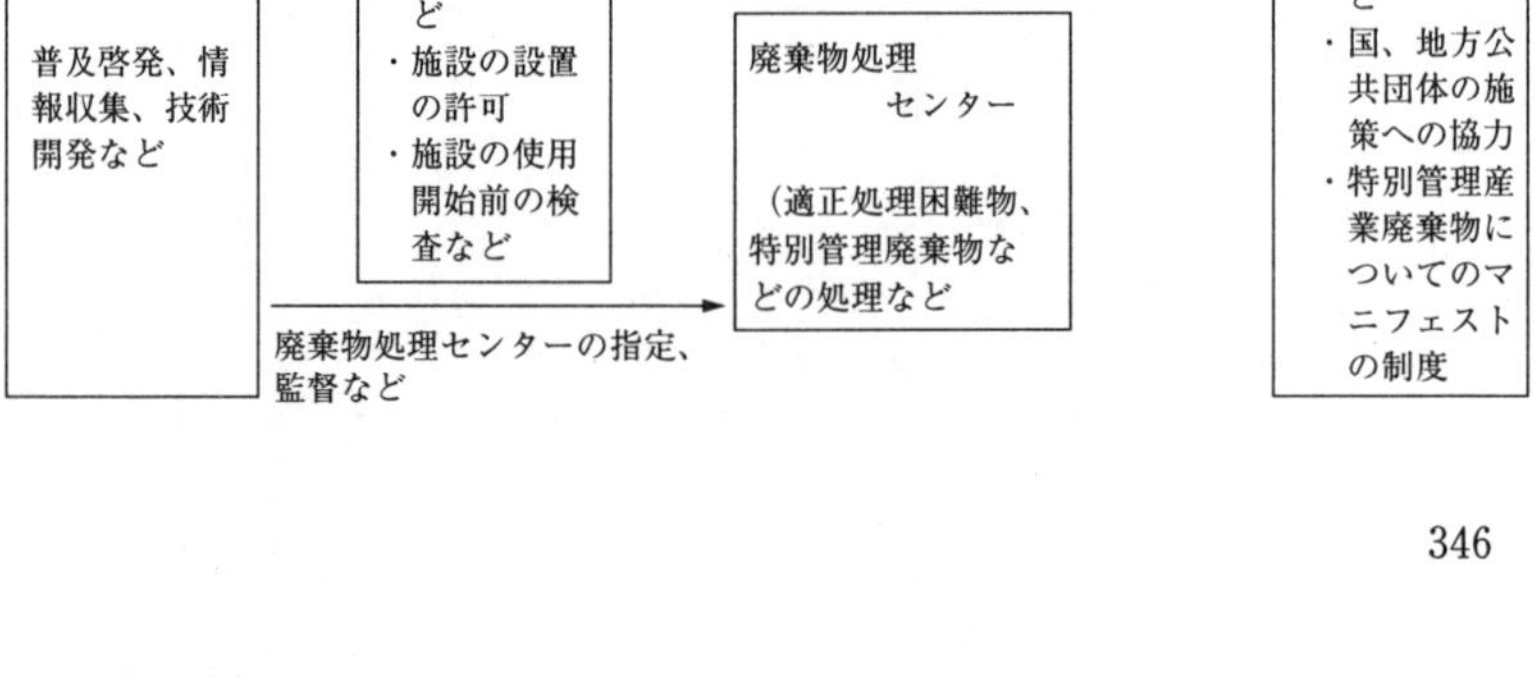
国
産業廃棄物の
・処理基準の設定
・施設基準の設定
・委託基準の設定
普及啓発、情報収集、技術開発など
指導
監督
都道府県
（保健所設置市）
・産業廃棄物処理計画の策定
・普及啓発など
・施設の設置の許可
・施設の使用開始前の検査など
指導監督
許可
産業廃棄物処理業者
処理委託
多量排出者に対する計画作成指示
廃棄物処理センター
（適正処理困難物、特別管理廃棄物などの処理など
廃棄物処理センターの指定、監督など
排出者
（産業廃棄物を排出する事業者）
・排出抑制、再生利用、分別などによる減量など
・国、地方公共団体の施策への協力
・特別管理産業廃棄物についてのマニフェストの制度

図表XV—4　不法投棄の件数及び量の推移

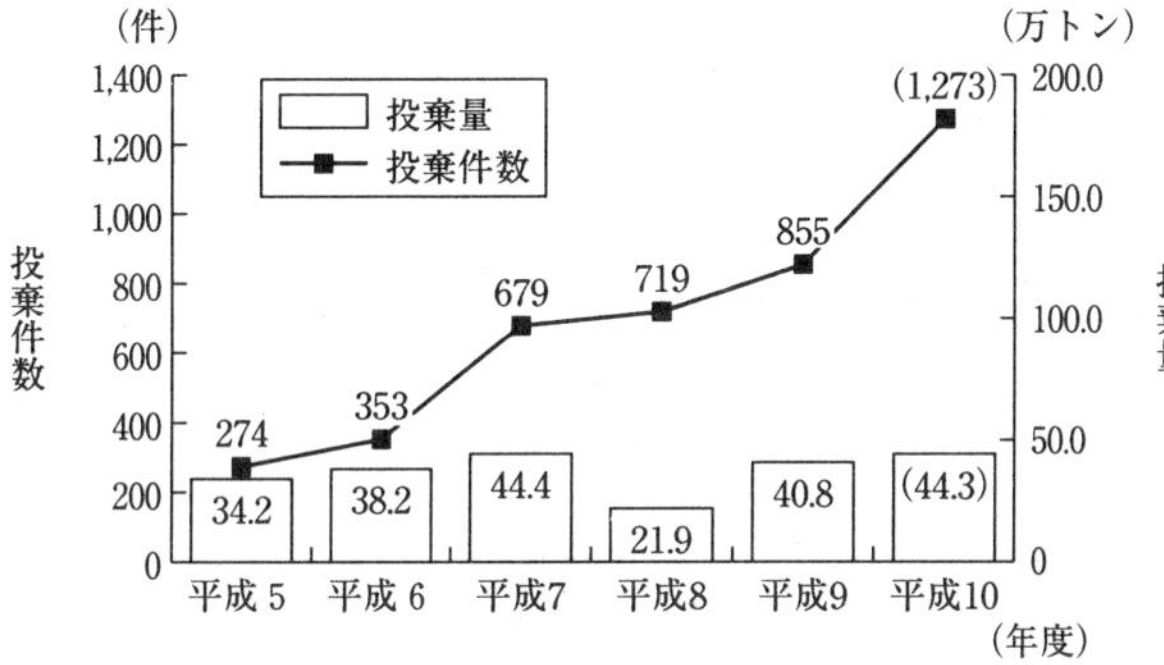

	平成５年度	平成６年度	平成７年度	平成８年度	平成９年度	平成10年度
投棄件数	274件	353件	679件	719件	855件	1,273件
投　棄　量	34.2万トン	38.2万トン	44.4万トン	21.9万トン	40.8万トン	44.3万トン

注１：投棄件数及び投棄量は、都道府県及び保健所設置市が把握した不法投棄のうち１件当たりの投棄量が10トン以上の事案を集計対象としている（ただし、特別管理産業廃棄物）

資料：厚生省

⑿　両罰主義

以上の罰則規定については、行為者のほか、その法人などについても、各本条の罰金刑を科する（三二条）。

(1)　札幌地判平九・二・一三判例地方自治一六七号六四頁は、「このような許可制は、……本来は自由であるはずの私権（財産権）の行使を、公共の福祉の観点から制限するものであるから、右許可に当たって都道府県知事に与えられた裁量は、申請にかかる産業廃棄物処理施設が法律に定める要件、すなわち、廃棄物処理法一五条二項各号所定の要件に適合すると認められるときは、必ず許可しなければならないものであって、この点に関する裁量は羈束されていると解すべきものである」と判示した。

同旨、札幌高判平九・一〇・七判時一六五九号四五頁。

第三節　資源の有効な利用の促進に関する法律（資源リサイクル法）

文献　法令解説「循環型社会を実現するための３Rを総合的に推進」『再生資源（Recycle）』から、更に進んで『廃棄物の抑制（Reduce）』・『部品等の再使用（Reuse）』へ」時の法令一六三三号（平一一）

第一款　基　礎

（1）　法律の構成

資源の有効な利用の促進に関する法律（平成三・四・二六）は、一一の部分により構成されている。第一章は総則、第二章は基本方針等、第三章は特定省資源業種、第四章は特定再利用業種、第五章は指定省資源化製品、第六章は指定再利用促進製品、第七章は指定表示製品、第八章は指定再資源化製品、第九章は指定副産物、第十章は雑則、第十一章は罰則について規定している。

付属法令

再生資源の利用の促進に関する法律施行令（平成二・一〇・一八）

再生資源の利用の促進に関する基本方針（平成五・八・一六）

紙製造業に属する事業を行う者の古紙の利用に関する判断の基準となるべき事項を定める省令（平成二・一〇・二五）など一四の「……判断の基準となるべき事項を定める省令」がある。

（2）　法律の目的

再生資源の利用の促進に関する法律は、法律の目的を、「資源の有効な利用の確保を図るとともに、廃棄物の発生の抑制及び環境の保全に資するため、使用済物品等及び副産物の発生の抑制並びに再生資源及び再生部品の利用の促進に関する所要の措置を講ずることとし、もって国民経済の健全な発展に寄与することを目的とする。」と規定している（一条）。

（3）　概念規定

⑴　「使用済物品等」とは、一度使用され、または使用されずに収集され、もしくは廃棄された物品をいう（二条一項）。

⑵　「副産物」とは、製品の製造、加工、修理もしくは販売、エネルギーの供給または土木建築に関する工事に伴い副次的に得られた物品をいう（二条二項）。

⑶　「再生資源」とは、使用済物品等または副産物のうち有用なものであって、原材料として利用することができるものまたはその可能性のあるものをいう（二条四項）。

⑷　「再生部品」とは、使用済物品等のうち有用なものであって、部品その他製品の一部として利用することができるものまたはその可能性のあるものをいう（二条五項）。

⑸　「再資源化」とは、使用済物品等のうち有用なものの全部または一部を再生資源または再生部品として利用することができる状態にすることをいう（二条六項）。

(6)「特定省資源業種」とは、副産物の発生抑制等が技術的および経済的に可能であり、かつ、副産物の発生抑制等を行うことが当該原材料等に係る資源および当該副産物に係る再生資源の有効な利用を図る上で特に必要なものとして政令で定める原材料等の種類およびその使用に係る副産物の種類ごとに政令で定める業種をいう(二条七項)。

(7)「特定再利用業種」とは、再生資源または再生部品を利用することが技術的および経済的に可能であり、かつ、これを利用することが当該再生資源または再生部品の有効な利用を図る上で特に必要なものとして政令で定める再生資源または再生部品の種類ごとに政令で定める業種をいう(二条八項)。

(8)「指定省資源化製品」とは、製品であって、それに係る原材料等の使用の合理化、その長期間の使用の促進その他の当該製品に係る使用済物品等の発生の抑制を促進することが当該製品に係る原材料等に係る資源の有効な利用を図る上で特に必要なものとして政令で定めるものをいう(二条九項)。

(9)「指定再利用促進製品」とは、それが一度使用され、または使用されずに収集され、もしくは廃棄された後その全部または一部を再生資源または再生部品として利用することを促進することが当該再生資源または再生部品の有効な利用を図る上で特に必要なものとして政令で定める製品をいう(二条一〇項)。

(10)「指定表示製品」とは、それが一度使用され、または使用されずに収集され、もしくは廃棄された後その全部または一部を再生資源として利用することを目的として分別収集するための表示をすることが当該再生資源の有効な利用を図る上で特に必要なものとして政令で定める製品をいう(二条一一項)。

(11)「指定再資源化製品」とは、製品であって、それが一度使用され、または使用されずに収集され、もしくは廃棄された後それを当該製品の製造、加工、修理もしくは販売の事業を行う者が自主回収することが経済的に可能であって、その自主回収がされたものの全部または一部の再資源化をすることが技術的および経済的に可能であり、かつ、その再資源化をすることが当該再生資源または再生部品の有効な利用を図る上で特に必要なものとして政令で定めるものをいう（二条一二項）。

⑿「指定副産物」とは、エネルギーの供給または建設工事に係る副産物であって、その全部または一部を再生資源として利用することを促進することが当該再生資源の有効な利用を図る上で特に必要なものとして政令で定める業種ごとに政令で定めるものをいう（二条一三項）。

第二款　法律の手法

(1)　計画的手法

(1)　基本方針

主務大臣（＝経済産業・国土交通・農林水産・財務・厚生労働・環境大臣）は、再生資源の利用を総合的かつ計画的に推進するため、再生資源の利用の促進に関する基本方針を定め、これを公表するものとする（三条）。

(2)　特定省資源事業者等の判断の基準の設定

主務大臣（＝事業を所管する大臣）は、副産物の発生の抑制および再生資源の利用の促進、再生資源または再生部品の利用の促進、使用済物品等の発生の抑制の促進のため、特定省資源業種、特定再利用業種、指定省資源化製品、指定再利用促進製品、指定表示製品および指定再資源化製品の六分類について、それぞれの事業者の判断の基準となるべき事項を定めるものとする（一〇条、一五条、一八条、二一条、二四条、二六条）。

(3)　再生資源の利用に関する判断の基準

再生資源の利用に関する判断の基準は、次のように定められる。

①　特定省資源業種（一〇条〜一四条）については、例えば、製鉄業では鉄鉱石等の残さ物として発生するスラグの発生抑制に努め、発生したスラグはセメントや道路の路盤材の原料として有効利用されるよう、スラグを一定の品質に加工するなどの取組を求める。

②　特定再利用業種（一五条〜一七条）については、紙製造業、ガラス製造業あるいは建設業などの業種を指定し、業種ごとに原材料のうちでの再生資源の利用率を定め、定められた期限内に達成させる。再生部品の利用としては、例えば、複写機製造業について、リースの終了等により使用済みの複写機がその製造業者に回収された段階で、再生利用可能な部品を取り出し、洗浄・検査等を行った後、新しい複写機の部品として再利用することを当該製造業者に求める。

③　指定省資源化製品（一八条〜二〇条）については、例えばパソコンの省資源化・軽量化を推進するとともに、購入後のアップグレードが可能な製品設計（長寿命化）を製造業者に求める。

④　指定再利用促進製品（二一条〜二三条）の業種については、自動車や家電製品などの製品、パソコンなどの機械類を指定し、それらの製品ごとに、製造段階で、製造者が再生資源としてリサイクルできるような材料、部品、構造となるようにすることを求める。

⑤　指定表示製品（二四条〜二五条）の業種については、清涼飲料水のアルミ缶、鉄缶、ポリエチレン缶、紙製容器包装、プラスチック容器包装などの特定の製品について、分別収集の識別のための材料等の表示をする。

⑥　指定再資源化製品（二六条〜三三条）について、主務大臣（＝事業を所管する大臣・環境大臣）は、指定再資

図表 XV—5　資源有効利用促進法に基づく指定

	業種または製品	指　定　の　要　件
特定省資源業種	スラグ	年間の粗鋼または銑鉄の生産量が3千トン以上
特定再利用業種	紙製造成 ガラス容器製造業 建設業	年間の紙の生産量が1万トン以上 年間のガラス容器の生産量が2万トン以上 年間の建設工事の施工金額が50億円以上
指定省資源化製品・指定再利用促進製品	自動車 ユニット型エアコン テレビ 電気冷蔵庫 電気洗濯機 電動工具 パソコン コードレスホン 自動車電話用通信装置 MCAシステム用通信装置 簡易無線用通信装置 アマチュア用無線機 日本語ワープロ ビデオカメラ ヘッドホンステレオ 電気掃除機 電気かみそり（電池式） 電機歯ブラシ 家庭用電気治療器 電動式玩具（自動車型）	年間の生産台数が2万5千台以上 年間の生産台数が5万台以上 年間の生産台数が5万台以上 年間の生産台数が5万台以上 年間の生産台数が5万台以上 年間の生産台数が1万台以上 年間の生産台数が1万台以上 年間の生産2千台数が台以上 年間の生産台数が3千台以上 年間の生産台数が1千台以上 年間の生産台数が1千台以上 年間の生産台数が1千台以上 年間の生産台数が1万台以上 年間の生産台数が1万台以上 年間の生産台数が1万台以上 年間の生産台数が1万台以上 年間の生産台数が1万台以上 年間の生産台数が1万台以上 年間の生産台数が1万台以上 年間の生産台数が1万台以上
指定表示製品	飲料用スチール缶 飲料用アルミ缶 酒類用缶 飲料用または醤油用PETボトル 酒類用容器 密閉型アルカリ蓄電池	
指定副産物	石炭灰 土砂、コンクリート塊、アスファルト、コンクリートの塊または木材	年間の電力の供給量が1千万kW時以上 年間の建設工事の施工金額が50億円以上

源化事業者の判断の基準となるべき事項を定め、事業者に対し取組みを求める。環境大臣は、廃棄物の処理及び清掃に関する法律の適用に当たっては、同法の規制により指定再資源化製品の円滑な自主回収および再資源化の円滑な実施が図られるよう適切な配慮をする。

⑦　電気業、建設業がその製品製造中に生ずる副産物（三四条〜三六条）について、政令で指定し、特定の工場などから発生する石炭灰などの副産物について、再利用を促進するための基準を定め実施させる。**図表XV—5**を見よ。

（2）　規制的手法

(1)　使用済指定再資源化製品の自主回収および再資源化の認定

指定再資源化事業者は、単独にまたは共同して、使用済指定再資源化製品の自主回収および再資源化を実施しようとするときは、主務大臣（＝事業を所管する大臣・環境大臣）の認定を受けることができ（二七条）、主務大臣は、認定要件に適合しなくなったと認めるときは、当該認定を取り消すことができる（二九条）。

(2)　指導および助言

主務大臣（＝事業を所管する大臣。以下同じ。）は、特定省資源事業者、特定再利用事業者、指定省資源化事業者、指定再利用促進事業者、指定再資源化事業者および指定副産物事業者について必要な指導および助言をすることができる（一一条、一六条、一九条、二二条、三一条、三五条）。

(3)　勧告および命令

主務大臣は、特定省資源事業者、特定再利用事業者、指定省資源事業者、指定再利用促進事業者、指定表示業者、指定再資源化事業者および指定副産物事業者について、それらの措置がそれぞれの事業者の判断の基準となるべき事項に照らして著しく不十分であると認めるときは、必要な措置をとるべき旨の勧告をし、勧告に従わなかったときはその旨を公表し（一三条一項・二項、一七条一項・二項、二〇条一項・二項、二三条一項・二項、二五条一項・二項、三三条一項・二項、三六条一項・二項）、なお、正当な理由がなくその勧告に係る措置をとらなかった場合に、副産物の発生抑制等、再生資源または再生部品の利用、使用済物品等の発生の抑制、再生資源または再生部品の利用の促進、使用済指定再資源か製品の自主回収および再資源化などを著しく害すると認めるときは、審議会の意見を聴いて、その勧告に係る措置をとるべきことを命ずることができる（一三条三項、一七条三項、二〇条三項、二三条三項、二五条三項、三三条三項、三六条三項）。命令に違反した者は、五十万円以下の罰金（四二条）。

(4)　報告および立入検査

主務大臣は、特定省資源事業者、特定再利用事業者、指定省資源化事業者、認定指定再資源化事業者、指定再資源化事業者および指定副産物事業者に対して、業務の状況に関し報告させ、またはその職員に、事務所、工場、事業場または倉庫に立ち入り、書類その他の物件等を検査させることができる（三七条）。報告をせず虚偽の報告をし、検査を拒み・妨げ・忌避した者は、二十万円以下の罰金（四三条）。

(5)　両罰主義

以上の罰則に関する規定は、行為者のほか、その法人などに対しても、各本条の刑を科する（四四条）。

第四節　容器包装に係る分別収集及び再商品化の促進等に関する法律（容器包装リサイクル法）

文献　大塚　直「容器包装リサイクル法の特色と課題」ジュリスト一〇

七四号（平七）、三本木　徹「容器包装に係る分別収集及び再商品化促進等に関する法律について」都市問題研究四七巻一〇号（平七）、法令解説「容器包装リサイクル法」時の法令一五一三号（平七）、厚生省生活衛生局水道環境部リサイクル法制研究会監修『改訂版容器包装リサイクル法』（平一〇・中央法規）

第一款　基　礎

（1）　法律の構成

容器包装に係る分別収集及び再商品化の促進等に関する法律（平成七・六・一六）は、八つの部分により構成されている。第一章は総則、第二章は基本方針等、第三章は再商品化計画、第四章は分別収集、第五章は再商品化の実施、第六章は指定法人、第七章は雑則、第八章は罰則について規定している。

付属法令

容器包装に係る分別収集及び再商品化の促進等に関する法律施行令（平成七・一二・一四）
容器包装に係る分別収集及び再商品化の促進等に関する法律施行規則（平成七・一二・一四）
容器包装廃棄物の分別収集に関する省令（平成七・一二・一四）
容器包装に係る分別収集及び再商品化の促進等に関する法律第二条第十項第一号に規定する委託の範囲を定める省令（平成七・一二・一四）

特定容器製造等事業者に係る特定分別基準適合物の再商品化に関する省令（平成八・一二・二七）

容器包装に係る分別収集及び再商品化の促進等に関する法律第三十五条の規定に基づく市町村長の申出に関する省令（平成八・一二・二七）

容器包装廃棄物の分別収集及び分別基準適合物の再商品化の促進等に関する基本方針（平成八・三・二五）

（2）　法律の目的

容器包装に係る分別収集及び再商品化の促進等に関する法律は、法律の目的を、「容器包装廃棄物の分別収集及びこれにより得られた分別基準適合物の再商品化を促進するための措置を講ずること等により、一般廃棄物の減量及び再生資源の十分な利用等を通じて、廃棄物の適正な処理及び資源の有効な利用の確保を図り、もって生活環境の保全及び国民経済の健全な発展に寄与することを目的とする。」と規定している（一条）。

（3）　概念規定

(1)　「容器包装」とは、商品の容器および包装であって、当該商品が費消され、または当該商品と分離された場合に不要となるものをいう（二条一項）。ガラスびん、缶、紙製の容器包装、プラスチック製の容器包装等、商品に付されたすべての容器・包装材である。

(2)　「特定容器」とは、容器包装のうち、商品の容器であるものとして主務省令（＝環境・経済産業・財務・厚生労働・農林水産大臣の発する命令。以下同じ。）で定めるものをいう（二条二項）。容器包装のうち、びん、缶、箱、袋など商品を包む事業者（中身事業者）がそれを利用する時点で既に入れ物としての形状を呈しているものである。

(3)　「特定包装」とは、容器包装のうち、特定容器以外のものをいう（二条三項）。包装紙、ラップなどである。

(4)「容器包装廃棄物」とは、容器包装が一般廃棄物となったものをいう（二条四項）。

(5)「分別収集」とは、廃棄物を分別して収集し、およびその収集した廃棄物について、必要に応じ、分別、圧縮その他環境省令で定める行為を行うことをいう（二条五項）。

(6)「分別基準適合物」とは、市町村が市町村分別収集計画に基づき容器包装廃棄物について分別収集をして得られた物のうち、環境省令で定める基準に適合するものであって、主務省令で定める設置の基準に適合する施設として主務大臣が市町村の意見を聴いて指定する施設において保管されているもの（有償または無償で譲渡できることが明らかで再商品化する必要がない物として主務省令で定めるものを除く。）をいう（二条六項）。主務省令で定めるものとは、主として鋼製の容器包装に係る物および主として紙製の容器包装であって、飲料を充てんするための容器（原材料としてアルミニウムが利用されているものを除く）に係る物である（施行規則三条）。

(7)「再商品化」とは、次の行為をいう。i自ら分別基準適合物を製品の原材料として利用すること、ii自ら燃料以外の用途で分別基準適合物を製品としてそのまま使用すること、iii分別基準適合物についてiの製品としてそのまま使用する者に有償または無償で譲渡し得る状態にすること（二条八項）。燃料として利用される製品として、炭化水素油が定められている（施行令一条）。

(8)「特定容器利用事業者」とは、その事業において、その販売する商品について、特定容器を用いる事業者であって、次の者以外の者をいう。i国、ii地方公共団体、iii特別法人また行政庁の認可を要する法人のうち、政令で定めるもの、iv中小企業基本法に規定する小規模企業者であって、その事業年度における政令で定める売上高が政令で定める金額以下であるもの（二条一一項）。

第二款　法律の手法

(一)　計画的手法

(1)　基本方針

主務大臣（＝環境・経済産業・財務・厚生労働・農林水産大臣、以下同じ。）は、容器包装廃棄物の分別収集、分別基準適合物の再商品化等を総合的かつ計画的に推進するため、容器包装廃棄物の分別収集および分別基準適合物の再商品化の促進等に関する基本方針を定めるものとする（三条一項、三九条）。

基本方針においては、次の事項を定めるものとする。ｉ容器包装廃棄物の分別収集および分別基準適合物の再商品化の促進等の基本的方向、ⅱ容器廃棄物の排出の抑制のための方策に関する事項、ⅲ容器包装廃棄物の分別収集に積極的に取り組むべき地域に関する事項および容器包装廃棄物の分別収集の促進のための方策に関する事項、ⅳ分別基準適合物の再商品化等の促進のための方策に関する事項、ｖ円滑かつ効率的な容器廃棄物の分別収集および分別基準適合物の再商品化のために必要とされる調整に関する事項、ⅵ環境保全に資するものとしての分別基準適合物の再商品化等の促進の意義に関する知識の普及に係る事項、ⅶその他容器包装廃棄物の分別収集および分別基準適合物の再商品化の促進等に関する重要事項（三条二項）。平成八年三月の基本方針では、消費者に対し買い物袋の持参やターナブル容器の選択を促すとともに、事業者に対しては使い捨て容器の排出抑制を求めている。

(2)　再商品化計画

主務大臣は、基本方針に即して、三年ごとに、五年を一期とする分別基準適合物の再商品化に関する計画を定めなければならない（七条一項）

再商品化計画においては、特定分別基準適合物ごとに、次の事項を定めるものとする。ⅰ各年度において再商品化がされる当該特定分別基準適合物の量の見込み、ⅱ当該特定分別基準適合物の再商品化をするための施設の設置に関する事項、ⅲ当該特定分別基準適合物の再商品化の具体的方策に関する事項、ⅳその他当該特定分別基準適合物の再商品化の実施に関し重要な事項（七条二項）。主務大臣は、再商品化計画を定め、または変更したときは、遅滞なく、これを公表しなければならない（七条三項）。

(3)　市町村分別収集計画

市町村は、容器包装廃棄物の分別収集をしようとするときは、三年ごとに、五年を一期とする当該市町村の区域内の容器包装廃棄物の分別収集に関する計画を定めなければならない（八条一項）。

市町村分別収集計画においては、当該市町村の区域内の容器包装廃棄物の分別収集に関し、次の事項を定めるものとする。ⅰ各年度における容器包装廃棄物の排出量の見込み、ⅱ包装容器廃棄物の排出の抑制のための方策に関する事項、ⅲ分別集収するものとした容器包装廃棄物の種類および当該容器包装廃棄物の収集に係る分別の区分、ⅳ各年度において得られる分別基準適合物の特定分別基準適合物ごとの量および分別基準適合物の量の見込み、ⅴ分別収集を実施する者に関する基本的な事項、ⅵ分別収集の用に供する施設の整備に関する事項、ⅶその他容器包装廃棄物の分別収集の実施に関し重要な事項（八条二項）。市町村分別収集計画は、基本方針に即し、かつ、再商品化計画を勘案して定めるとともに、当該市町村が定める一般廃棄物処理計画に適合するものでなければならない（八条三項）。市町村は、市町村分別集収計画を定め、または変更したときは、遅滞なく、これを都道府県知事に提出しなければならない（八条四項）。

(4)　都道府県分別収集促進計画

都道府県は、三年ごとに、五年を一期とする当該都道府県の区域内の容器包装廃棄物の分別収集の促進に関する計画を定めなければならない（九条一項）。

都道府県分別収集促進計画においては、当該都道府県の区域内の容器包装廃棄物の分別収集の促進に関し、次の事項を定めるものとする。ｉ容器包装廃棄物について、各年度における市町村の排出量の見込みおよび当該排出見込量を合算して得られる量、ⅱ分別基準適合物について各年度において得られる分別基準適合物ごとの市町村別の量の見込みおよび当該見込量を合算して得られる各年度における特定分別基準適合物ごとの量、ⅲ分別基準適合物のうち主務省令で定める物について、各年度における市町村別の量の見込みおよび当該見込量を合算して得られる量、ⅳ分別収集の促進の意義に関する知識の普及、当該都道府県の区域内における市町村相互間の分別収集に関する情報の交換の促進その他の分別収集の促進に関する事項（九条二項）。都道府県分別収集促進計画は、基本方針に即し、かつ、再商品化計画を勘案して定めなければならず、当該都道府県の区域内の市町村の定める市町村分別収集計画に適合するものでなければならない（九条三項、四項）。都道府県は、都道府県分別収集促進計画を定め、または変更したときは、遅滞なく、これを環境大臣に提出するとともに、公表しなければならない（九条五項）。

（2）　規制的手法

（1）　容器包装廃棄物の分別収集義務

市町村は、市町村分別収集計画を定めたときは、これに従って容器包装廃棄物の分別収集をしなければならない（一〇条一項）。容器包装廃棄物を分別収集するときは、当該市町村の区域内において容器包装廃棄物を排出する者が遵守すべき分別の基準を定めるとともに、これを周知させるために必要な措置を講じなければならない（一〇条二項）。分別の基準が定められたときは、当該市町村の区域内において容器包装廃棄物を排出する者は、当該基準に従い、容器包装廃棄物を適正に分別して排出しなければならない（一〇条三項）。

（2）　特定容器利用事業者の再商品化義務

特定容器利用事業者は、毎年度、その事業において用いる特定容器が属する容器包装区分に係る特定分別基準適合物について、再商品化義務量の再商品化をしなければならない（一一条一項）。

（3）　特定容器製造等事業者の再商品化義務

特定容器製造等事業者は、毎年度、その製造等をする特定容器が属する容器包装区分に係る特定分別基準適合物について、再商品化義務量の再商品化をしなければならない（一二条一項）。

（4）　特定包装利用事業者の再商品化義務

特定包装利用事業者は、毎年度、その事業において用いる特定包装が属する容器包装区分に係る特定分別基準適合物について、再商品化義務量の再商品化をしなければならない（一三条一項）。

特定容器利用事業者、特定容器製造事業者または特定包装利用事業者は、再商品化について、主務大臣（＝環境・経済産業・事業の所管大臣、以下同じ）の認定を受けなければならない（一五条）。

(5)　自主回収の認定

特定容器利用事業者、特定容器製造事業者または特定包装利用事業者は、その用いる特定容器、その製造等をする特定容器またはその用いる特定包装を自ら回収し、または他の者に委託して回収するときは、主務大臣に申し出て、その行う特定容器または特定包装の回収の方法が主務省令で定める回収率を達成するために適切なものである旨の認定を受けることができる。回収方法が回収率を達成するために不適切なものとなったと認めるときは、認定を取り消すことができる（一八条）。

(6)　指導および助言

主務大臣は、特定容器利用事業者、特定容器製造事業者または特定包装利用事業者に対し、再商品化義務量の再商品化の実施を確保するため必要があると認めるときは、当該再商品化の実施に関し必要な指導および助言をすることができる（一九条）。

(7)　勧告および命令

主務大臣は、正当な理由がなくて再商品化をしない特定容器利用事業者、特定容器製造事業者または特定包装利用事業者があるときは、当該特定事業者に対し、当該商品化をすべき旨の勧告をすることができる。勧告を受けた特定事業者が、その勧告に従わなかったときは、その旨を公表することができる。公表後、なお、正当な理由がなくてその勧告に係る措置をとらなかったときは、当該特定事業者に対し、その勧告に係る措置をとるべきことを命ずることができる（二〇条）。命令に違反した者は、五十万円以下の罰金（四六条）。

(7)　指定法人

主務大臣（＝環境・経済産業・財務・厚生労働・農林水産大臣、以下同じ。）は、公益法人について、その申請に

図表XV—6　容器包装に係る分別収集及び再商品化の促進等に関する法律のフレーム

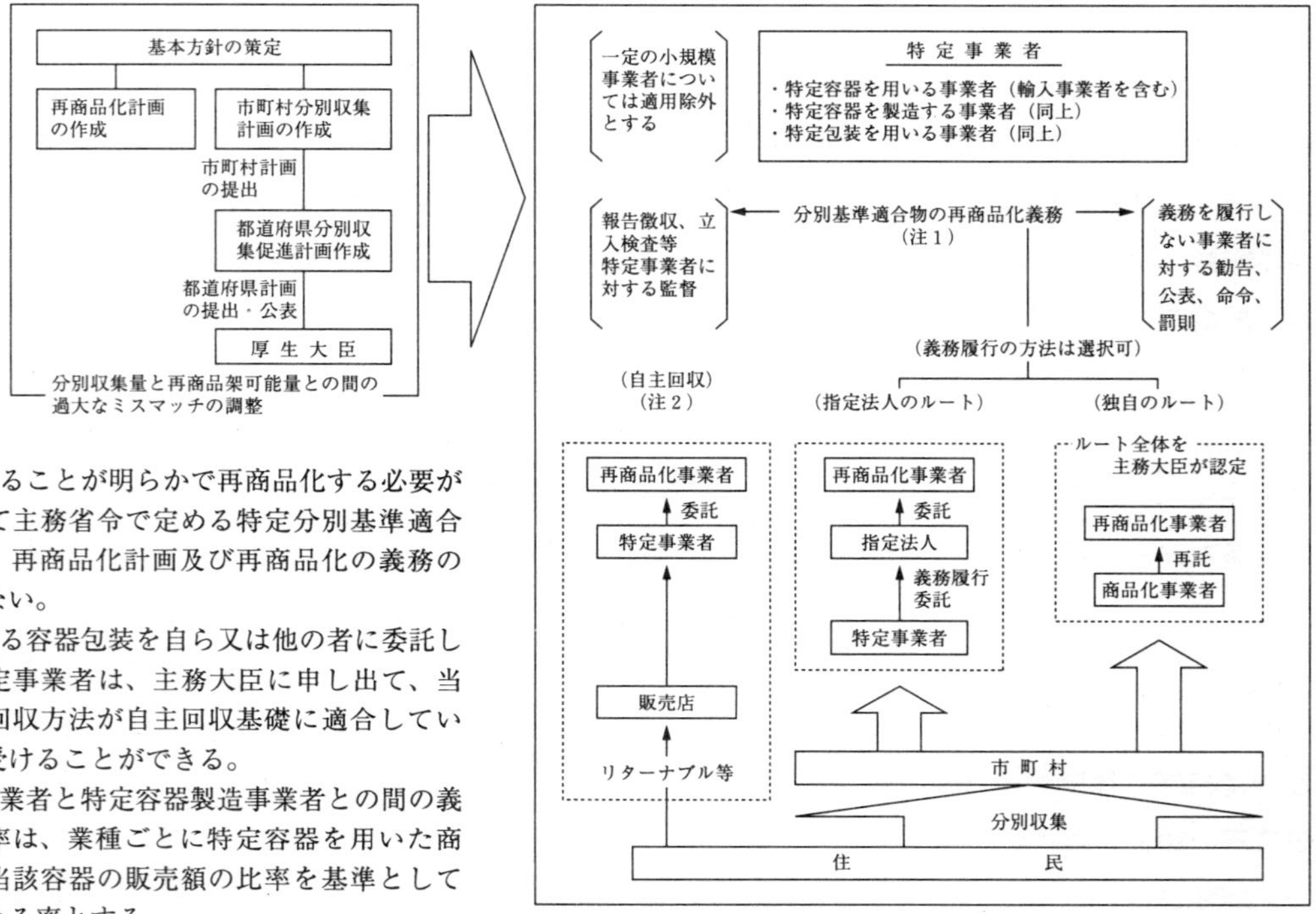

（注１）　有償で譲渡できることが明らかで再商品化する必要がないものとして主務省令で定める特定分別基準適合物については、再商品化計画及び再商品化の義務の対象とはならない。

（注２）　その付加等をする容器包装を自ら又は他の者に委託して回収する特定事業者は、主務大臣に申し出て、当該容器包装の回収方法が自主回収基礎に適合している旨の確認を受けることができる。

（注３）　特定容器利用事業者と特定容器製造事業者との間の義務量の分担比率は、業種ごとに特定容器を用いた商品の販売額と当該容器の販売額の比率を基準として主務大臣が定める率とする。

出典：通産省資料

より、再商品化業務を行う者として指定することができる（二一条）。指定法人は、特定事業者の委託を受けて分別基準適合物の再商品化をするものとする（二二条）。指定法人は、報告および立入検査、監督命令、指定の取消しなど主務大臣の監督を受ける（三〇条、三一条、三二条）。報告をせず、虚偽の報告をし、または検査を拒み、妨げ、忌避した者は、二十万円以下の罰金（四八条）。指定法人として、財団法人日本容器包装リサイクル協会が指定された。

(8) 両罰主義

以上の罰則規定については、行為者のほか、法人などに対しても、各本条の刑を科する（四九条）。

第五節　特定家庭用機器再商品化法（家電リサイクル法）

文献　法令解説「世界に先駆けて家電製品のリサイクル制度を創設▼循環型経済社会の実現に向けて」時の法令一五八五号（平一〇）、通産省機械情報産業局電気機器課編『改訂増補家電リサイクル法の解説』（平一二・通商産業調査会出版部）

第一款　基　　礎

(1) 法律の構成

特定家庭用機器再商品化法（平成一〇・六・五）は、七つの部分により構成されている。第一章は総則、第二章は基本方針等、第三章は公吏業者の収集及び運搬、第四章は製造業者等の再商品化等の実施、第五章は指定法人、第六章は雑則、第七章は罰則について規定している。

付属法令

特定家庭用機器再商品化法施行令（平成一〇・一一・二七）

特定家庭用機器廃棄物の収集及び運搬並びに再商品化等に関する基本方針（平成一一・六・二三）

(2) 法律の目的

特定家庭用機器再商品化法は、「特定家庭用機器の小売業者及び製造業者等による特定家庭用機器廃棄物の収集及び運搬並びに再商品化等に関し、これを適正かつ円滑に実施するための措置を講ずることにより、廃棄物の原料及び再生資源の十分な利用等を通じて、廃棄物の適正な処理及び資源の有効な利用の確保を図り、もって生活環境の保全及び国民経済の健全な発展に寄与することを目的とする。」と規定している（一条）。

(3) 概念規定

(1) 「再商品化」とは、i機械機器が廃棄物となったものから部品および材料を分離し、自らこれを製品の部品または原材料として利用する行為、ii機械機器が廃棄物となったものから部品および材料を分離し、これを製品の部品または原材料として利用する者に有償または無償で譲渡し得る状態にする行為をいう（二条一項）。

(2)「熱回収」とは、ⅰ機械機器が廃棄物となったものから分離した部品および材料のうち再商品化されたもの以外のものであって、燃焼の用に供することができるものまたはその可能性のあるものを熱を得ることに自ら利用する行為、ⅱ機械機器が廃棄物となったものから分離した部品および材料のうち再商品化されたもの以外のものであって、燃焼の用に供することができるものまたはその可能性のあるものを熱を得ることに利用する者に有償または無償で譲渡し得る状態にする行為をいう（二条二項）。

(3)「特定家庭用機器」とは、一般消費者が通常生活の用に供する電気機械器具その他の機械機器であって、次の要件のすべてに該当するものとして、政令で定めるものをいう。ⅰ市町村等の廃棄物の処理に関する設備および技術に照らし、当該機械機器が廃棄物となった場合におけるその商品化等が困難であると認められるもの、ⅱ当該機械機器が廃棄物となった場合におけるその商品化等が資源の有効な利用を図る上で特に必要なもののうち、当該商品化に係る経済性の面における制約が著しくないと認められるもの、ⅲ当該機械機器の設計またはその部品もしくは原材料の選択が、当該機械機器が廃棄物となった場合におけるその商品化等の実施に重要な影響を及ぼすと認められるもの、ⅳ当該機械機器の小売販売を業として行う者がその小売販売した当該機械器具の相当数を配達していることにより、当該機械機器が廃棄物となったものについて当該機械器具の小売販売を業として行う者による円滑な収集を確保できると認められるもの（二条四項）である。

なお、特定家庭用機器については、特定家庭用機器再商品化法施行令により、ⅰユニット形エアコンディショナー（ウインド形エアコンディショナーまたは室内ユニットが壁掛け形もしくは床置き形であるセパレート形エアコンディショナーに限る）、ⅱテレビジョン受信機（ブラウン管式のものに限る）、ⅲ電気冷蔵庫、ⅳ電気洗濯機の四品目が指定されている。なお、パソコンなどが対象品目に追加されることになっている。

(4)「製造業者等」とは、特定家庭用機器の製造等を業として行う者であって、「製造等」とは、特定家庭用機器を製造する行為、特定家庭用機器を輸入する行為およびそれらの行為を他の者に対し委託をする行為をいう(四条、二条六項)。

第二款　法律の手法

(1)　計画的手法

(1)　基本方針

主務大臣(厚生労働・経済産業・環境大臣、以下、同じ。)は、特定家庭用機器廃棄物の収集および運搬ならびに再商品化等を総合的かつ計画的に推進するため、特定家庭用機器廃棄物の収集および運搬ならびに再商品化等に関する基本方針を定めるものとする(三条一項)。

基本方針においては、次の事項を定めるものとする。ⅰ特定家庭用機器廃棄物の収集および運搬ならびに再商品化等の基本的方向、ⅱ特定家庭用機器廃棄物の排出の抑制のための方策に関する事項、ⅲ特定家庭用機器廃棄物の収集および運搬ならびに再商品化等の促進のための方策に関する事項、ⅳ環境の保全に資するものとしての特定家庭用機器廃棄物の再商品化等の意義に関する知識の普及に係る事項、ⅴその他特定家庭用機器廃棄物の収集および運搬ならびに再商品化等に関する重要事項(三条二項)。主務大臣は、基本方針を定め、またはこれを変更したときは、遅滞なく、これを公表しなければならない(三条三項)。

（2）　規制的手法

(1)　義　務

①　小売業者の引取義務　　小売業者は、次の場合、正当な理由がある場合を除き、特定家庭用機器廃棄物を排出する者から、当該排出者が特定家庭用機器廃棄物を排出する場所において当該特定家庭用機器廃棄物を引き取らなければならない。ⅰ自ら過去に小売販売をした特定家庭用機器に係る特定家庭用機器廃棄物の引取りを求められたとき、ⅱ特定家庭用機器の小売販売に際し、同種の特定家庭用機器に係る特定家庭用機器廃棄物の引取りを求められたとき（九条）。ⅰⅱ以外の場合は、市町村が処理する。

②　小売業者の引渡義務　　小売業者が特定家庭用機器廃棄物を引き取ったときは、自ら特定家庭用機器として再度使用する場合その他主務省令で定める場合を除き、当該特定家庭用機器廃棄物を引き取るべき製造業者または指定法人に引き渡さなければならない（一〇条）。その他主務省令で定める場合とは、再度使用し、または販売する者に有償または無償で譲渡する場合である（施行規則三条）。

③　製造業者等の引取義務　　製造業者等は、自ら製造等をした特定家庭用機器に係る特定家庭用機器廃棄物の引取りを求められたときは、正当な理由がある場合を除き、特定家庭用機器廃棄物を引き取る場所としてあらかじめ当該製造業者等が指定した場所において、その引取りを求めた者から当該家庭用機器廃棄物を引き取らなければならない（一七条）。

④　製造業者等の再商品化実施義務　　製造業者等は、特定家庭用機器廃棄物を引き取ったときは、遅滞なく、当該特定家庭用機器廃棄物の再商品化等をしなければならない。その場合、製造業者等は、政令で定める特定家庭用機器廃棄物ごとに、生活環境の保全に資する事項であって、当該再商品化等の実施と一体的に行うことが特

に必要かつ適切であるものとして政令で定める事項を実施しなければならない（一八条）。

i　製造業者等の再商品化等の基準　製造業者等は、引き取った特定家庭用機器廃棄物について、毎年度、特定家庭用機器廃棄物ごとに政令で定める再商品化等を実施すべき量に関する基準に従い、その再商品化等をしなければならず、再商品化等をしたときは、その状況について公表するよう努めなければならない（二二条）。

ii　再商品化等の認定　製造業者等は、特定家庭用機器廃棄物の再商品化等をしようとするときは、次のことについて、主務大臣の認定を受けなければならない。ただし、特定製造業者が指定法人に委託して再商品化等をしようとするときは、この限りでない。一、当該再商品化等に必要な行為を実施する者が主務省令で定める基準に適合していること、二、その者が主務省令で定める基準に適合する施設を有すること（二三条）。

⑤　指定引取場所の配置等　製造業者等は、指定引取場所の設置に当たっては、円滑な引渡しが確保されるよう適正に配置しなければならない。指定引取場所を指定したときは、その位置について、遅滞なく、公表しなければならない。変更したときも、同様（二九条）。

(2)　指導および助言

①　小売業者に対する指導および助言　主務大臣は、小売業者に対し、特定家庭用機器廃棄物の引取りまたは引渡しの実施を確保するため必要があると認めるときは、当該引取りまたは引渡しの実施に関し必要な指導および助言をすることができる（一五条）。

②　製造業者等に対する指導および助言　主務大臣は、製造業者等に対し、小売業者に対すると同様、当該引取りまたは再商品化等に必要な行為の実施に関し指導および助言をすることができる（二七条）。

(3)　勧告および命令

①　小売業者に対する勧告および命令　主務大臣は、正当な理由がなくて引取りまたは引渡しをしない小売業者があるときは、当該小売業者に対し、当該引取りまたは引渡しをすべき旨の勧告をすることができる。この場合、小売業者が、正当な理由がなくてその勧告に係る措置をとらなかったときは、当該小売業者に対し、その勧告に係る措置をとるべきことを命ずることができる（一六条）。命令に違反した者は、五十万円以下の罰金（五八条）。

②　製造業者等に対する勧告および命令　主務大臣は、当該製造業者等に対し、小売業者に対すると同様、当該引取りまたは再商品化等に必要な行為をすべき旨の勧告をすることができる。この場合、製造業者等が、正当な理由がなくてその勧告に係る措置をとらなかったときは、当該製造業者等に対し、その勧告に係る措置をとるべきことを命ずることができる（二八条）。命令に違反した者は、五十万円以下の罰金（五八条）。

(4)　指定法人

主務大臣は、公益法人であつて、再商品化業務を適正かつ確実に行うことができると認められるものを、主務省令で定める区分ごとに、その申請により、指定法人として指定することができる（三二条）。指定法人の業務は次の通り。ⅰ特定製造業者等の委託を受けて、特定家庭用機器廃棄物の再商品化等に必要な行為を実施すること、ⅱ引取義務を有する製造業者等が存せず、または確知することができない特定家庭用機器廃棄物の再商品化等に必要な行為を実施すること、ⅲ市町村長の申出を受けて、主務大臣が特定家庭用機器廃棄物の引渡しに支障が生じている地域として主務省令で定める条件に該当する旨を公示した地域をその区域とする市町村または当該地域の住民からの求めに応じ、市町村の収集した特定家庭用機器廃棄物または当該住民が排出する特定家庭用機器廃棄物をその再商品化等をすべき者へ引き渡すこと、iv特定家庭用機器廃棄物の排出・収集および運搬・再商品化等の実施に関する調査、特定家庭用機器廃棄物の適正な排出・収集および運搬・再商品化等の実施の確保に関する普及・啓発を行うこと、v特定家庭用機器廃棄物の収集および運搬・再商品化等の実施に関し、排出者、市町村等の照会に応じ、これを処理すること（三三条）。

①　再商品化等業務規程についての認可義務など　　指定法人は、再商品化等業務の実施方法、委託料金額の算出方法などの事項について再商品化等業務規程を定め、主務大臣の認可を受けなければならず、毎年度、再商品化業務に関し事業計画および収支予算書を作成し、主務大臣の認可を受け、毎事業年度終了後、事業報告書および収支決算書を作成し、主務大臣に提出しなければならない（三五条、三六条）。

②　報告および立入検査　　主務大臣は、指定法人に対し、再商品化等業務もしくは資産の状況に関し必要な報告をさせ、またはその職員に指定法人の事務所に立ち入り、再商品化等業務の状況もしくは帳簿、書類その他の物件を検査させることができる（四〇条）。報告をせず、虚偽の報告をしたとき、または検査を拒み、妨げ、忌避したときは、違反行為をした法人の役員または職員は、三十万円以下の罰金（五九条）。

③　監督命令　　主務大臣は、指定法人に対し、再商品化等業務に関し監督上必要な命令をすることができる（四一条）。

④　指定の取消し　　主務大臣は、指定法人が次のいずれかに該当するときは、指定を取り消すことができる。i再商品化等業務を適正かつ確実に実施することができないと認められるとき、ii指定に関し不正の行為があったとき、iii指定法人に関する規定、その規定に基づく命令・処分に違反したとき、または再商品化等業務規程によらないで再商品化等業務を行ったとき（四二条）。

(5)　特定家庭用機器廃棄物に係る管理票

小売業者は、排出者から特定家庭用機器廃棄物を引き取るときは、主務省令で定める場合を除き、特定家庭用機器廃棄物管理票に主務省令で定める事項を記載し、当該排出者に当該管理票の写しを交付しなければならない。排出者から特定家庭用機器廃棄物を引き取った小売業者は、当該廃棄物を引き取るべき製造業者等に当該廃棄物を引き渡すときは、当該再商品化等実施者（当該廃棄物を引き取るべき製造業者または指定法人）に主務省令で定める事項を記載した管理票を交付しなければならない。

再商品化等実施者は、小売業者から特定家庭用機器廃棄物を引き取るときは、交付された管理票に主務省令で定める事項を記載し、当該小売業者に当該管理票を回付しなければならない。この場合、再商品化等実施者は、管理票の写しを主務省令で定める期間保存しなければならない。小売業者は、管理票の回付を受けたときは、当該管理票を主務省令で定める期間保存し、排出者からその閲覧の申出があったときは、正当な理由がなければ、これを拒んではならない（四三条）。

指定法人は、排出者から特定家庭用機器廃棄物を引き取る場合であって、当該廃棄物を引き取るべき製造業者等があるときは、管理票に主務省令で定める事項を記載し、当該排出者に当該管理票の写しを交付しなければならない。排出者から特定家庭用機器廃棄物を引き取った指定法人は、当該廃棄物を引き取るべき製造業者等に当該廃棄物を引き渡すときは、当該製造業者等に主務省令で定める事項を記載した管理票を交付しなければならない。製造業者等は、指定法人から特定家庭用機器廃棄物を引き取るときは、交付された管理票に主務省令で定める事項を記載し、当該指定法人に当該管理票を回付しなければならない。この場合、当該製造業者等は、管理票の写しを主務省令で定める期間保存しなければならない。指定法人は、管理票の回付を受けたときは、当該管理票を主務省令で定める期間保存し、排出者からその閲覧の申出があったときは、正当な理由がなければ、これを拒んではならない（四四条）。

小売業者または指定法人は、特定家庭用機器廃棄物の収集または運搬を他の者に委託して行うときは、受託した者に管理票に関する事務の全部または一部を委託することができる（四五条）。

(5) 料　金

① 小売業者　小売業者は、当該家庭用機器廃棄物の排出者に対し、当該特定家庭用機器廃棄物を引き取るべき製造業者または指定法人に引き渡すために行う収集および運搬に関し、料金を請求することができる（一一条）。また、小売業者は、当該特定家庭用機器廃棄物を引き渡すべき者が、当該特定家庭用機器廃棄物の引取りに際し、その再商品化等に必要な行為に関し請求する料金を、当該特定家庭用機器廃棄物の排出者に対し、請求することができる。ただし、当該家庭用機器廃棄物を引き取るべき製造業者等または指定法人が当該小売業者の引取りに先立って、料金を受領している場合として主務省令で定める場合は、この限りでない（一一条）。

小売業者は、料金について、あらかじめ、公表しなければならない。変更するときも同様（一三条）。主務大臣（＝厚生労働・経済産業大臣、以下同じ。）は、公表した料金が適正な原価を著しく超えていると認めるときは、当該小売業者に対し、期限を定めて、公表した料金を変更すべき旨を勧告することができ、正当な理由がなくて勧告に係る措置をとらなかった場合、特に必要があると認めるときは、その勧告に係る措置をとるべきことを命ずることができる（一四条）。命令に違反した者は、五十万円以下の罰金（五八条）。小売業者の収集運搬料金は一、五〇〇〜二、〇〇〇円程度である。

② 製造業者等　製造業者等は、特定家庭用機器廃棄物の引取りを求められたときは、当該特定家庭用機器

廃棄物の引取りを求めた者に対し、再商品化等に必要な行為に関し、料金を請求することができる。ただし、当該製造業者等がその引取りに先立って当該料金を受領している場合として主務省令で定める場合は、この限りでない（一九条）。製造業者等は、料金について、あらかじめ、公表しなければならない。変更するときも同様（二〇条）。主務大臣は公表した料金について変更すべき旨の勧告をすることができ、勧告に係る措置をとるべきことを命ずることができる（二一条）。命令に違反した者は、五十万円以下の罰金（五八条）。大手メーカーが公表したリサイクル料金は、エアコン三五〇〇円、ブラウンカン管式テレビ二七〇〇円、電気冷蔵庫四六〇〇円、電気洗濯機二四〇〇円である。リサイクル料金は、購入時の価格に上乗せする前払い方式ではなく、後払い方式である。

③　指定法人　指定法人は、その業務に関する料金について、あらかじめ、公表しなければならない。これを変更するときも、同様とする。指定法人は、特定家庭用機器を使用する者から求められたときは、公表された料金について、その者に示さなければならない（三四条）。

(6)　両罰主義

罰則規定については、行為者のほか、法人などに対しても、各本条の刑を科する（六一条）。

（3）　廃棄物処理法との関係

特定家庭用機器廃棄物の再商品化等の実施を適正かつ円滑に進めるため、廃棄物処理法との関係で一定の特例措置が設けられている。例えば、小売業者については、その者が自ら特定家庭用機器廃棄物の収集運搬を行う場合は、廃棄物処理法の廃棄物収集運搬の業の許可の取得は必要がないし（ただし、委託して収集運搬を行う場合は、廃棄物収集運搬業者に委託することになる）、製造業者については、主務大臣の認定を受けた範囲で、廃棄物収集運

図表XV—７　特定家庭用機器再商品化法の概要

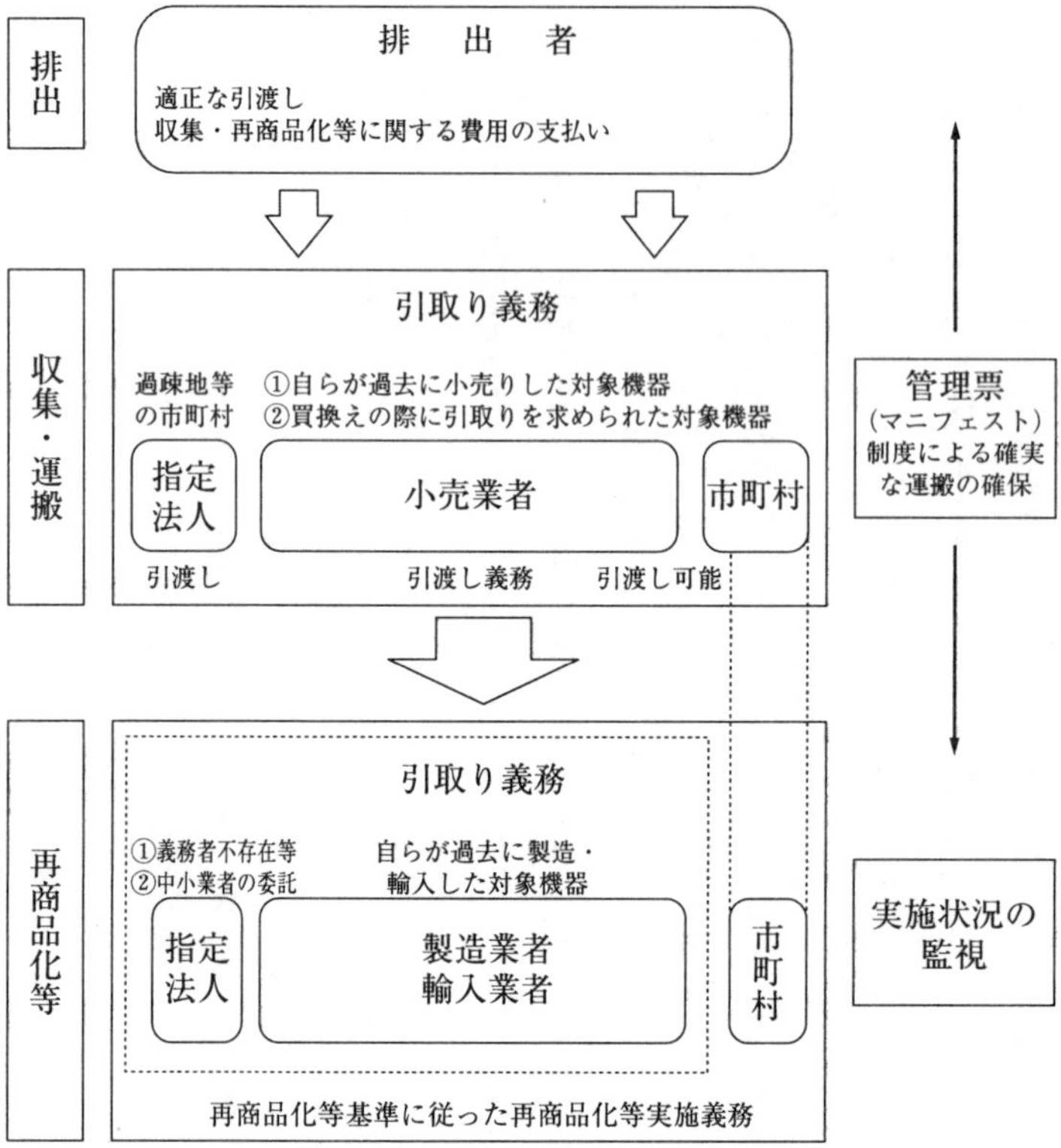
排出
排　出　者
適正な引渡し
収集・再商品化等に関する費用の支払い
収集・運搬
引取り義務
過疎地等の市町村
①自らが過去に小売りした対象機器
②買換えの際に引取りを求められた対象機器
指定法人
小売業者
市町村
引渡し
引渡し義務
引渡し可能
管理票（マニフェスト）制度による確実な運搬の確保
再商品化等
引取り義務
①義務者不存在等
②中小業者の委託
自らが過去に製造・輸入した対象機器
指定法人
製造業者
輸入業者
市町村
再商品化等基準に従った再商品化等実施義務
実施状況の監視

搬・処分業の許可の取得が必要ないものとなる（五〇条）。

第六節　建設工事に係る資材の再資源化に関する法律（建設リサイクル法）

文献　法令解説「建築廃棄物のリサイクルの推進」時の法令一六三一号（平一二）

第一款　基　礎

（1）　法律の構成

建設工事に係る資材の再資源化に関する法律（平成一二・五・三一）は、七つの部分により構成されている。第一章は総則、第二章は基本方針等、第三章は分別解体等の実施、第四章は再資源化等の実施、第五章は解体工事業、第六章は雑則、第七章は罰則について規定している。

付属法令

建設工事に係る資材の再資源化に関する法律施行令（平成一二・一一・二九）

（2）　法律の目的

建設工事に係る資材の再資源化に関する法律は、「特定の建設資材について、その分別解体等及び再資源化等を促進するための措置を講ずるとともに、……資源の有効な利用の確保及び廃棄物の適正な処理を図り、もって生活環境の保全及び国民経済の健全な発展に寄与することを目的とする。」と規定している。

（3）　概念規定

(1)　「建築資材」とは、土木建設に関する工事に使用する資材をいう（二条一項）。

(2)　「分別解体等」とは、次の工事の種別に応じ、それぞれ定められた行為をいう。ⅰ建築物その他の工作物の全部または一部を解体する建設工事　建築物等に用いられた建築資材に係る建築資材廃棄物をその種類ごと分別しつつ当該工事を計画的に施行する行為、ⅱ建築物等の新築その他の解体工事以外の建設工事　当該工事に伴い副次的に生ずる建設資材廃棄物をその種類ごとに分別しつつ当該工事を施工する行為（二条三項）。

(3)　「再資源化」とは、次に掲げる行為であって、分別解体等に伴って生じた建築資材廃棄物の運搬または処分（再生することを含む。）に該当するものをいう。ⅰ分別解体等に伴って生じた建築資材廃棄物について、資材または原材料として利用すること（建設資材廃棄物をそのまま用いることを除く。）ができる状態にする行為、ⅱ分別解体等に伴って生じた建築資材廃棄物であって、燃焼の用に供することができるものまたはその可能性のあるものについて、熱を得ることに利用することができる状態にする行為（二条四項）。

具体的には、ⅰコンクリートについては、破砕し、再生クラッシャーラン、再生コンクリート砂、再生粒度調整砕石等として、道路舗装等の路盤材、土木構造物の裏込材、コンクリート用骨材等として利用できるようにすること、ⅱ木材については、チップ化し、その品質に応じて製紙、パーティクルボード、堆肥等の原材料として利用できるようにすること、ⅲアスファルト・コンクリートについては、破砕し、再生加熱アスファルト安定処理混合物、表層基層用再生加熱アスファルト混合物として、道路舗装等の上層路盤材、基層用材料および表層用材料として利用できるようにすること、またコンクリートと同様に、破砕し、再生クラッシャーラン、再生粒度調整砕石等として路盤材等に利用できるようにすること、である。

(4)　「特定建築資材」とは、コンクリート、木材その他建設資材のうち、建築資材廃棄物となった場合におけるその再資源化が資源の有効な利用および廃棄物の減量を図る上で特に必要であり、かつ、その再資源化が経済性の面において制約が著しくないと認められるものとして政令で定めるものをいう（二条五項）。コンクリート、コンクリートおよび鉄からなる建築資材（例えば、鉄筋コンクリート、プレストレスコンクリート等）、木材ならびにアスファルト・コンクリートが指定されているが、プラスチック類や瓦・ガラス等は指定されていない。

第二款　法律の手法

（1）　計画的手法

(1)　基本方針等

主務大臣（＝国土交通・環境・農林水産・経済産業大臣。以下同じ。）は、建設工事に係る資材の有効な利用の確保および廃棄物の適正な処理を図るため、特定建設資材に係る分別解体および特定建設資材廃棄物の再資源化等の促進に関する基本方針を定めるものとする。

基本方針においては、次の事項を定めるものとする。ⅰ特定建設資材に係る分別解体および特定建設資材廃棄物の再資源化等の基本方向、ⅱ特定建設資材廃棄物の排出の抑制のための方策に関する事項、ⅲ特定建設資材廃棄物の再資源化等に関する目標の設定その他特定建設資材廃棄物の再資源化等の促進のための方策に関する事項、ⅳ特定建設資材廃棄物の再資源化により得られた物の利用の促進のための方策に関する事項、ⅴ環境の保全に資するものとしての特定建設資材に係る分別解体等、特定建設資材廃棄物の再資源化等および特定建設資材廃棄物の再資源化により得られた物の利用の意義に関する知識の普及に係る事項、viその他特定建設資材に係る分別解体等および特定建設資材廃棄物の再資源化等の促進等に関する重要事項。主務大臣は、基本方針を定め、またはこれを変更したときは、遅滞なく、公表しなければならない（三条）。

(2)　実施に関する指針

都道府県知事は、基本方針に即し、当該都道府県における特定建設資材に係る分別解体等および特定建設資材廃棄物の再資源化等の促進等の実施に関する指針を定めるものとする（四条）。

（2）　規制的手法

(1)　分別解体実施義務

特定建設資材を用いた建築物等に係る解体工事またはその施工に特定建築資材を使用する新築工事であって、その規模が建設工事の規模に関する基準以上のもの（以下「対象建設工事」という。）の受注者またはこれを請負契約によらないで自ら施工する者は、正当な理由がある場合を除き、分別解体等をしなければならない（九条一項）。分別解体等は、特定建設資材廃棄物をその種類ごとに分別することを確保するための適切な施工方法に関する基準として主務省令（＝国土交通・環境大臣の発する命令）で定める基準に従い、行わなければならない（九条二項）。

施工方法に関する基準は、例えば建築物の解体工事を行う場合の手順としては、i建築物の主要構造部分の解体に先立ち、電気・ガス、冷暖房等の設備、畳・障子・ドア等の内装材・内回り家具、天井・間仕切り壁等の造作材、外回り建具、瓦等の屋根ふき材を分別しながら撤去する。ii外装材については、外装材の材質を確認し、主要構造部分を構成する材質と異なる場合は、他の資材と混ざらないように分別する。iii要構造部分を解体する。その際、木材については、柱材と板材とを分別するように配慮する。コンクリートについては、二次破砕（小割）を行うとともに鉄筋等を分別する。iv基礎、外構については、特定建設資材をそれぞれ他の品目や土砂と混ざらないように分別する。その際、コンクリートについては、二次破砕（小割）を行うとともに鉄筋等を分別する。なお、分別解体等の過程においては、フロン、非飛散性アスベスト等の取扱には十分注意し、大気中への拡散、飛散を防止する必要がある。分別解体等の義務づけにより、対象建設工事については、ミンチ解体を行い、さまざまな種類の廃棄物を混合して排出することは禁止される。

対象建設工事の規模の基準は、政令で定める（九条三項）。それは、i建築物に係る解体工事は、当該工事に係る延べ面積が八〇平方メートル以上、ii建築物に係る新築工事等（修繕のみを行うものを除く）は、当該工事に係る延べ面積が五〇〇平方メートル以上、iii土木工事に係る建設工事は、当該工事の施工金額が五〇〇万円以上である。

都道府県は、当該都道府県の区域のうち、政令で定める基準によっては当該区域において生じる特定建設資材廃棄物をその再資源化等により減量することが十分でないと認められる区域があるときは、当該区域について、条例で、政令で定める基準に代えて適用すべき建築工事の規模に関する基準を定めることができる（九条四項）。いわゆる上乗せ条例である。

(2)　再資源化等実施義務

対象建設工事受注者は、分別解体等に伴って生じた特定建設資材廃棄物について、再資源化をしなければならない。ただし、政令で定めるものに該当する特定建設資材廃棄物について、主務省令で定める距離に関する基準の範囲内に再資源化するための施設が存しない場所で工事を施工する場合など、主務省令で定める場合には、再資源化に代えて縮減をすれば足りる（一六条）。都道府県は、必要と認めるときは、条例で、政令で定める距離に関する基準に代えて適用すべき距離に関する基準を定めることができる（一七条）。

対象建設工事の元請業者は、当該工事に係る特定建設資材廃棄物の再資源化等が完了したときは、その旨を当該工事の発注者に書面で報告するとともに、当該再資源化等の実施状況に関する記録を作成し、これを保存しなければならない（一八条）。

(3)　分別解体等および再資源化等の実施の流れ

①　発注者から都道府県知事への工事の届出　　対象建設工事の発注者または自主施工者は、工事に着手する日の七日前までに、次の事項を都道府県知事に届け出なければならない。ⅰ解体工事である場合においては、解体する建築物等の構造、ⅱ新築工事である場合においては、使用する特定建設資材の種類、ⅲ工事着手の時期および工程の概要、ⅳ分別解体等の計画、ⅴ解体工事である場合においては、解体する建築物等に用いられた建設資材の量の見込み、ⅵその他主務省令（＝国土交通大臣の発する命令）で定める事項（一〇条一項）。届出をせず、または虚偽の届出をした者は二十万円以下の罰金（五〇条）。

対象建設工事に係る届出があった場合において、分別解体等に係る計画が技術基準に適合していないときには、都道府県知事は、分別解体等の計画の変更等の命令を行うことができる（一〇条三項）。命令に違反した者は三十万円以下の罰金（五〇条）。

②　元請業者から発注者への説明　　対象建設工事を発注しようとする者から直接当該工事を請け負おうとする建設業を営む者は、当該発注しようとする者に対し、少なくとも①のⅰ～ⅴまでに掲げる事項について、書面

を交付して説明しなければならない（一二条一項）。

③　元請業者等から下請業者への告知　対象建設工事受注者は、その請け負った建設工事の全部または一部を他の建設業を営む者に請け負わせようとするときは、当該他の建設業を営む者に対し、当該建設工事について都道府県知事に届け出られた事項を告げなければならない（一二条二項）。この告知は、例えば第二次の下請け業者まで存在する場合、一次下請業者に対しては元請業者が、二次下請業者に対しては一次下請業者が、それぞれ行う。

④　分解解体等および再資源化等の実施　受注者は、分解解体等および再資源化等を実施する。この場合、元請業者は、下請負人が分別解体等を適切に実施するよう指導するとともに（建設業法二四条の六）、各下請負人が自ら施工する建設工事の施工に伴って生じる特定建設資材廃棄物の再資源化等を適切に行うよう、各下請負人の施工の分担関係に応じて、各下請負人の指導に努めなければならない（三九条）。

⑤　元請業者から発注者への報告　元請業者は、再資源化等が完了したときは、その旨を発注者に書面で報告（政令で定めるところにより、発注者の承諾を得て、電子メール等の情報通信技術を利用することもできる。）するとともに、再資源化等の実施状況に関する記録を作成し、これを保存しなければならない（一八条一項、三項）。

(4)　解体工事業者の登録

解体工事業を営もうとする者は、当該業を行おうとする区域を管轄する都道府県知事の登録を受けなければならない。登録は、五年ごとにその更新を受けなければ、その期間の経過によって、その効力を失う（二一条）。解体工事業者は、工事現場における解体工事の施工の技術上の管理をつかさどる者で主務省令（＝国土交通大臣の発する命令）で定める基準に適合する技術管理者を選任しなければならない（三一条）。登録を受けないで工事を

図表 XV―8　分別解体等及び再資源化等の手続

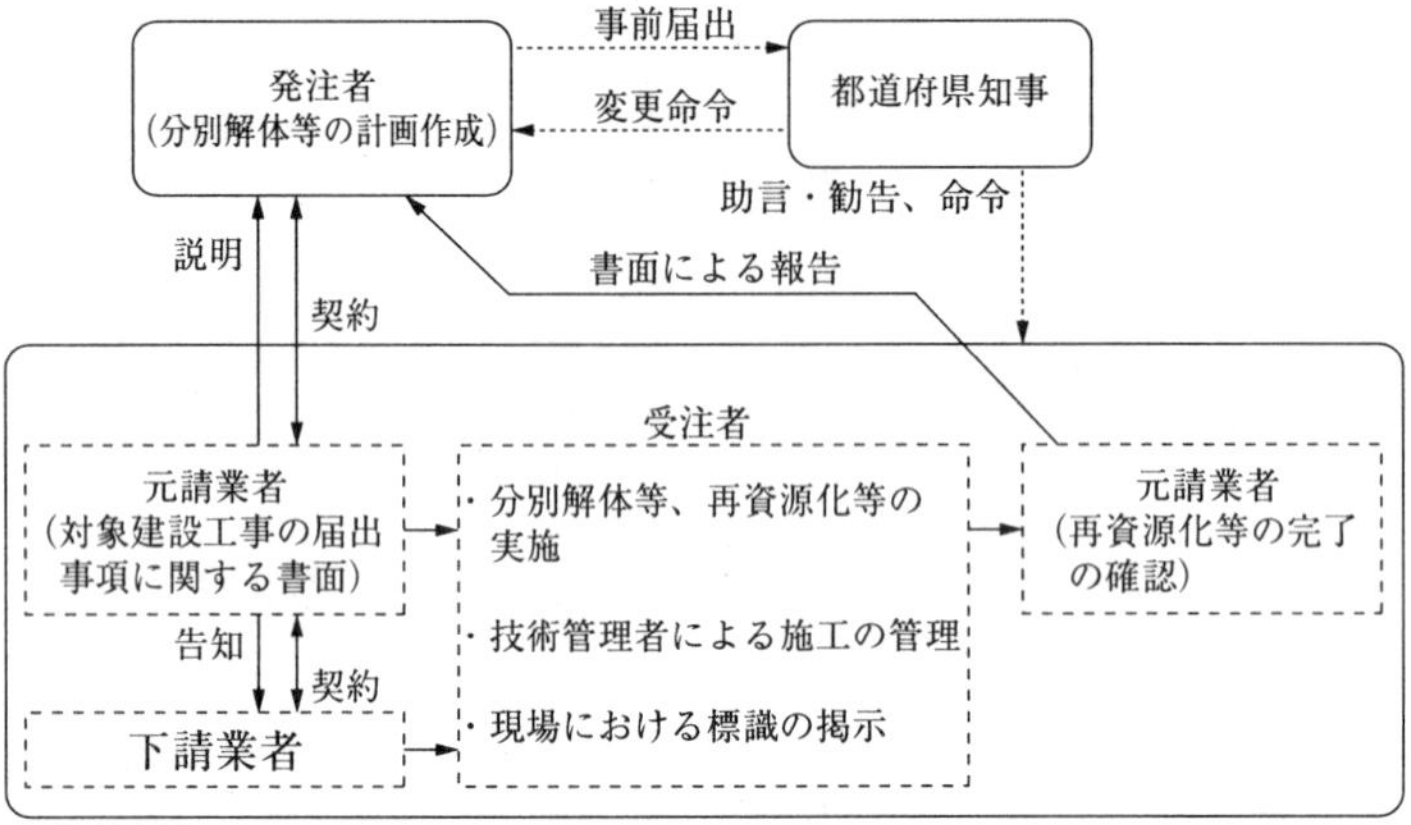

建設省資料

した者、不正の手段で登録を受けた者などは、一年以下の懲役または五十万円以下の罰金（四八条）。

(5)　解体工事業者の登録変更の届出

解体工事業者の登録の事項に変更があったときは、その日から三十日以内に、その旨を都道府県知事に届け出なければならない（二五条）。届出をせず、または虚偽の届出をした者は三十万円以下の罰金（五〇条）。

(6)　助言または勧告

都道府県知事は、対象建設工事受注者または自主施工者に対し、必要な助言または勧告をすることができる（一四条、一九条）。

(7)　報告および検査

都道府県知事は、解体工事業を営む者に対して、特に必要があると認めるときは、その業務または工事施工の状況につき、必要な報告をさせ、またはその職員をして営業所その他営業に関係のある場所に立ち入り、帳簿、書類その他の物件を検査し、もしくは関係者に質問させることができる（三七条）。

都道府県知事は、対象建設工事の発注者、自主施工者または対象建設工事受注者に対し、特定建設資材に係る分別解体等の実施の状況に関し報告させることができ、対象建設工事受注者に対し、特定建設資材廃棄物の再資源化等の実施の状況に関し報告させることができる（四二条）。また、都道府県知事は、その職員に、対象建設工事の現場または対象建設工事受注者の営業所その他営業に関係のある場所に立ち入り、帳簿、書類その他の物件を検査させることができる（四三条）。

報告をせず、虚偽の報告をした者、検査を拒み、妨げ、もしくは忌避し、または質問に対して答弁せず、もしくは虚偽の答弁をした者は、二十万円以下の罰金（五一条）。

(8)　命　令

都道府県知事は、対象建設工事受注者または自主施工者に対し、分別解体等の方法の変更その他必要な措置をとるべきことを命ずることができ（一五条）、対象建設工事受注者に対し、特定建設資材廃棄物の再資源化等の方法の変更その他必要な措置をとるべきことを命ずることができる（二〇条）。命令に違反した者は、五十万円以下の罰金（四九条）。

(9)　両 罰 主 義

以上、罰則に関する規定は、行為者のほか、法人などに対しても、各本条の罰金刑が科せられる（五二条）。

第七節　食品循環資源の再生利用等の促進に関する法律（食品リサイクル法）

第一款　基　礎

（1）法律の構成

食品循環資源の再生利用等の促進に関する法律（平成一二・六・七）は、七つの部分から成っている。第一章は総則、第二章は基本方針等、第三章は食品関連事業者の再生利用等の実施、第四章は登録再生利用事業者、第五章は再生利用計画、第六章は雑則、第七章は罰則について規定している。

（2）法律の目的

食品循環資源の再生利用等の促進に関する法律は、「食品循環資源の再生利用並びに食品廃棄物等の発生の抑制及び減量に関し基本的事項を定めるとともに、食品関連事業者による食品循環資源の再利用を促進するための措置を講ずることにより、食品に係る資源の有効な利用の確保及び食品に係る廃棄物の排出の抑制を図るとともに、食品の製造等の事業の健全な発展を促進し、もって生活環境の保全及び国民経済の健全な発展に寄与することを目的とする。」と規定している。

（3）概念規定

(1)「食品」とは、飲食料品のうち薬事法に規定する医薬品および医薬部外品以外のものをいう（二条一項）。

(2)「食品廃棄物等」とは、ⅰ食品が食用に供された後に、または食用に供されずに廃棄されたもの、ⅱ食品の製造、加工または調理の過程において副次的に得られた物品のうち食用に供することができないものをいう（二条二項）。

(3)「食品循環資源」とは、食品廃棄物等のうち有用なものをいう（二条三項）。

(4)「食品関連事業者」とは、ⅰ食品の製造、加工、卸売または小売を業として行う者、ⅱ飲食店業その他食事の提供を伴う事業として政令で定めるものを行う者をいう（二条四項）。

(5)「再生利用」とは、次の行為をいう。ⅰ自らまたは他人に委託して食品循環資源を肥料、飼料その他政令で定める製品の原材料として利用すること、ⅱ食品循環資源を肥料、飼料その他政令で定める製品の原材料として利用するために譲渡すること（二条五項）。

(6)「減量」とは、脱水、乾燥その他の主務省令で定める方法により食品廃棄物等の量を減少させることをいう（二条六項）。

第二款　法律の手法

（1）計画的手法

(1) 基本方針

主務大臣（＝農林水産・環境・財務・厚生労働・経済産業・国土交通大臣。以下同じ。）は、食品循環資源の再生利用ならびに食品廃棄物等の発生の抑制および減量を総合的かつ計画的に推進するため、食品循環資源の再利用等の促進に関する基本方針を定めるものとする（三条一項）。

基本方針においては、次の事項を定めるものとする。ⅰ食品循環資源の再生利用等の促進の基本的方向、ⅱ食品循環資源の再生利用等を実施すべき量に関する目標、ⅲ食品循環資源の再生利用等の促進のための措置に関する事項、ⅳ環境の保全に資するものとしての食品循環資源の再利用等の促進の意義に関する知識の普及に係る事項、ⅴその他食品循環資源の再生利用等の促進に関する重要事項。主務大臣は、基本方針を定め、またはこれを改定しようとするときは、関係行政機関の長に協議するとともに、食料・農業・農村政策審議会の意見を聴かなければならず、また遅滞なく公表しなければならない（三条）。

(2)　食品関連事業者の判断の基準となるべき事項

主務大臣（＝農林水産・環境・事業を所管する大臣以下同じ。）は、主務省令で、食品循環資源の再生利用等を実施すべき量に関する目標を達成するために取り組むべき措置その他の措置に関し、食品関連事業者の判断の基準となるべき事項を定めるものとする。判断の基準となるべき事項は、食品循環資源の再生利用等の状況、食品循環資源の再生利用等の促進に関する技術水準その他の事情を勘案して定め、これらの事情の変動に応じて必要な改定をするものとし、この場合、食料・農業・農村政策審議会の意見を聴かなければならない（七条）。

（2）　規制的手法

(1)　再生利用事業者の登録

食品循環資源を原材料とする肥料、飼料その他政令で定める製品の製造を業として行う者は、その事業場について、主務大臣の登録を受けることができる（一〇条）。登録は、五年ごとにその更新を受けなければ、その期間の経過によって、その効力を失う（一一条）。主務大臣は、登録再生利用事業者が次のいずれかに該当するときは、登録を取り消すことができる。ⅰ不正な手段により登録またはその更新を受けたとき、ⅱ再生利用事業の内容が生活環境の保全上支障がないものとして主務省令で定める基準に適合せず、再生利用事業を効率的に実施するに足りるものとして主務省令で定める基準に適合しないとき、十分な経理的基礎を有しないとき、iii法令に違反したとき（一六条）。

(3)　再生利用事業計画の認定

食品関連事業者または食品関連事業者を構成員とする事業協同組合その他の政令で定める法人は、特定肥飼料等の製造を業として行う者および農林漁業者等または農林漁業者等を構成員とする農業協同組合その他の政令で定める法人と共同して、再生利用事業の実施および当該再生利用事業により得られた特定肥飼料等の利用に関する計画を作成し、これを主務大臣に提出して、当該再生利用事業計画が適当である旨の認定を受けることができる。再生利用事業計画には、再生利用事業を行う事業場の名称及び所在地、特定肥飼料等の製造の用に供する施設の種類および規模、特定肥飼料等を保管する施設およびこれを販売する事業場の所在地などを記載しなければならない（一八条）。

主務大臣は、認定事業者が再生利用事業計画に従って再生利用事業を実施しておらず、または当該再生利用事業により得られた特定肥飼料等を利用していないと認めるときは、その認定を取り消すことができる（一九条二項）。

(3)　指導および助言

主務大臣は、食品循環資源の再生利用等の適確な実施を確保するため必要があると認めるときは、食品関連事業者に対し、食品循環資源の再生利用等について必要な指導および助言をすることができる（八条）。

(4)　勧告および命令

主務大臣は、食品関連事業者であって、その事業活動に伴い生ずる食品廃棄物等の発生量が政令で定める要件に該当するものの食品循環資源の再生利用等が食品関連事業者の判断の基準となるべき事項に照らして著しく不十分であると認めるときは、当該食品関連事業者に対し、その判断の根拠を示して、必要な措置をとるべき旨を勧告することができ、勧告に従わなかったときは、その旨を公表することができる（九条一項、二項）。なお、正当な理由がなくてその勧告に係る措置をとらなかった場合において、食品循環資源の再生利用等の促進を著しく害すると認めるときは、食料・農業・農村政策審議会の意見を聴いて、当該食品関連事業者に対し、その勧告に係る措置をとるべきことを命ずることができる（九条三項）。命令に違反した者は五十万円以下の罰金（二六条）。

(5)　報告徴収および立入検査

主務大臣は、食品関連事業者、認定事業者または登録再生利用事業者に対し、食品循環資源の再生利用等または再生利用事業の実施の状況を報告させ、またはその職員に、これらの者の事務所、工場、事業場もしくは倉庫に立ち入り、帳簿、書類その他の物件を検査させることができる（二三条）。食品関連事業者または認定事業者が、報告をせず、虚偽の報告をし、または検査を拒み、妨げ、または忌避したときは、三十万円以下の罰金（二七条）、登録再生利用事業者の場合は、二十万円以下の罰金（二八条）。

(6)　両罰主義

以上の罰則規定については、行為者のほか、その法人などに対しても、各本条の刑を科する（二九条）。

持続可能な開発及びすべての人々のより質の

第一五章　循環型社会形成および廃棄物処理法

高い生活を達成するために、持続可能でない生産及び消費の様式を減らし、取り除くべきである

——環境と開発に関するリオ宣言——

宮田三郎 著
行政裁量とその統制密度　六、〇〇〇円
行政法教科書　三、六〇〇円
行政法総論　四、六〇〇円
行政訴訟法　五、五〇〇円
行政手続法　四、六〇〇円
国家責任法　五、〇〇〇円
環境行政法　五、〇〇〇円
石野耕也・磯崎博司・岩間　徹・臼杵知史 編
国際環境事件案内　二、七〇〇円
磯崎博司 著
国際環境法　二、九〇〇円
畠山武道・井口　博 編著
環境影響評価法実務　二、六〇〇円
山村恒年 編
環境ＮＧＯ　二、九〇〇円
阿部泰隆＝中村正久 編
湖の環境と法　六、二〇〇円
阿部泰隆＝水野武夫 編
環境法学の生成と未来　一三、〇〇〇円
浅野直人 編
環境影響評価の制度と法　二、六〇〇円
ドイツ憲法判例研究会編
ドイツの憲法判例Ⅰ（第二版）　六、〇〇〇円
ドイツの最新憲法判例　六、〇〇〇円
人間・科学技術・環境　一二、〇〇〇円
未来志向の憲法論　一二、〇〇〇円
芦部信喜 著
憲法叢説（全3巻）　各巻二、八一六円
高田　敏 著
社会的法治国の構成　一四、〇〇〇円
田口精一 著
基本権の理論（著作集1）　一五、五三四円
法治国原理の展開（著作集2）　一四、八〇〇円
行政法の実現（著作集3）　近刊
小嶋和司 著
日本財政制度の比較法史的研究　一二、〇〇〇円
池田政章 著
憲法社会体系（全3巻）
Ⅰ 憲法過程論　一〇、〇〇〇円
Ⅱ 憲法政策論　一二、〇〇〇円
Ⅲ 制度・運動・文化　一三、〇〇〇円
渋谷秀樹 著
憲法訴訟要件論　一二、〇〇〇円
笹田栄司 著
実効的基本権保障論　八、七三八円

原田一明 著
議会特権の憲法的考察　一三、二〇〇円
芦部信喜 編集代表
高橋和之・高見勝利・日比野　勤 編集
日本国憲法制定資料全集（全一五巻予定）
加藤一郎・三ケ月章 監修
塩野　宏・青山善充 編著　立法資料全集
租税徴収法(全20巻予定)　各巻予価三八、〇〇〇円
棟居快行 著
人権論の新構成　八、八〇〇円　品切
憲法学再論　一〇、〇〇〇円
菊井康郎 著
憲法学の発想1　二、〇〇〇円
行政行為の存在構造　八、二〇〇円
近藤昭三 著
フランス行政法研究　九、五一五円
阿部泰隆 著
行政法の解釈　九、七〇九円
内田力蔵著作集（全一〇巻）　近刊
山田　洋 著
ドイツ環境行政法と欧州　五、〇〇〇円
張　勇 著
中国行政法の生成と展開　八、〇〇〇円
荒　秀 著
日韓土地行政法制の比較研究　一二、〇〇〇円
奈良次郎・吉牟田勲・田島　裕 編
土地利用の公共性　一四、〇〇〇円
見上　崇 著
行政計画の法的統制　一〇、〇〇〇円
平松　毅 著
情報公開条例の解釈　二、九〇〇円
田中舘照橘 著
行政裁判の理論　一五、五三四円
川原謙一 著
詳解アメリカ移民法　二八、〇〇〇円
小石原尉郎 著
障害差別禁止の法理論　九、七〇九円
君塚正臣 著
性差別司法審査基準　一一、〇〇〇円
芦部信喜・高見勝利 編著　日本立法資料全集 第一巻
皇室典範　三六、八九三円
芦部信喜・高見勝利 編著　日本立法資料全集 第七巻
皇室経済法　四八、五四四円
大石　眞 編著　日本立法資料全集 第三巻
議院法［明治22年］　四〇、七七七円
塩野　宏 編著
行政事件訴訟法（全7巻）　二五〇、四八五円

法典質疑会 編［会長・梅謙次郎］
法典質疑録　上巻（憲法他）　一二、〇三九円
法典質疑会 編［会長・梅謙次郎］
続法典質疑録（憲法・行政法他）　二四、二七二円
藤田嗣雄 著
明治軍制　四八、〇〇〇円
欧米の軍制に関する研究　四八、〇〇〇円
高田　敏・初宿正典 編訳
ドイツ憲法集［第三版］　三、〇〇〇円
谷　勝弘 著
現代日本の立法過程　一〇、〇〇〇円
前山亮吉 著
近代日本の行政改革と裁判所　七、一八四円
田島　裕 著
アメリカ憲法　著作集1　近刊
イギリス憲法　著作集2　近刊
英米法判例の法理　著作集8　六、〇〇〇円
塙　浩 著
フランス憲法関係史料選　六〇、〇〇〇円
清水　望 著
東欧革命と宗教　八、六〇〇円
酒井文夫 著
近代日本における国家と宗教　一二、〇〇〇円
稲田陽一 著
国制史における天皇論　七、二八二円
堀内健志 著
続・立憲理論の主要問題　八、一五五円
上野裕久 著
わが国市町村議会の起源　一二、九八〇円
山岸喜久治 著
ドイツの憲法忠誠　八、〇〇〇円
宇都宮純一 著
憲法裁判権の理論　一〇、〇〇〇円
大石　眞・高見勝利・長尾龍一 編
憲法史の面白さ　二、九〇〇円
林屋礼二 著
憲法訴訟の手続理論　三、四〇〇円
清水　睦 編
憲法入門　二、五〇〇円
高野幹久 著［英文］
憲法判断回避の理論　五、〇〇〇円
田中　治 著
アメリカ財政法の研究　八、一五五円
小林孝輔 著
戦後憲法年代記　上・中一二、九〇〇円　下一三、五〇〇円
韓国憲法裁判所 編　徐元宇 訳著
韓国憲法裁判所10年史　一三、〇〇〇円

■著者紹介

宮田三郎（みやた・さぶろう）

1930年　秋田県に生れる
1953年　東北大学法学部卒業
現在、朝日大学大学院法学研究科教授、千葉大学名誉教授

〈主要著書〉
行政法［学説判例事典］（東出版、1974年）
行政計画法（ぎょうせい、1984年）
行政裁量とその統制密度（信山社、1994年）
行政法教科書（信山社、1995年）
行政法総論（信山社、1997年）
行政訴訟法（信山社、1998年）
行政手続法（信山社、1999年）
国家責任法（信山社、2000年）

環境行政法

2001年（平成13年）9月30日　第1版第1刷発行　1650-0101

著者　宮　田　三　郎

発行者　今　井　貴

発行所　信山社出版株式会社
〒113-0033　東京都文京区本郷6-2-9-102
電　話　03（3818）1019
FAX　03（3818）0344

Printed in Japan.　発売所　信山社販売株式会社

印刷・製本／勝美印刷・文泉閣

ISBN4-7972-1650-6　C3332

分類323.917　1650-0101-012-040-040

事項索引

こ

さ

し

す

に～の

は

ひ

ふ

ほ

み～り

判例索引

○最高裁判所

昭56・12・16民集35巻10号1369頁
（＝大阪国際空港訴訟）………96
昭57・9・9民集36巻9号1679頁
（＝長沼ナイキ基地訴訟）……90
昭60・12・17判時1179号56頁
（＝伊達火力訴訟）……………88
平1・2・17民集43巻2号56頁
（＝新潟空港訴訟））…………91
平4・9・22民集46巻6号571頁
（＝もんじゅ原発訴訟）………92
平4・10・29民集46巻7号1174頁
（＝伊方原発訴訟）……31, 92, 312
平5・2・25民集47巻2号643頁
（＝厚木基地訴訟）……………98
平6・1・20判時1502号98頁
（＝福岡空港訴訟）……………98
平7・7・7民集49巻7号2599頁
（＝国道43号訴訟）……………100
平9・1・28民集51巻1号250頁
（＝開発許可取消訴訟）………92

○高等裁判所

大　阪　昭38・6・17下民集14巻6号1157頁……………………182
東　京　昭53・4・11行集29巻4号499頁
（＝用途地域変更訴訟）…87
大　阪　昭53・5・8（決）判時896号3頁………………………14
広島・岡山支　昭55・10・21訟月27巻1号185頁…………………183
名古屋　昭60・4・12判時1150号30頁
（＝東海道新幹線訴訟）…99
東　京　昭62・7・15判時1245号3頁
（＝横田基地騒音訴訟）…14
東　京　昭62・7・15訴月34巻11号2115頁
（＝横田基地訴訟）………99
東　京　昭62・12・24行集38巻12号1807頁…………………30, 31
東　京　昭63・4・20行集39巻3・4号281頁……………………195
仙台・秋田支　平1・7・26訟月36巻1号167頁…………………196
札　幌　平2・8・9行集41巻8号1291頁
（＝伊達パイプライン訴訟）………………………………89
大　阪　平4・2・20判時1415五号3頁
（＝国道43号線公害訴訟）13
名古屋・金沢支　平6・12・26判時1521号3頁
（＝小牧基地訴訟）……100
札　幌　平9・10・17判時1659五号45頁
（＝国道43号線公害訴訟）347
名古屋　平10・12・17判時16673三頁
（＝長良川河口堰建設差止訴訟）………………………13

○地方裁判所

神戸・尼崎支（決）昭48・5・11判時702号18頁………………14
福　井　昭49・12・20訟月21巻3号641頁………………86
静　岡　昭52・11・29訟　月23巻11号1948頁………………190
岡　山　昭53・3・8訟月24巻3号629頁………………183
神　戸　昭54・11・20行　集30巻11号1894頁
（＝姫路LNG基地訴訟）…87
東　地　昭57・5・31行　集33巻5号1138頁………………195
鹿児島　昭60・3・22行集36巻3号335頁
（＝志布志湾埋立訴訟）…87
東　地　昭61・3・17行集37巻3号294頁………………195, 196
秋　田　昭62・5・11訟　月34巻1号41頁………………195
東　京　昭63・4・20行集39巻3・4号281頁………………197
福　岡　昭63・12・16判時1298号32頁
（＝福岡空港訴訟）………97
前　橋　平2・1・18行　集41巻1号1頁
（＝産廃施設訴訟）………89
東　京　平2・9・18判　時1372号75頁………………195, 196
金　沢　平3・3・13判時1379号3頁
（＝小松基地訴訟）…99, 100
岐　阜　平6・7・20判時1508号29頁
（＝長良川河口堰建設差止訴訟）………………13
岡　山　平6・12・21「公刊物未搭載」
（＝産廃施設訴訟）………89
札　幌　平9・2・13判例地方自治167号64頁………………347
大　分　平10・4・27判例タイムズ997号184頁
（＝産廃施設訴訟）………92
横　浜　平11・11・24判例自治209号35頁………………93
神　戸　平12・1・31判時1726号20頁
（＝尼崎公害訴訟）……102
鹿児島　平13・1・31「公刊物未搭載」
（＝奄美・自然の権利訴訟）90